普通高等教育"十三五"规划教材

环境工程概预算与工程量清单计价

贾锐鱼　等编

U0222837

化学工业出版社

·北京·

《环境工程概预算与工程量清单计价》共分为7章，主要内容为：基本建设概念、工程概预算的内容与特点、建设工程造价计价的基本原理和方法；建筑安装工程费用组成；建设工程定额；环境工程投资估算、设计概算、施工图预算及编制实例；工程量清单计价及编制实例；工程竣工决算；定额与清单计价招投标。

《环境工程概预算与工程量清单计价》可作为高等院校环境工程、环境科学、市政工程、给水排水工程等专业本科生教材使用，还可供相关工程设计人员、管理人员参考阅读。

图书在版编目（CIP）数据

环境工程概预算与工程量清单计价/贾锐鱼等编. —北京：化学工业出版社，2018.2（2025.1重印）
普通高等教育"十三五"规划教材
ISBN 978-7-122-31310-2

Ⅰ.①环… Ⅱ.①贾… Ⅲ.①环境工程-概算定额-高等学校-教材②环境工程-预算定额-高等学校-教材③环境工程-工程造价-高等学校-教材 Ⅳ.①X5

中国版本图书馆 CIP 数据核字（2018）第 001524 号

责任编辑：满悦芝　　　　　　　　　　　　文字编辑：吴开亮
责任校对：边　涛　　　　　　　　　　　　装帧设计：张　辉

出版发行：化学工业出版社（北京市东城区青年湖南街 13 号　邮政编码 100011）
印　　刷：三河市航远印刷有限公司
装　　订：三河市宇新装订厂
787mm×1092mm　1/16　印张 14¼　字数 348 千字　2025 年 1 月北京第 1 版第 11 次印刷

购书咨询：010-64518888　　售后服务：010-64518899
网　　址：http://www.cip.com.cn
凡购买本书，如有缺损质量问题，本社销售中心负责调换。

定　　价：42.00 元

前言

Preface

  为了更加广泛深入地推行工程量清单计价、规范建设工程发承包双方的计量、计价行为，国家颁布了（建标〔2013〕44号）《建筑安装工程费用项目组成》的通知以及新的计价规范《建设工程工程量清单计价规范》（GB 50500—2013）、《市政工程工程量计算规范》（GB 50857—2013）等，工程造价人员面临着巨大的发展机遇与挑战。培养和造就一批高素质的环境工程工程造价人才队伍，是实现我国环境工程工程造价事业与国际接轨的根本保证。因此，我们结合最新国家标准以及长期的教学实践经验，结合环境工程本科专业培养计划修订中专家反馈的意见编写了《环境工程概预算与工程量清单计价》教材。

  全书共分为7章，主要内容为：基本建设概念、工程概预算的内容与特点、建设工程造价计价的基本原理和方法；建设工程费用；建设工程定额；环境工程投资估算、设计概算、施工图预算及编制实例；工程量清单计价及编制实例；工程决算；工程招投标。书中内容第七章由西安科技大学赵晓光编写，第一、三、四章由赵晓光、贾锐鱼合作编写，其余章节均由西安科技大学贾锐鱼独立编写。

  本书内容由浅入深，从理论到实例，既有工程概预算和工程量清单计价的基本知识，又结合了工程实践，配有一定量工程实例，以期达到理论知识与实际操作技能相结合的目的，更方便读者对知识的掌握。本书可作为高等学校环境工程、环境科学、城市市政工程、给水排水工程、建筑环境设备与工程等专业本科生的教材，以及相关专业研究生的选修教材，也可供相关专业工程技术和管理人员学习参考。

  本书编写过程中，从提纲的讨论到师生同行反馈，从案例定额等相关资料的搜集到图表绘制，得到石辉、母敏霞、张民仙、聂文杰、刘永娟、邓月华、所芳、乔靖华、刘瑞凡、郭丹丹、刘琦等同行、同事、学生的帮助，在此对他们的辛勤付出表示深深的谢意。限于编者经验和学识有限，疏漏或不妥之处在所难免，敬请专家和读者提出宝贵意见，以便在以后的修订中予以完善。

编　者

2018年1月

目 录
Contents

第一章 ▶▶ 概述

工程造价就是工程的建设价格。本章主要介绍基本建设的概念、工程概预算的内容与特点以及建设工程造价计价的基本原理和方法。

第一节 基本建设的概念

基本建设是指国民经济各部门为固定资产生产而进行的投资活动。具体来讲，就是建造、购置和安装固定资产的活动以及与之相联系的工作，如征用土地、勘察设计、筹建机构、培训职工等。例如建设一所学校、一个工厂、一座电站等都为基本建设。这里提到的固定资产是指使用期限在一年以上、单位价值在规定标准以上，并且有物质形态的资产。如房屋、汽车、轮船、机械设备等。

一、基本建设的组成

1. 建筑工程

建筑工程指永久性和临时性的建筑物、工程，动力、电信管线的敷设工程，道路、场地平整、清理和绿化工程等。

2. 设备安装工程

安装工程是指生产、动力、电信、起重、运输、医疗、试验等设备的装配工程和安装工程，以及附属于被安装设备的管线敷设、保温、防腐、调试、运转试车等工作。

3. 其他基本建设工作

二、基本建设分类

基本建设分类方法很多，常见的有以下几种。

（1）按建设项目用途　可分为生产性建设项目和非生产性建设项目。生产性建设项目是指直接用于物质生产或直接为物质生产服务的建设项目，主要包括工业建设、农业建设、商业建设、建筑业、林业、运输、邮电、基础设施以及物质供应等建设项目。非生产性建设项目（消费性建设）是指用于满足人民物质、文化和福利事业需要的建设和非物质生产部门的建设，主要包括办公用房、居住建筑、公共建筑、文教卫生、科学试验、公用事业以及其他建设项目。

（2）按建设项目性质　可分为新建项目、扩建项目、改建项目、迁建项目、恢复项目等。新建项目指以技术、经济和社会发展为目的，从无到有，新开始建设的项目；扩建项目指原有建设单位为扩大原有产品的生产能力和效益，或增加新产品的生产能力和效益而进行的固定资产的增建项目；改建项目指原有建设单位为了提高生产效率，改进产品质量，对原有设备工艺流程进行技术改造的项目，或为了提高综合生产能力，增加一些附属和辅助车间或非生产工程的项目；迁建项目指原有建设单位，由于各种原因迁移到另外的地方建设的项目；恢复项目指固定资产因自然灾害、战争或人为灾害等原因已全部或部分报废，又投资重新建设的项目。如在我国前期三大机场建设项目中，北京首都机场建设工程属扩建项目、上海浦东机场建设工程属新建项目、广州白云机场建设工程属迁建项目。

（3）按建设项目组成 可分为建筑工程、设备安装工程及其他基本建设项目。

（4）按建设规模 可分为大型、中型和小型项目，这种分类方法主要依据投资额度的大小。

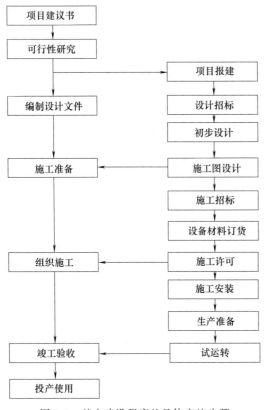

图 1-1 基本建设程序的具体实施步骤

三、基本建设程序

基本建设程序是指建设项目在整个建设过程中各项建设活动必须遵循的先后次序。建设工程是一项复杂的系统工程，涉及面广、内外协作配合环节多、影响因素复杂，所以有关工作必须按照一定的程序依次进行，才能达到预期的效果。按程序办事是建设工程科学决策和顺利进行的重要保证。我国的基本建设程序概括起来主要划分为建设前期、工程设计、工程施工和竣工验收四个阶段。基本建设程序的具体实施步骤见图 1-1。

1. 建设前期阶段

主要包括提出项目建议书、进行可行性研究、组织评估决策等工作环节。

项目建议书是主管部门根据国民经济中长期计划和行业、地区发展规划，提出的要求建设某一具体项目的建设性文件，是基本建设程序中最初阶段的工作，是投资决策前对拟建项目的轮廓设想。它主要从宏观上来考察项目建设的必要性，因此，项目建议书把论证的重点放在项目是否符合国家宏观经济政策，是否符合产业政策和产品结构要求，是否符合生产布局要求等方面，从而减少盲目建设和不必要的重复建设。项目建议书是国家选择建设项目的依据，项目建议书的内容主要有项目提出的依据和必要性；拟建规模和建设地点的初步设想；资源情况、建设条件、协作关系、引进国别和厂商等方面的初步分析；投资估算和资金筹措设想；项目的进度安排；经济效益和社会效益分析等。

当项目建议书批准后即可立项，进行可行性研究。可行性研究是根据国民经济发展规划及项目建议书，运用多种研究成果，对建设项目投资决策进行的技术经济论证。通过可行性研究，观察项目在技术上的先进性和适用性、经济上的盈利性和合理性、建设的可能性和可行性等。

2. 工程设计阶段

主要包括设计招标、勘察设计、征地拆迁、三通一平、组织订货等工作环节。

设计文件是安排建设项目和组织施工的主要依据，一般由主管部门或建设单位委托设计单位编制。一般建设项目，按初步设计和施工图设计两个阶段进行。对于技术复杂且缺乏经验的项目，经主管部门指定，按初步设计，技术设计和施工图设计三个阶段进行。根据初步设计编制设计概算，根据技术设计编制修正概算，根据施工图设计编制施工图预算。

3．工程施工阶段

主要包括施工准备、组织施工、生产准备、工程验收等工作环节。

按照计划、设计文件的规定，确定实施方案，将建设项目的设计变成可供人们进行生产和生活活动的建筑物、构筑物等固定资产。施工阶段一般包括土建、给排水、采暖通风、电气照明、动力配电、工业管道以及设备安装等工程项目。为确保工程质量，施工必须严格按照施工图纸、施工验收规范等要求进行，按照合理的施工顺序组织施工。

4．竣工验收阶段

竣工验收是工程建设的最后一个阶段，是全面考核项目建设成果、检验设计和工程质量的重要步骤。当工程施工阶段结束以后，应及时组织验收，办理移交固定资产手续。竣工验收的程序一般可按以下两步进行。

① 单项工程验收。一个单项工程已按设计施工完毕，并能满足生产要求或具备使用条件，即可由建设单位组织验收。

② 全部验收。整个项目全部工程建成后，必须根据国家有关规定，按工程的不同情况，由负责验收的单位组织建设、施工、设计单位以及建设银行、环境保护和其他有关部门共同组成验收委员会（或小组）进行验收。

四、基本建设项目的划分

为了合理、正确地确定建筑安装工程的造价，首先必须计算出各种工程工、料、机的消耗量，求出人工费、材料费、机械使用费，然后计入管理费、利润、规费和税金，最后才能求出全部工程的造价。但是，建筑安装工程本身又是一个庞大、复杂的综合体，为了对建筑安装工程进行科学的分析，从而准确地求出整个建设项目的工程造价，就需要把建设项目分解为许多便于计算的基本组成部分。基本建设工程项目一般划分为建设项目、单项工程、单位工程、分部工程和分项工程。

（1）建设项目　指具有计划任务书和总体设计，经济上实行独立核算，行政上具有独立的组织形式的基本建设单位。如一个工厂、一个医院、一所学院等。一个建设项目中，可以有几个主要工程项目（或称枢纽工程项目），也可能只有一个主要工程项目。

（2）单项工程　又称工程项目，是指在一个建设项目中，具有独立的设计文件，建成后可以独立发挥生产能力或工程效益的项目。它是建设项目的组成部分。如生产车间、办公楼、食堂、图书馆、学生宿舍、住宅楼、一个配水厂等。单项工程是一个复杂的综合体，是具有独立存在意义的一个完整工程，如输水工程、净水厂工程、配水工程等。排水工程中的枢纽工程是指雨污水管网、截流干管、污水处理厂、污水排放工程等。

（3）单位工程　指具有单独设计、独立组织施工的工程，是单项工程的组成部分，一个单项工程按其构成可分为建筑工程和设备安装工程。

① 建筑工程。根据其中组成部分的性质、作用，分为以下若干单位工程。

a．一般土建工程。包括各种建筑物和构筑物的结构工程和装饰工程。

b．特殊构筑物工程。包括各种设备基础、高炉烟囱、桥梁、涵洞、隧道等。

c. 工业管道工程。包括蒸汽、压缩空气、煤气、输油管道等工程。

d. 卫生工程。包括室内外给水、排水管道，采暖、通风及民用煤气管道工程等。

e. 电气照明工程。包括室内外照明设备安装、线路敷设、变电与配电设备的安装工程等。

② 设备安装工程。设备的购置与安装工程两者之间有密切联系，因此在建设预算中把两者结合起来，组成设备安装工程，其中又可分为以下两个单位工程。

a. 电气设备安装工程。包括传动电气设备、吊车电气设备、起重控制设备等的购置及其安装工程。

b. 机械设备安装工程。包括各种工艺设备、起重设备的购置及其安装工程。

上述各种建筑工程、设备安装工程中的每一类，称为一个单位工程。

在给水工程项目划分中的单位工程如下。

a. 取水工程的管井、取水口、取水泵房等。

b. 输水工程中不同断面的输水管、输水渠道及其附属构筑物。

c. 净水厂工程中的混合絮凝池、沉淀池、澄清池、滤池、清水池、投药间、送水泵房、变配电间等都为一个单位工程，其中每个单位工程的技术构成，可分为土建、配管、设备及安装工程等组成部分。

d. 净水厂的厂前区建筑工程，如办公楼、化验室、药库、宿舍、车库以及厂区道路、下水道、围墙与大门、绿化等。

在排水工程项目划分中，单位工程如下。

a. 雨水污水管网中的排水管道、排水泵房等。

b. 截流干管中的不同断面截流管、污水提升泵站以及截流井、溢流口设施等。

c. 污水处理厂中的污水泵房、沉砂池、初次沉淀池、曝气池、二次沉淀池、投药间、消化池与控制室、污泥脱水干化机房等。

由以上可见，每一个单位工程仍然是较大的部分，它本身由许多单元结构或更小的分部工程组成。

（4）分部工程　它是单位工程的组成部分，一般是按照建筑物的主要结构、部位和安装工程的种类划分的，主要用于计算工程量和编制与套用预算定额。

给水排水工程中的土建工程，其分部工程项目与一般建筑工程类同。如土石方工程、桩基础工程、砖石工程、混凝土及钢筋混凝土工程、木结构工程、金属结构工程、混凝土及钢结构安装和运输工程、楼地面工程、屋面工程、耐酸防腐工程、装饰工程、构筑物工程等。管道工程的沟槽挖填土、湿土排水、管道基础、管件制作、管道铺设、阀门井、检查井以及其他小型附属构筑物等也可属于分部工程。

（5）分项工程　能通过较为简单的施工过程就能生产出来，并且可以用适当计量单位计算的建筑设备安装工程产品，如管道工程中钢管、塑料管、除锈、刷油等。一般地说，它的独立存在是没有意义的，它只是建筑或安装工程的一种基本构成因素，是为了确定建筑或安装工程造价而找出的一种产品，是作预算的基础。

将建设工程作以上划分，对于建设工程概预算的编审，建筑工程的计划、统计和工程拨款等各方面都具有重要意义。

建设工程造价是在建设项目分解的基础上形成的。建设项目的分解和工程造价的形成关系如图 1-2 所示。

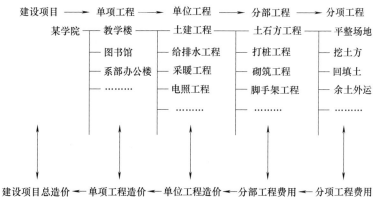

图 1-2 建设项目分解和工程造价的形成关系

■第二节■ 工程概预算的内容与特点

工程概预算是指通过编制各类价格文件对拟建工程造价进行的预先测算和确定的过程。

一、工程概预算的内容

建筑产品由于实体庞大，结构复杂，并具有一般工业产品不可比拟的一些技术经济特点，因而对建筑产品的设计是分阶段进行的。相应于不同设计阶段，按需要和可能具有的条件，编制出粗细要求和具体作用有所不同的概预算文件，以适应工程的计划和组织生产工作的需要。

建筑产品的形成过程，也就是建筑产品的生产和消费过程，建筑产品在生产中要消耗一定数量的活劳动和物化劳动，概预算就是从经济管理上研究建筑产品生产和消费的运动规律。具体来说，工程概预算是根据建设工程的初步设计阶段、技术设计阶段、施工图设计阶段和施工准备阶段的内容，预先计算拟建工程所需投资的技术经济文件。

建设工程造价是一个以建设工程为主体，由一系列不同用途、不同层次的各类价格所组成的建设工程造价体系，如图 1-3 所示，包括建设项目投资估算造价、概算造价、施工图预算、招投标价格、工程结算价格、竣工决算价格等。

1. 投资估算

投资估算是指在项目建议书和可行性研究环节，通过编制估算文件对拟建工程所需投资预先测算和确定的过程，估算出的价格称为估算造价。投资估算是决策、筹资和控制造价的主要依据。

2. 设计概算

设计概算是指在初步设计环节根据设计意图，通过编制工程概算文件对拟建工程所需投资预先测算和确定的过程，计算出来的价格称为概算造价，概算造价较估算造价准确，但要受到估算造价的控制。设计概算是由设计单位根据初步设计或扩大初步设计和概算定额（概算指标）编制的工程投资文件，它是设计文件的重要组成部分。没有设计概算，就不能作为完整的技术文件报请审批。经批准的设计概算，是基本建设投资、编制基本建设计划的依据，也是控制施工图预算、考核工程成本的依据。

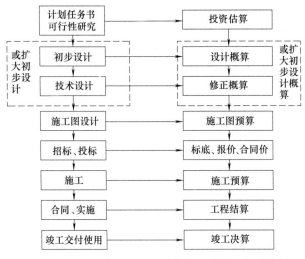

图 1-3　建设工程概预算与设计施工的关系

3. 施工图预算

施工图预算也称为设计预算，它是指在施工图设计完成以后，根据施工图纸编制预算文件，对拟建工程所需投资预先测算和确定的过程，计算出来的价格称为预算造价，预算造价较概算造价更为详尽和准确，是编制招投标价格和进行工程结算等的重要依据，同样要受概算造价的控制。

4. 招投标定价

招投标价格是指在工程招投标环节，根据工程预算价格和市场竞争情况等编制相关价格文件，对招标工程预先测算和确定招标标底、投标报价和承包合同价的过程。

5. 施工预算

施工预算是在施工开始前，具体计算建筑安装工程施工中所消耗的人工、材料和机械使用的数量限额。施工预算可以拿来同施工图预算进行对比，简称"两算"对比。对比的内容包括主要项目的工程量、用工数量和主要材料的耗用数量。这项工作是建筑安装企业经济活动分析的重要内容，是单位工程开工前计划阶段的预测分析工作。对比时，一般采用实物量的对比和实物金额的对比。通过对比，可以为组织施工、优化技术方案、经济分析和核算提供科学依据。

6. 工程结算

工程结算是指在工程施工阶段，根据工程进度、工程变更与索赔等情况通过编制工程结算书对已完施工价格进行计算的过程，计算出来的价格称为工程结算价，结算价是该结算工程部分的实际价格，是支付工程款项的凭据。

7. 竣工决算

竣工决算是指整个建设工程全部完工并经过验收以后，通过编制竣工决算书计算整个项目从立项到竣工验收、交付使用全过程中实际支付的全部建设费用、核定新增资产和考核投资效果的过程，计算出的价格称为竣工决算价格，它是整个建设工程的最终价格。

概预算的精细程度随着设计内容的深度是一个由粗到细、由浅入深、最终确定整个工程实际造价的过程。各计价过程之间是相互联系、相互补充、相互制约的关系，前者制约后者，后者补充前者。其相互之间的区别和联系可参见表 1-1。因为设计所提供的资料和数据是编制概预算的基本依据，如初步设计阶段所编制的概算，就是根据初步设计的内容深度进行编制的。一般说来，概算是粗略的计算，再如扩大初步设计，就比初步设计要细一些，所以，它的概算也就相应的细一些，至施工图设计阶段，为了满足施工生产的需要，施工图的内容是比较详细的，因而，施工图设计阶段也称作施工详图阶段，这样，在施工图的基础上，就可以编制出较为精细的施工图预算来。

表 1-1 各种建设工程造价的区别和联系

项目	编制单位	编制时间	编制依据	编制方法
投资估算	建设单位 咨询单位	项目研究 项目评估	产品方案、类似工程、估算指标	指标、指数、系数和比例估算
设计概算	设计单位	初步设计	初步设计文件、概算定额（指标）	概算定额、概算指标、类似工程
施工图预算	招标单位 投标单位	施工图设计	施工图纸、预算定额、费用定额	预算单价、实物单价、综合单价
招投标定价	招标单位 投标单位	工程招投标	施工图预算、市场竞争状况	预算单价、实物单价、综合单价
施工预算	施工单位	施工开始前	施工图纸、施工定额、费用定额	预算单价、实物单价、综合单价
工程结算	施工单位	工程施工	施工图纸、承包合同、预算定额	工程变更、施工索赔、中间结算
竣工决算	建设单位	竣工验收	设计概算、工程结算、承包合同	资料整理、决算报表、分析比较

二、工程概预算的特点

建设工程造价是建设项目从设想立项开始，经可行性研究、勘察设计、建设准备、安装施工、竣工投产这一全过程所消耗的费用之和。建设工程造价具有单件性计价、多次性计价和按工程构成的分部组合计价。

1. 单件性计价

每一项建设工程都有指定的专门用途，所以也就有不同的结构、造型和装饰，不同的体积和面积，建设时要采用不同的工艺设备和建筑材料；即使是用途相同的建设工程、技术水平、建筑等级和建筑标准也有差别；建设工程还必须在结构、造型等方面适应工程所在地气候、地质、地震、水文等自然条件，适应当地的风俗习惯。这就使建设工程的实物形态千差万别，具有突出的个性。因此，对于建设工程就不能像对工业产品那样按品种、规格、质量成批地定价，只能是单件计价。也就是说，建设工程一般不能由国家或企业规定统一的造价，只有就各个项目，通过特殊的计价程序和计价方法采用单件性计价。

2. 多次性计价

由于工程建设项目体形庞大、结构复杂、内容繁多、个体性强等特点，因此，建设工程的生产过程是一个周期长、环节多、消耗量大、占用资金多的生产耗费过程。为了适应工程建设过程中各有关方面经济关系的建立，适应项目管理的要求，适应工程造价的控制和经济核算的要求，需要对建设项目按照设计阶段的划分和建设阶段的不同，进行多次性的计价。建设工程及其价格形成的对应关系如图 1-3 所示。由图中可以看出，从投资估算、设计概算、施工图预算到招标承包合同价、投资包干价，再到各项工程的结算价和最后的结算价为基础编制的竣工决算。整个计价过程是一个由粗到细、由浅到深、最后确定工程实际造价的过程，计价过程各环节之间相互连接，前者制约后者，后者补充前者。

3. 按工程构成的分部组合计价

建设项目都具有体积庞大、结构复杂的特点。因此，对整个项目（如枢纽工程）进行计价是非常困难的，但就建设项目的实物形态和组成看，无论其体积如何庞大，规模和结构如何不同，都具有按工程构成分部组合的特点。如一个建筑物，都是由基础、地（楼）面、墙壁、梁、门窗、屋盖等几个部分所构成的；又如室外给水管道工程，尽管布局不同、规模各异，但从组成来看，都是由管道、阀门、井室、零配件所组成。

所谓分部组合计价就是必须把建设工程造价的各个组成部分按性质分类，再分解成能够准确计算的基本组成要素，最后再汇总归集为整个工程造价。建设工程划分与计价的基本顺序如图 1-2 所示。

三、环境工程概预算的特点

环境工程是一门新兴的综合性学科，与这门学科密切相关的学科包括土木工程、生物工程、物理学、化学及化学工程、机械工程、伦理学等。可以说，目前的几乎所有学科都与环境工程有或多或少的联系。

环境工程的基本内容有以下几个方面。

1. 大气污染控制工程

大气污染控制工程主要研究大气污染物的起因，并提供预防、控制和改善大气质量的工程技术措施。具体内容包括大气质量管理，烟尘治理技术，气体污染物治理技术，城市及区域大气综合治理等。

2. 水污染控制工程

水污染控制工程的主要任务是从技术和工程上解决预防和控制水污染的问题，还要提供保护水环境质量、合理利用水资源的方法以及满足不同用途和要求的用水的工艺技术和工程措施。主要内容包括城市污水处理与利用，工业废水处理与利用，城市和区域水系水污染的综合治理等。

3. 固体废物处理与处置工程

固体废物处理与处置工程的主要任务是从工程的角度，解决城市垃圾、工业废渣、有毒有害固体废物的处理处置和回收利用的问题。其内容包括固体废物的管理，固体废物的无害化处理，固体废物的综合利用和资源化等。

4. 噪声污染控制工程

噪声污染控制工程主要研究噪声对人的影响，并且提供消除这些污染的工程技术途径和控制措施。

5. 其他污染的控制技术

其他污染包括辐射污染、土壤污染、恶臭等。这些内容都需要从工程方面予以解决。

可以讲，环境工程在宏观上是一门保护自然环境的学科，微观上旨在为防治随着生产、生活活动而带来的各种污染，提出控制、治理的工程措施的一门偏重实用的学科，其技术体系是比较复杂的，所跨学科的内容也较多。

环境工程的工程设施除了土建上的建筑物、构筑物（如厂房、泵房、办公楼、各种工艺用水池等）外，另外很大一部分是环境工程的设备。这些设备在污染的控制和治理中发挥着重要的作用。如水污染治理设备中，其主导产品是各种传统物理法、化学法和物化法相分离设备，化学法氧化消毒设备，生物法活性污泥和生物滤池处理设备，以及鼓风机、潜水泵等水处理配套设备，小型组合式成套处理设备等。又如空气污染治理设备，主要产品包括多管旋风除尘器，中小型湿式脱硫除尘器，静电除尘器和袋式除尘器，汽油车排气净化设备和有害工业废气净化设备，中小型脱硫除尘设备，工业废气净化设备，汽车排气三元催化净化器等。在环境监测仪器中，主导产品是各种水污染和大气污染监测仪器，其次是噪声与振动监测、放射性和电磁波监测仪器，大型实验室监测分析仪器中的原子吸收、紫外、可见分光光度仪、气相色谱仪、污染源和大气环境质量的在线监测仪、便携式快速监测仪等。

环境工程属于土木工程的一个分支，环境工程所涉及的内容包括污染控制的建筑物、构筑物建造以及相关处理设备的采购和安装等。因此环境工程设施的建设属于国家的基本建设。根据环境工程的工程特点，其概预算包括一般土建工程概预算及安装工程概预算两部分内容。将在后续章节中介绍。

环境工程项目具有涉及专业广的特点，需由多个专业共同来完成。为了保证项目概预算的一致性、完整性，在编制概预算时应事先进行协调，明确各专业执行的定额和取费标准。

第三节　建设工程造价计价的基本原理和方法

一、工程造价计价的基本原理

工程造价计价即是对投资项目造价（或价格）的计算，也称为工程估价。由于工程项目的技术经济特点如单件性、体积大、生产周期长、价值高以及交易在先、生产在后等，使得工程项目造价形成过程与机制和其他商品不同。

工程项目是单件性与多样性组成的集合体。每一个工程项目的建设都需要按业主的特定需要单独设计、单独施工，不能批量生产和按整个工程项目确定价格，只能以特殊的计价程序和计价方法进行计算，即要将整个项目进行分解，划分为可以按定额等技术经济参数测算价格的基本单元子项（或称分部、分项工程）。既能够用较为简单的施工过程生产出来，又可以用适当的计量单位计算并便于测定或计算的工程的基本构造要素，也可称为假定的建筑安装产品。工程计价的主要特点就是把工程结构分解（图1-2），将复杂的基本建设项目分解为能较容易计算的分项工程（有的分项工程还可以划分为若干个子项目），计算各个分项工程的工程量，按照相应的计价依据，确定分项工程费用。一般来说，分解结构层次越多，基本子项也越细，计算也更精确。

工程造价的计算从分解到组合的特征与建设项目的组合性有关。一个建设项目是一个工程综合体，这个综合体可以分解为许多有内在联系的、独立和不独立的工程，那么建设项目的工程计价过程就是一个逐步组合的过程。

二、工程造价计价的基本方法

工程造价计价的形式和方法有多种，各不相同，但计价的基本过程和原理是相同的。如果仅从工程费用计算角度分析，工程造价计价的顺序是分部分项工程造价——单位工程造价——单项工程造价——建设项目总造价。影响工程造价的主要因素有两个，即基本构造要素的单位价格和基本构造要素的实物工程数量，可用下列基本计算式表达。

$$工程造价 = \sum（工程实物量 \times 单位价格）$$

分部分项的单位价格高，工程造价就高；分部分项的实物工程数量大，工程造价也就大。

在进行工程造价计价时，实物工程量的计量单位是由单位价格的计量单位决定的。如果单位价格计量单位的对象取得较大，得到的工程估算就较粗，反之则工程估算较细较准确。分部分项的工程实物量可以通过工程量计算规则和设计图纸计算而得，它可以直接反映工程项目的规模和内容。

工程计价有两种不同的模式，定额计价法和工程量清单计价法。

1. 直接工程费单价——定额计价方法

直接工程费单价只包括人工费、材料费和机械台班使用费，它是分部分项工程的不完全价格（或不完全单价）。我国现行有两种计价方式，一种是单位估价法，它是运用定额单价计算的，即首先计算工程量，然后查定额单价（基价），与相对应的分项工程量相乘，得出各分项工程的人工费、材料费、机械费，再将各分项工程的上述费用相加，得出分部分项工程的直接工程费；另一种是实物估价法，它首先计算工程量，然后套基础定额，计算人工、材料和机械台班的消耗量，将所有分部分项工程资源消耗量进行归类汇总，再根据当时、当地的人工、材料、机械单价，计算并汇总人工费、材料费、机械使用费，得出单位工程直接工程费。在此基础上再计算管理费、利润、规费和税金，将直接工程费与上述费用相加，即可得出单位工程造价（价格）。

2. 综合单价——工程量清单计价方法

综合单价法指分部分项工程、措施项目、其他项目的人工、材料、机械使用费、管理费、利润及一定范围内的风险费用，是一种不完全价格形式。工程量清单计价法是一种国际上通行的计价方式，所采用的是工程的不完全单价。按照（建标［2013］44 号）《建筑安装工程费用项目组成》的通知规定，分部分项工程费、措施项目费、其他项目费均包含人工费、材料费、施工机具使用费、企业管理费和利润。

综合单价的产生是使用工程量清单计价方法的关键。投标报价中使用的综合单价应由企业编制的企业定额产生。在综合单价合计的基础上加上规费、税金，就是最终的工程造价了。

利用有限的工程造价信息准确估算所需要的工程造价，是工程造价计价中的一项重要工作。

思 考 题

1. 为什么要对建设项目进行划分？什么是建设项目、单项工程、单位工程、分项工程和分部工程？

2. 基本建设程序包括哪几个阶段？

3. 什么是工程概预算？工程概预算有哪些特点？

4. 为什么说概预算的精细程度随设计深度的不同而异？

5. 工程造价计价的基本原理？

6. 工程造价计价有哪两种不同的模式？

第二章 ▶▶ 建设工程项目费用

工程造价就是工程的建造价格，是按照确定的建设项目、建设规模、建设标准、功能要求、使用要求等全部建成后经验收合格并交付使用所需的全部费用。掌握建筑安装工程费用构成和计算方法是工程造价计算的前提。本章主要介绍建筑安装工程费用构成。

第一节 建设项目总费用

建设工程项目费用是指建设工程从筹建到竣工验收交付使用过程中所投入的全部费用总和。建设项目费用与建设项目总投资中的固定资产投资在量上相等。我国现行的建设项目费用主要由建筑安装工程费用、工程建设其他费用、预备费、建设期贷款利息及固定资产投资方向调节费等几部分组成，见表 2-1。

表 2-1　建设项目费用组成

建筑安装工程费用	人工费
	材料及工程设备费
	施工机具及仪器仪表使用费
	企业管理费
	利润
	规费
	税金
工程建设其他费用	土地使用费
	与建设项目有关的其他费用
	与未来生产经营有关的其他费用
预备费	基本预备费
	涨价预备费
建设期贷款利息 固定资产投资方向调节费	

第二节 建筑安装工程费用

建筑安装工程费用是指直接发生在工程施工过程中的费用、施工企业在组织管理施工、生产经营中间接为工程支出的费用以及国家规定的利润和交纳税金的总称。建标［2013］44号《建筑安装工程费用项目组成》的通知规定，建筑安装工程费用项目组成划分为两种，一种是按费用构成要素划分，一种是按工程造价形成划分。

一、按费用构成要素划分

建筑安装工程费按照费用构成要素划分，由人工费、材料及工程设备费、施工机具及仪器仪表使用费、企业管理费、利润、规费和税金组成。其中人工费、材料及工程设备费、施工机具及仪器仪表使用费、企业管理费和利润包含在分部分项工程费、措施项目费、其他项目费中，如图 2-1 所示。其费用构成与计算参考表 2-2。

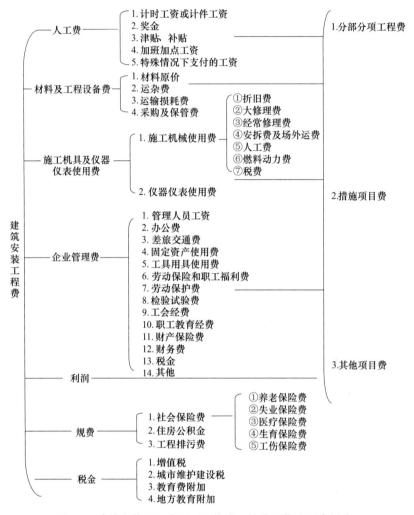

图 2-1　建筑安装工程费用项目构成（按费用构成要素划分）

（1）人工费　按工资总额构成规定，支付给从事建筑安装工程施工的生产工人和附属生产单位工人的各项费用。

（2）材料及工程设备费　施工过程中耗费的原材料、辅助材料、构配件、零件、半成品或成品、工程设备的费用。

（3）施工机具及仪器仪表使用费　施工作业所发生的施工机械、仪器仪表使用费或其租赁费。

（4）企业管理费　建筑安装企业组织施工、生产和经营管理所需的费用。

① 管理人员工资。按规定支付给管理人员的计时工资、奖金、津贴补贴、加班加点工资及特殊情况下支付的工资等。

② 办公费。企业管理办公用的文具、纸张、账表、印刷、邮电、书报、办公软件、现场监控、会议、水电、烧水和集体取暖降温（包括现场临时宿舍取暖降温）等费用。

③ 差旅交通费。职工因公出差、调动工作的差旅费、住勤补助费，市内交通费和午餐

补助费，职工探亲路费，劳动力招募费，职工退休、退职一次性路费，工伤人员就医路费，工地转移费以及管理部门使用的交通工具的油料、燃料等费用。

④ 固定资产使用费。管理和试验部门及附属生产单位使用的属于固定资产的房屋、设备、仪器等的折旧、大修、维修或租赁费。

⑤ 工具用具使用费。企业施工生产和管理使用的不属于固定资产的工具、器具、家具、交通工具和检验、试验、测绘、消防用具等的购置、维修和摊销费。

⑥ 劳动保险和职工福利费。由企业支付的职工退职金、按规定支付给离休干部的经费、集体福利费、夏季防暑降温、冬季取暖补贴、上下班交通补贴等。

⑦ 劳动保护费。企业按规定发放的劳动保护用品的支出。如工作服、手套、防暑降温饮料以及在有碍身体健康的环境中施工的保健费用等。

⑧ 检验试验费。施工企业按照有关标准规定，对建筑以及材料、构件和建筑安装物进行一般鉴定、检查所发生的费用，包括自设试验室进行试验所耗用的材料等费用，不包括新结构、新材料的试验费，对构件做破坏性试验及其他特殊要求检验试验的费用和建设单位委托检测机构进行检测的费用，对此类检测发生的费用，由建设单位在工程建设其他费用中列支。但对施工企业提供的具有合格证明的材料进行检测不合格的，该检测费用由施工企业支付。

⑨ 工会经费。企业按《工会法》规定的全部职工工资总额比例计提的工会经费。

⑩ 职工教育经费。按职工工资总额的规定比例计提，企业为职工进行专业技术和职业技能培训，专业技术人员继续教育、职工职业技能鉴定、职业资格认定以及根据需要对职工进行各类文化教育所发生的费用。

⑪ 财产保险费。施工管理用财产、车辆等的保险费用。

⑫ 财务费。企业为施工生产筹集资金或提供预付款担保、履约担保、职工工资支付担保等所发生的各种费用。

⑬ 税金。企业按规定缴纳的房产税、车船使用税、土地使用税、印花税等。

⑭ 其他。包括技术转让费、技术开发费、投标费、业务招待费、绿化费、广告费、公证费、法律顾问费、审计费、咨询费、保险费等。

（5）利润　施工企业完成所承包工程获得的盈利。

（6）规费　按国家法律、法规规定，由省级政府和省级有关权力部门规定必须缴纳或计取的费用。

① 社会保险费

a. 养老保险费指企业按照规定标准为职工缴纳的基本养老保险费。

b. 失业保险费指企业按照规定标准为职工缴纳的失业保险费。

c. 医疗保险费指企业按照规定标准为职工缴纳的基本医疗保险费。

d. 生育保险费指企业按照规定标准为职工缴纳的生育保险费。

e. 工伤保险费指企业按照规定标准为职工缴纳的工伤保险费。

② 住房公积金。企业按规定标准为职工缴纳的住房公积金。

③ 工程排污费。按规定缴纳的施工现场工程排污费。

其他应列而未列入的规费，按实际发生计取。

（7）税金　国家税法规定的应计入建筑安装工程造价内的增值税、城市维护建设税、教育费附加以及地方教育附加。

根据增值税税制要求，营改增后采用"价税分离"的原则，税金是指按照国家税法规定应计入建筑安装工程造价的增值税销项税额。营改增后整个造价体系都会有很大变化，但目前在过渡阶段，各地都出台了过渡阶段的造价计算办法。

例如根据陕建发［2016］100号文件，在现行计价依据不变的前提下，采用过渡性综合系数法计算营改增过渡后的工程造价。具体方法是，根据价税分离的原则，分别计算出营业税下不含税工程造价和增值税下税前工程造价；再测算出营业税下不含税工程造价和增值税下税前工程造价的比值，即为过渡性综合系数；然后以该综合系数乘以营业税下不含税工程造价，得出增值税下税前工程造价，作为计算增值税的计税基础。

即　税前工程造价＝（人工费＋材料费＋施工机械使用费＋企业管理费＋利润＋规费）×综合系数

增值税的销项税额＝税前工程造价×11％

附加费＝（人工费＋材料费＋施工机械使用费＋企业管理费＋利润＋规费）×税率

工程造价＝税前工程造价＋增值税的稍项税额＋附加费

表2-2　建筑安装工程费用构成与计算（按费用构成要素）

费用项目			计算方法
建筑安装工程费	人工费		人工费＝∑（工程工日消耗量×日工资单价）
	材料及工程设备费		1. 材料费＝∑（材料消耗量×材料单价） 2. 工程设备费＝∑（工程设备量×工程设备单价）
	施工机具及仪器仪表使用费		1. 施工机械使用费＝∑（施工机械台班消耗量×机械台班单价） 2. 仪器仪表使用费＝工程使用的仪器仪表摊销费＋维修费
	企业管理费	1. 管理人员工资 2. 办公费 3. 差旅交通费 4. 固定资产使用费 5. 工具用具使用费 6. 劳动保险和职工福利费 7. 劳动保护费 8. 检验试验费 9. 工会经费 10. 职工教育经费 11. 财产保险费 12. 财务费 13. 税金 14. 其他	企业管理费＝计算基数×相应费率(％) 计算基数：以定额人工费作为计算基数或（定额人工费＋定额机械费）作为计算基数 费率根据历年工程造价积累的资料，辅以调查数据确定
	利润		利润＝计算基数×费率(％) 计算基数：以定额人工费或（定额人工费＋定额机械费）作为计算基数 费率根据历年工程造价积累的资料，并结合建筑市场实际确定
	规费	1. 社会保险费 (1)养老保险费 (2)失业保险费 (3)医疗保险费 (4)生育保险费 (5)工伤保险费	社会保险费和住房公积金＝∑（工程定额人工费×社会保险费率和住房公积金费率） 费率按工程所在地省、自治区、直辖市或行业建设主管部门规定费率执行
		2. 住房公积金	
		3. 工程排污费	按当地规定的标准缴纳
		其他应列而未列入的规费，按实际发生计取	
	税金		税金＝税前工程造价×综合相应税率(％)

二、按造价形成划分

建筑安装工程费按照工程造价形成由分部分项工程费、措施项目费、其他项目费、规费、税金组成，分部分项工程费、措施项目费、其他项目费包含人工费、材料及工程设备费、施工机具及仪器仪表使用费、企业管理费和利润，如图 2-2 所示，费用构成与计算参考表 2-3。

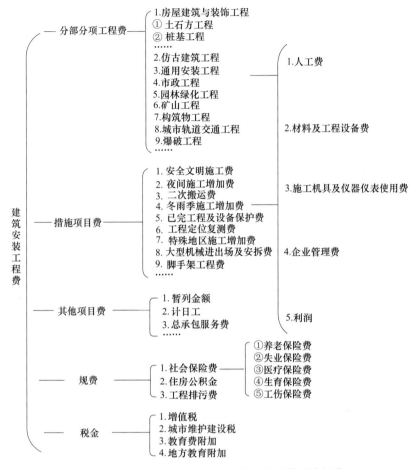

图 2-2 建筑安装工程费用项目构成（按造价形成划分）

（1）分部分项工程费 各专业工程的分部分项工程应予列支的各项费用。

① 专业工程 按现行国家计量规范划分为 9 类工程，房屋建筑与装饰工程、仿古建筑工程、通用安装工程、市政工程、园林绿化工程、矿山工程、构筑物工程、城市轨道交通工程、爆破工程等。

② 分部分项工程 按现行国家计量规范对各专业工程划分的项目。如房屋建筑与装饰工程划分的土石方工程、地基处理与桩基工程、砌筑工程、钢筋及钢筋混凝土工程等。

各类专业工程的分部分项工程划分见现行国家或行业计量规范，附录三列出了《市政工程计量规范》（GB 50857—2013）可供参考。

（2）措施项目费 为完成建设工程施工，发生于该工程施工前和施工过程中的技术、生活、安全、环境保护等方面的费用。

① 安全文明施工费

a. 环境保护费。施工现场为达到环保部门要求所需要的各项费用。

b. 文明施工费。施工现场文明施工所需要的各项费用。

c. 安全施工费。施工现场安全施工所需要的各项费用。

d. 临时设施费。施工企业为进行建设工程施工所必须搭设的生活和生产用的临时建筑物、构筑物和其他临时设施费用。包括临时设施的搭设、维修、拆除、清理费或摊销费等。

② 夜间施工增加费。因夜间施工所发生的夜班补助费、夜间施工降效、夜间施工照明设备摊销及照明用电等费用。

③ 二次搬运费。因施工场地条件限制而发生的材料、构配件、半成品等一次运输不能到达堆放地点，必须进行二次或多次搬运所发生的费用。

④ 冬雨季施工增加费。在冬季或雨季施工需增加的临时设施、防滑、排除雨雪，人工及施工机械效率降低等费用。

⑤ 已完工程及设备保护费。竣工验收前，对已完工程及设备采取的必要保护措施所发生的费用。

⑥ 工程定位复测费。工程施工过程中进行全部施工测量放线和复测工作的费用。

⑦ 特殊地区施工增加费。工程在沙漠或其边缘地区、高海拔、高寒、原始森林等特殊地区施工增加的费用。

表 2-3　建筑安装工程费用构成与计算（按造价形成划分）

费用项目			计算方法
建筑安装工程费	分部分项工程费		分部分项工程费＝∑（分部分项工程量×综合单价）
	措施项目费	1. 国家计量规范规定应予计量的措施项目	措施项目费＝∑（措施项目工程量×综合单价）
		2. 国家计量规范规定不宜计量的措施项目	措施项目费＝计算基数×相应费率(%) 计算基数应为定额基价、定额人工费或（定额人工费＋定额机械费）
	其他项目费		1. 暂列金额按有关计价规定估算 2. 计日工按施工过程中的签证计价 3. 总承包服务费按签约合同价执行
	规费		同表 2-2
	税金		同表 2-2

⑧ 大型机械设备进出场及安拆费。机械整体或分体自停放场地运至施工现场或由一个施工地点运至另一个施工地点，所发生的机械进出场运输及转移费用及机械在施工现场进行安装、拆卸所需的人工费、材料费、机械费、试运转费和安装所需的辅助设施的费用。

⑨ 脚手架工程费。施工需要的各种脚手架搭、拆、运输费用以及脚手架购置费的摊销（或租赁）费用。

措施项目及其包含的内容详见各类专业工程的现行国家或行业计量规范，市政工程参见附录三。

（3）其他项目费

① 暂列金额。建设单位在工程量清单中暂定并包括在工程合同价款中的一笔款项。用于施工合同签订时尚未确定或者不可预见的所需材料、工程设备、服务的采购，施工中可能发生的工程变更、合同约定调整因素出现时的工程价款调整以及发生的索赔、现场签证确认等的费用。

② 计日工。在施工过程中，施工企业完成建设单位提出的施工图纸以外的零星项目或工作所需的费用。

③ 总承包服务费。总承包人为配合、协调建设单位进行的专业工程发包，对建设单位自行采购的材料、工程设备等进行保管以及施工现场管理、竣工资料汇总整理等服务所需的费用。

（4）规费与税金　（同上）建筑安装工程计价程序见表 2-4～表 2-6。

表 2-4 建设单位工程招标控制价计价程序

工程名称： 标段：

序号	内　　容	计算方法	金　额/元
1	分部分项工程费	按计价规定计算	
1.1			
1.2			
1.3			
1.4			
1.5			
2	措施项目费	按计价规定计算	
2.1	其中:安全文明施工费	按规定标准计算	
3	其他项目费		
3.1	其中:暂列金额	按计价规定估算	
3.2	其中:专业工程暂估价	按计价规定估算	
3.3	其中:计日工	按计价规定估算	
3.4	其中:总承包服务费	按计价规定估算	
4	规费	按规定标准计算	
5	税前工程造价	(1+2+3+4)×综合系数	
6	税金		
6.1	增值税的销项税额	税前工程造价×增值税率(11%)	
6.2	附加费	(1+2+3+4)×税率	
招标控制价合计=5+6			

表 2-5 施工企业工程投标报价计价程序

工程名称： 标段：

序号	内　　容	计算方法	金　额/元
1	分部分项工程费	自主报价	
1.1			
1.2			
1.3			
1.4			
1.5			
2	措施项目费	自主报价	
2.1	其中:安全文明施工费	按规定标准计算	
3	其他项目费		
3.1	其中:暂列金额	按招标文件提供金额计列	
3.2	其中:专业工程暂估价	按招标文件提供金额计列	
3.3	其中:计日工	自主报价	
3.4	其中:总承包服务费	自主报价	
4	规费	按规定标准计算	
5	税前工程造价	(1+2+3+4)×综合系数	
6	税金		
6.1	增值税的销项税额	税前工程造价×增值税率(11%)	
6.2	附加费	(1+2+3+4)×税率	
投标报价合计=5+6			

表 2-6　竣工结算计价程序

工程名称：　　　　　　　　　　　　　　　标段：

序号	内　容	计算方法	金　额/元
1	分部分项工程费	按合同约定计算	
1.1			
1.2			
1.3			
1.4			
1.5			
2	措施项目费	按合同约定计算	
2.1	其中:安全文明施工费	按规定标准计算	
3	其他项目费		
3.1	其中:专业工程结算价	按合同约定计算	
3.2	其中:计日工	按计日工签证计算	
3.3	其中:总承包服务费	按合同约定计算	
3.4	索赔与现场签证	按发承包双方确认数额计算	
4	规费	按规定标准计算	
5	税前工程造价	(1+2+3+4)×综合系数	
6	税金		
6.1	增值税的销项税额	税前工程造价×增值税率(11%)	
6.2	附加费	(1+2+3+4)×税率	
竣工结算总价合计＝5+6			

第三节　其他费用

其他费用是指除建筑安装工程费用以外的所有费用。

一、工程建设其他费用

工程建设其他费用是指从工程筹建起到工程竣工验收交付生产或使用的整个建设过程中除去建筑安装工程费用以外，为保证工程建设顺利完成和交付使用后能够正常发挥效益或效能而发生的各项费用。

1. 土地使用费

土地使用费是指建设项目通过划拨或土地使用权出让方式取得土地使用权，所需土地征用及迁移的补偿费或土地使用权出让金。

土地征用及迁移补偿费是指建设项目通过划拨方式取得无限期的土地使用权，依照《中华人民共和国土地管理法》等规定所支付的费用，其总和一般不得超过被征用土地年产值的20倍，土地年产值则按该地被征用前3年的平均产量和国家规定的价格计算。

① 土地补偿费。征用耕地（包括菜地）的补偿标准为该耕地年产值的3～6倍，具体补偿标准由省、自治区、直辖市人民政府在此范围内制定。征用园地、鱼塘、藕塘、林地、牧场、草原等的补偿标准，由省、自治区、直辖市人民政府制定。征用无收益的土地，不予补偿。

② 青苗补偿费和被征用土地上的房屋、水井、树木等附着物补偿费。这些补偿费的标准由省、自治区、直辖市人民政府制定。

③ 安置补助费。征用耕地、菜地，每个农业人口的安置补助费为该地每亩年产值的 2～3 倍，每亩耕地的安置费用最高不得超过其年产值的 10 倍。

④ 缴纳的耕地占用税或城镇土地使用税、土地登记费及征地管理费。县市土地管理机关从征地费中提取土地管理费的比率，要按征地工作量的大小，视不同情况，在 1‰～4‰ 的幅度内提取。

⑤ 征地动迁费。包括征用土地上的房屋及附属构筑物、城市公共设施等拆除、迁建补偿费，搬迁运输费，企业单位因搬迁造成的减产、停工损失补贴，拆迁管理费等。

⑥ 水利水电工程水库淹没处理补偿费。包括农村移民安置迁建费，城市迁建补偿费，库区工矿企业、交通、电力、通信、广播、管网、水利等恢复、迁建补偿费，库底清理费，防护工程费，环境影响补偿费用等。

土地使用权出让金是指建设项目通过土地使用权出让方式取得有限期的土地使用权，依照《中华人民共和国城镇国有土地使用权出让和转让暂行条例》规定支付的土地使用权出让金。城市土地的出让和转让可采用协议、招标、公开拍卖等方式。

2. 建设单位管理费

建设单位管理费是指建设项目从立项、筹建、联合试运转到竣工验收交付使用及后评估等全过程所需的费用。

① 建设单位开办费。指新建成项目为保证筹建和建设工作正常进行所需办公设备、生活家具、用具、交通工具等的购置费用。

② 建设单位经费。包括工作人员的基本工资、工资性津贴、劳动保护费、劳动保险费、办公费、差旅交通费、工会经费、职工教育经费、固定资产使用费、工具用具使用费、技术图书资料费、生产人员招募费、工程招标费、合同契约公证费、工程质量监督检测费、工程咨询费、法律顾问费、审计费、业务招待费、竣工交付使用清理及竣工验收费、后评估费用等。

3. 勘察设计费

勘察设计费指为本建设项目提供项目建议书、可行性研究报告、设计文件等所需的费用。

① 编制项目建议书、可行性研究报告及投资估算、工程咨询、评价以及为编制上述文件所进行的勘测、设计、研究试验等所需费用。

② 委托勘测、设计单位进行初步设计、施工图设计及概预算编制等所需的费用。

③ 在规定范围内由建设单位自行完成的勘察、设计工作所需的费用。

4. 研究试验费

研究试验费指为本建设项目提供或验证设计参数、数据等进行必要的研究试验以及设计规定在施工中必须进行的试验、验证所需的费用。

5. 临时设施费

临时设施费是指建设期间建设单位所需的临时设施的搭建、维修、摊销费用或租赁费用。包括临时宿舍、文化福利及公用事业房屋与构筑物、仓库、办公室、加工厂以及规定范围内的道路、水、电、管线等临时设施和小型临时设施。

6. 工程监理费

工程监理费是指委托工程监理单位对工程实施监理工作所需的费用。

7. 工程保险费

工程保险费是指建设项目在建设期间根据需要实施工程保险部分所需的费用。

8. 供电贴费

供电贴费是指建设项目按照国家规定应交付的供电工程贴费、施工临时用电贴费。

9. 施工机构迁移费

施工机构迁移费是指施工机构根据建设任务的需要，经有关部门决定由原驻地迁移到另一个地区的一次性搬迁费用。

10. 引进技术和进口设备其他费用

引进技术和进口设备其他费用内容如下。

① 为引进技术和进口设备，派出人员在国外进行设计、联络、设备检验、培训等差旅费、置装费、生活费等。

② 国外工程技术人员来华的差旅费、生活费和接待费用等。

③ 国外设计及技术资料费、专利和专有技术费、延期或分期付款利息。

④ 引进设备检验及商检费。

⑤ 担保费。指国内金融机构为买方出具保函的担保费，按有关金融机构规定的担保费率计算（一般可按承保金额的 5% 计算）。

11. 工程承包费

工程承包费是指具有总承包条件的工程公司，对工程建设项目从开始建设至竣工投产全过程的总承包所需的管理费用。具体包括组织勘察设计、设备材料采购、施工招标、发包、工程预决算、项目管理、施工质量监督、隐蔽工程检查、验收和试车直至竣工投产的各种管理费用。

12. 联合试运转费

联合试运转费是指新建企业或新增加生产工艺过程的扩建企业在竣工验收前，按照相关设计的工程质量标准，进行整个车间的负荷或无负荷联合试运转发生的费用支出大于试运转收入的亏损部分。

13. 生产准备费

生产 4 准备费是指新建或新增生产能力的企业，为保证竣工交付使用进行必要的生产准备所发生的费用。费用内容如下。

① 生产人员培训费。包括自行培训、委托其他单位培训的人员的工资、工资性补贴、职工福利费、差旅交通费、学习资料费、学习费、劳动保护费等。

② 生产单位提前进厂参加施工、设备安装、调试以及熟悉工艺流程及设备性能等人员的工资、工资性补贴、职工福利费、差旅费、交通费、劳动保护费等。

14. 办公和生活家具购置费

办公和生活家具购置费是指为保证新建、改建、扩建项目初期正常生产使用和管理所需购置的办公和生活家具、用具的费用。改建、扩建项目所需的办公和生活用具购置费应低于新建项目。

15. 经营项目铺底流动资金

经营项目铺底流动资金是指经营性建设项目为保证生产和经营正常进行，按规定应列入建设项目总投资中的铺底流动资金。

二、预备费

按我国现行规定，预备费由基本预备费和涨价预备费构成。

1. 基本预备费

基本预备费指在初步设计或扩大初步设计概算中难以预料的工程费用，因此，也称为不可预见费。费用内容包括在批准的初步设计范围内，技术设计、施工图设计及施工过程中所增加的工程费用；设计变更、局部地基处理等增加的费用；一般自然灾害造成的损失和预防自然灾害所采取的措施费用；在上级主管部门组织竣工验收时，为鉴定工程质量对隐蔽工程进行必要的挖掘和修复费用。

基本预备费是按建筑安装工程费用和工程建设其他费用二者之和为计取基础，乘以基本预备费率进行计算。

基本预备费＝（建筑安装工程费用＋工程建设其他费用）×基本预备费率

基本预备费率的取值应执行国家及部门的有关规定。

2. 涨价预备费

涨价预备费是指建设项目在建设期间内由于价格等变化引起工程造价变化的预测预留费用。包括人工、材料与设备、施工机械的价差费，建筑安装工程费及工程建设其他费用调整，利率、汇率调整等增加的费用。

涨价预备费的测算方法，一般根据国家规定的投资综合价格指数，按估算年份价格水平的投资额为基础，采用复利方法计算。计算方法为

$$PF = \sum_{t=1}^{n} I_t \left[(1+f)^t - 1 \right]$$

式中　　PF——涨价预备费；

　　　　n——建设期年份数；

　　　　I_t——建设期中第 t 年的投资计划额，包括建筑安装工程费、工程建设其他费用及基本预备费；

　　　　f——年均投资价格上涨率。

三、建设期贷款利息、固定资产投资方向调节税

由于建设项目一般耗资巨大，因而大多数的建设项目都会利用贷款解决自有资金的不足以完成项目的建设。然而利用贷款必须支付利息，所以，在建设期支付贷款利息也构成了项目投资的一部分。建设期贷款利息按复利计算。

固定资产投资方向调节税是为了贯彻国家产业政策，控制投资规模，引导投资方向，调整投资结构，加强重点建设，促进国民经济持续稳定协调发展，对在我国境内进行固定资产投资的单位和个人（不含中外合作经营企业和外商独资企业）征收固定资产投资方向调节税。

投资方向调节税的税率，根据国家产业政策和项目经济规模实行差别税率，税率分别为0、5％、10％、15％、30％五个档次，各固定资产投资项目按其单位工程分别确定适用的税率。计税依据为固定资产投资项目实际完成的投资额，其中更新改造项目是以建筑工程实际完成的投资额为计税依据。投资方向调节税按固定资产投资项目的单位工程年度计划投资额预缴，年度终了后，按年度实际完成投资额结算，多退少补。项目竣工后，按应征收投资方

向调节税的项目及其单位工程的实际完成投资额进行清算，多退少补。

思 考 题

1. 建设项目费用由哪几部分组成？
2. 建筑安装工程费按费用构成要素划分为哪几部分？各部分费用如何计算？
3. 建筑安装工程费按造价形成划分为几部分？各部分费用如何计算？
4. 分部分项工程费用由几部分组成？
5. 建筑安装工程计价程序是怎样的？

第三章 ▶▶ 建设工程定额

定额是一种标准，也可以说是一种额度，其所包含的内容和范围非常广泛。建筑工程定额是概预算编制的依据和基础，本章主要介绍建筑工程定额和定额应用的基本知识。

第一节 定额的概述

一、定额的概念

所谓定额，是指在一定时期的生产、技术、管理水平下，生产活动中资源的消耗量所应遵守或达到的数量标准。这个标准由国家权力机关或地方权力机关制定。

建设工程定额是工程建设中各类定额的总称。它是指在正常的施工条件和合理的劳动组织、合理使用材料及机械的条件下，完成一定计量单位的建筑安装合格产品需消耗的人工、材料、机械台班的数量标准。如《全国统一建筑工程基础定额》子目"4-1"规定，砌筑 $10m^3$ 砖基础需要消耗人工 12.18 工日、普通黏土砖 5.236 千块、砂浆 $2.36m^3$、灰浆搅拌机 0.39 台班。其中，$10m^3$ 是砖基础的计量单位，工日是人工消耗的计量单位，工人工作 8h 为一个工日；台班是施工机械使用消耗的计量单位，施工机械工作 8h 为一个台班。

建设工程定额反映了建设工程的投入与产出的关系，不仅规定了建设工程投入产出的数量标准，同时还规定了具体的工作内容、质量标准和安全要求。

定额中规定资源消耗的多少反映了定额水平，定额水平是一定时期社会生产力的综合反映。在制定建设工程定额确定定额水平时，要正确及时地反映先进的建筑技术和施工管理水平，以促进新技术的不断推广和提高以及施工管理的不断完善，达到合理使用建设资金的目的。

定额是企业管理的一门分支学科，形成于 19 世纪末。我国建设工程定额，从无到有，从不完善到逐步完善，经历了一个分散到集中，集中到分散，又由分散到集中统一领导与分级管理相结合的发展过程。

在社会主义市场经济条件下，建设工程定额的指令性降低、指导性增强。从发展趋势来看，随着工程造价领域工程量清单计价办法的开展，建筑企业可以根据自身技术专长、材料采购渠道和管理水平，制定企业自己的定额，没有能力制定企业定额的，可以参考使用当地工程造价管理部门颁发的《消耗量定额》或《综合定额》。由此可见，在现阶段，各类定额仍是建设工程计价的主要依据之一。

二、定额的特点

1. 科学性和实践性

定额的科学性有两层意思，第一层含义指定额代表了一定时期的生产水平、技术水平和管理水平，是劳动生产力的综合体现，因此在制定定额时必须用科学的态度，尊重客观实际，在制定定额的方法上，要形成一套系统的、完整的、来自于实践行之有效的方法；第二层含义是指工程建设定额管理在理论、方法和手段上适应现代科学技术和信息社会发展的需要。

2. 法规性

定额是国家或其授权机关统一组织编制和颁发的一种法令性指标，各地区、各部门都应认真贯彻执行，不得擅自更改变动。例如《全国统一安装工程预算定额》就是原国家计委组织参编单位编制并于 2000 年颁发的，除预算定额中规定的有条件进行换算的项目外，各企业都不得强调自己的特点而对预算定额进行任意修改、换算。

3. 系统性

工程建设定额是相对独立的系统。它是由多种定额结合而成的有机整体。其结构比较复杂，有鲜明的层次，有特定的适用范围。如建设工程按施工对象的不同可分为建筑工程和设备安装工程，对应的定额就有建筑工程定额和设备安装工程定额；按建设阶段可分为建设决策阶段、设计阶段、施工阶段，相应使用概算指标、概算定额（初步设计阶段）和预算定额（施工图设计阶段）、施工定额。

4. 统一性

工程建设定额的统一性，主要是由国家对经济发展的有计划的宏观调控职能决定的。为了使国民经济按国家规划发展，就需要借助于一定的标准、定额、参数等，对工程建设进行规划、组织、调节、控制。而这些标准、定额、参数必须在一定的范围内参照统一的尺度，才能利用它来对项目的决策、设计方案、投标报价、成本控制进行比选和评价。

5. 稳定性和时效性

由于定额是一定时期内生产力的综合体现，定额水平应当符合先进、合理的原则。而生产技术是一个不断进步的过程，随着新工艺、新材料、新技术的出现和应用推广，生产力水平会不断得到提高。为使定额发挥促进生产力的作用，定额的项目和标准也必然要适应生产力不断发展的要求，因此定额就会在一定的时期后重新编制或修订，这就是定额的时效性。但定额的时效性是相对的，在定额执行期间，定额都会表现出稳定的状态。稳定的时间有长有短，一般在 5～10 年之间。保持定额的稳定性是维护定额的权威性和贯彻执行定额所必要的。如果某种定额处于经常修改变动之中，那必然造成执行中的困难和混乱，使人们感到没有必要去认真对待它，很容易导致定额权威性的丧失。工程建设定额的不稳定也会给定额的编制工作带来极大的困难。

三、定额的作用

定额是一切企业实行科学管理的必备条件，没有定额就没有企业的科学管理。定额的作用主要表现在以下几个方面。

1. 定额有利于节约社会劳动和提高生产效率

一方面，企业以定额作为促使工人节约社会劳动（工作时间、原材料等）和提高劳动效率、加快工作进度的手段，以增加市场竞争能力，获取更多的利润；另一方面，作为工程造价计算依据的各类定额，又促使企业加强管理，把社会劳动的消耗控制在合理的限度内；再者，作为项目决策依据的定额指标，又在更高的层次上促使项目投资者合理而有效地利用和分配社会劳动。这都证明了定额在工程建设中节约社会劳动和优化资源配置的作用。

2. 定额有利于建筑市场公平竞争

定额所提供的准确信息为建筑市场供需双方的交易活动和竞争创造条件，需方可用以进行投资决策和购买决策，供方可用以进行定价决策，赢得用户，取得合同额。

3. 定额有利于市场行为的规范

定额既是投资决策的依据，又是价格决策的依据。对于投资者来说，可以利用定额权衡自己的财务状况和支付能力、预测资金投入和预期回报，还可以充分利用有关定额的大量信息，有效地提高其项目决策的科学性，优化其投资行为。对于建筑企业来说，企业在投标报价时，只有充分考虑定额的要求，作出正确的价格政策，才能占有市场竞争的优势，获得更多的工程合同。可见，定额在上述两个方面规范了市场主体的经济行为。因而对完善我国固定资产投资市场和建筑市场，都能起到重要作用。

4. 定额有利于完善市场的信息系统

定额管理是对大量市场信息的加工，对大量信息进行的市场传递，同时也是市场信息的反馈。在我国，以定额形式建立和完善市场信息系统，也是社会主义市场经济的特色。

四、建设工程定额的分类

建设工程定额种类繁多，根据各种定额的性质、内容、适用范围的不同，可将定额作如下分类。

1. 按生产要素分类

根据生产要素把建设工程定额划分为劳动定额、材料消耗定额和机械台班使用定额。实际上我们日常生活中使用的任何一种概预算定额都包含这三种定额的表现形式。也就是说，这三种定额是构成其他一切定额的基础，如图 3-1 所示。

① 劳动定额（或称人工定额）。指完成单位合格产品所需消耗的工人劳动时间数量标准。它是代表工人劳动生产效率的实物指标，也是编制施工作业计划、组织劳务人员、签发施工任务单的依据。劳动定额可用时间定额和产量定额两种形式表示。

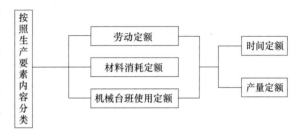

图 3-1 按生产要素内容分类

时间定额是指在正常的作业条件下，工人完成单位合格产品所需要的劳动时间，以工日或工时进行计量。其表达式为

$$时间定额 = \frac{劳动时间总和}{完成的合格产品总数}（工日/单位合格产品）$$

例如：0.4 工时/$DN40$ 水阀门；5 工日/配电箱。

时间定额包括工人有效工作时间、必要休息时间、不可避免的工作中断时间。

产量定额是指在正常作业条件下，工人单位时间内应当完成的合格产品数量标准，以产品的计量单位表示，其表达式为

$$产量定额 = \frac{完成的合格产品总数}{劳动时间总和}（合格产品数/工日）$$

不难看出，时间定额和产量定额在数值上是倒数关系，只要知道其中一个，即可求出另

外一个。

【例 3-1】 某抹灰班组有 13 名工人，抹某住宅楼混砂墙面，施工 25 天完成任务，已知产量定额为 10.2m^2/工日。试计算抹灰班组应完成的抹灰面积。

解： 13 名工人施工 25 天的总工日数＝13×25＝325（工日）

抹灰面积＝10.2×325＝3315（m^2）

② 材料消耗定额（简称材料定额）。指在节约与合理使用材料的条件下，完成单位合格产品（单位工程量）所需消耗材料的数量标准。这里的材料包括各种工程材料、成品、半成品、构配件及动力资源等。其定额用各种材料所规定的计量单位表示，表达式为

$$材料消耗定额＝\frac{某种材料的消耗总量}{产品总数}（消耗量/单位产品）$$

材料消耗定额指标是指生产中的直接消耗量和不可避免的材料损耗量（如搬运堆放损耗、施工操作损耗等）之和。材料损耗量使用规定的材料损耗率计算，则材料消耗定额指标计算式为

材料消耗定额指标＝生产净用量＋损耗量＝生产净用量×（1＋损耗率）

式中，损耗率为

$$损耗率＝\frac{材料损耗量}{材料净用量}×100\%$$

不同材料的损耗率并不相同，即使同种材料还受到施工方法的影响而不同，其值由国家有关部门综合取定，见表 3-1。

材料定额是分析计算材料消耗量、编制材料供应计划和限额领料的依据。

表 3-1 材料、成品、半成品损耗率参考

材料名称	工程项目	损耗率/%	材料名称	工程项目	损耗率/%
标准砖	基础	0.4	石灰砂浆	抹墙及墙裙	1
标准砖	实砖墙	1	水泥砂浆	抹天棚	2.5
标准砖	方砖柱	3	水泥砂浆	抹墙及墙裙	2
白瓷砖		1.5	水泥砂浆	地面、屋面	1
陶瓷锦砖	（马赛克）	1	混凝土（现制）	地面	1
铺地砖	（缸砖）	0.8	混凝土（现制）	其余部分	1.5
砂	混凝土工程	1.5	混凝土（现制）	桩基础、梁、柱	1
砾石		2	混凝土（现制）	其余部分	1.5
生石灰		1	钢筋	现、预制混凝土	2
水泥		1	铁件	成品	1
砌筑砂浆	砖砌体	1	钢材		6
混合砂浆	抹墙及墙裙	2	木材	门窗	6
混合砂浆	抹天棚	3	玻璃	安装	3
石灰砂浆	抹天棚	1.5	沥青	操作	1

③ 机械消耗定额（机械台班使用定额）。指在正常施工条件和合理组织条件下，为完成单位合格产品所必须消耗的各种机械设备的数量标准。它表示机械设备的生产效率，也是调度和使用计划的依据。机械消耗定额的主要表现形式是机械时间定额，但也可用产量定额表现。

机械时间定额是指在正常的机械使用和运转条件下，完成单位产品所消耗的机械设备作业时间，以"台班"表示。即

$$机械时间定额＝\frac{机械消耗台班总量}{机械完成产品总数}（台班/单位产品）$$

机械产量定额则指正常的机械使用和运转条件下，单位作业时间内应完成的合格产品的标准数量，以工程量计量单位表示。即

$$机械产量定额 = \frac{机械完成产品总数}{机械消耗台班总量}(单位产品/台班)$$

容易看出，机械时间定额与机械产量定额在数量上也是倒数关系。

2. 按定额编制程序和用途分类

按定额编制程序和用途划分，如图 3-2 所示。

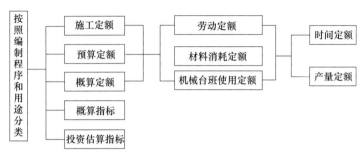

图 3-2 按定额编制程序和用途分类

① 施工定额。施工定额是施工企业直接用于建筑工程施工管理的一种定额。

② 预算定额。预算定额用于编制施工图预算。

③ 概算定额。概算定额用于编制扩大初步设计阶段设计概算。

④ 概算指标。概算指标是概算定额的扩大与合并。

⑤ 投资估算指标。投资估算指标是在项目建议书和项目可行性研究阶段编制投资估算、计算资金需要量而使用的一种定额。它非常粗略，往往以单项工程和整个工程项目为计算对象，编制内容是所有项目之和。其概略程度与可行性研究阶段相适应，加快了估价速度。

3. 按费用性质分类

工程建设定额按投资费用性质可分为建筑工程定额、设备安装工程定额、工器具购置费定额及工程建设其他费用定额，如图 3-3 所示。在这里仅介绍前两种，其他可参见相关资料。

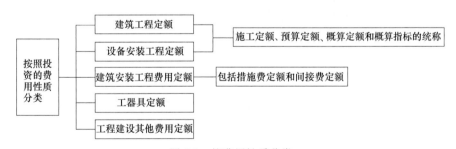

图 3-3 按费用性质分类

① 建筑工程定额。建筑工程定额是建筑工程的施工定额、预算定额、概算定额和概算指标的统称。建筑工程一般可认为包括房屋建筑工程和构筑物工程，具体包括一般土建工程、特殊构筑物工程等。

② 设备安装工程定额。设备安装工程定额是安装工程的施工定额、预算定额、概算定额和概算指标的统称。设备安装工程是对要安装的设备进行定位固定、组合、校正等工作。主要包括机械设备安装工程、电气设备安装工程和管道安装工程三大类。

4. 按管理层次和执行范围分类

按管理层次和执行范围划分，如图 3-4 所示。

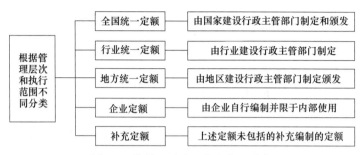

图 3-4　按管理层次和执行范围分类

① 全国统一定额。由国家主管部门制定颁发的定额，它不分地区，全国适用。如 2000 年由原国家计划委员会颁发的《全国统一安装工程定额》。

② 行业统一定额。国家各部委根据其行业特点编制的定额，只适用于各行业部门。如原铁道部的《铁路工程预算定额》。

③ 地方统一定额。由各省、市、自治区组织编制颁发，只适用于本地区范围。这主要是考虑到地区性特点和全国统一定额水平作适当调整和补充编制的。如《陕西省安装工程定额》（2009）。

④ 企业定额。企业考虑自身的实际情况，参照国家、部门或地区定额的水平，内部自行编制的定额，仅限于在企业内部使用，是企业素质的一个标志。企业定额水平一般应当高于国家定额水平。

⑤ 补充定额。在上述定额缺项时补充编制的一次性定额。补充定额一般由施工单位提出，报主管部门审定批准。

5. 按适用专业分类

按适用专业，定额还可以分为设备安装工程定额、给排水工程定额、公路工程定额、铁路工程定额、水利水电工程定额、市政工程定额等。

上述各种定额虽然适用于不同的情况和用途，但它们是一个相互联系的有机的整体，在实际工作中是配合使用的。

五、定额的制定方法

定额的制定是一项非常复杂的工作，这里仅简要介绍施工定额的制定方法。

1. 劳动定额的制定

劳动定额的制定通常采用经验估计法、统计分析法、技术测定法。

① 经验估计法。一般是根据工人、技术人员、专职定额工作人员的实践经验，参照有关技术资料通过座谈而定。该方法简单易行，工作量小，但其准确程度易受参加估计人员经验的影响而有一定的局限性。

② 统计分析法。是根据一定时期内实际工程中工作时间的消耗和产品完成数量的统计资料和原始记录，经过整理，结合当前的组织条件、技术条件和生产条件，分析对比来确定定额的方法。该法简单易行，但要求统计资料充足且可靠。

③ 技术测定法。是根据先进合理的技术条件、组织条件，选择有代表性的施工队伍对

施工过程中各种工序工作时间通过工作日写实、测时观察，分别测出每一工序的工时消耗，然后通过测定资料的分析计算来制定定额的方法。这是一种较科学的方法，准确度较高，但工作量大。

2. 材料消耗定额的制定

制定材料消耗定额的方法有以下几种。

① 测定法。是通过测定在完成一定的工程量中材料消耗数量的方法来制定定额。用该法制定定额必须选择有代表性的作业班组，同时材料的品种、质量应符合设计和施工技术规程的要求。

② 试验法。是在试验室借助于专门的仪器设备进行试验与测定来制定材料的消耗额。例如电能、燃料的消耗量均可用此法确定。

③ 计算法。即用理论计算方法求得材料的消耗定额。

④ 统计法。是根据发出的材料数量、竣工后的余料数量和工程量进行统计计算，制定材料消耗定额的一种方法。

3. 机械台班使用定额的制定

制定机械台班使用定额，首先必须查明工作班延续时间、在工作班内机械不可避免的中断次数和每次延续时间、休息时间、机械工作准备时间。然后再计算工作班内的纯工作时间，并用公式计算出机械时间利用系数 K。

$$K = \frac{班内纯工作时间}{工作班时间}$$

则机械台班使用定额为

$$N = 8N_m K$$

式中，8 为工作班持续时间，h；N 为机械每台班产量定额；N_m 为机械纯工作 1h 的正常生产率；K 为机械时间利用系数。

第二节　施工定额

一、施工定额的概念

施工定额是施工企业直接用于建筑安装工程施工管理的一种定额。它是以同一性质的施工过程或工序为测定对象，确定建筑安装工人在正常的施工条件下，为完成一定计量单位的某一施工过程或工序所需的人工、材料和机械台班等消耗的数量标准。

施工定额是施工企业（建筑安装企业）为组织生产和加强管理，在企业内部使用的一种定额，也是施工企业进行内部经济核算，控制工程成本与原材料消耗的依据，属于企业定额性质，它是工程建设定额中分项最细、定额子目最多的一种定额。

施工定额由劳动定额、材料消耗定额及机械台班使用定额三部分组成。它是在考虑了预算定额项目划分的方法和内容以及劳动定额的分工做法的基础上，由工序定额综合而成。

二、施工定额的作用

① 施工定额是建筑安装施工企业进行科学管理的基础。

② 施工定额是施工企业编制施工预算、进行工料分析和"两算"对比的依据，其对比

效果反映了企业的利润效益及技术、施工管理的综合水平。

③ 施工定额是施工企业编制施工组织设计、施工作业计划和确定人工、材料及机械台班需要量计划，施工队向工人班（组）签发施工任务单、限额领料，组织工人班（组）开展劳动竞赛、经济核算、实行承发包、计取劳动报酬和奖励等工作的依据。

④ 施工定额是编制预算定额的基础。

三、施工定额的分类

根据工程的性质不同，施工定额可分为以下几类。

① 土建工程施工定额。

② 给水排水、采暖通风工程施工定额。

③ 电器照明工程施工定额。

④ 电器设备安装工程施工定额。

⑤ 机械设备安装工程施工定额。

⑥ 自动化仪表安装工程施工定额。

⑦ 金属油罐工程施工定额。

⑧ 输油管道工程施工定额。

⑨ 金属容器及构件制作安装工程施工定额。

四、施工定额的编制原则

① 平均先进水平原则。所谓平均先进水平原则是指在正常的条件下，多数施工班、组或生产者经过努力可以达到，少数班、组或生产者可以接近，个别班、组或生产者可以超过的定额水平。通常，它低于先进水平，略高于平均水平。

贯彻平均先进水平原则，首先要考虑那些已经成熟并得到推广的先进技术和先进经验。但对于那些尚不成熟，或已经成熟尚未普遍推广的先进技术，暂时还不能作为确定定额水平的依据。其次，对于原始资料和数据要加以整理，剔除个别的、偶然的、不合理的数据。尽可能使计算数据具有实践性和可靠性。最后要选择正常的施工条件，行之有效的技术方案和劳动组织，合理的操作方法，作为确定定额水平的依据。

贯彻平均先进水平原则，最终落实在施工定额资源消耗量的高低上。一般的，定额水平越高，资源消耗量就越低；反之，则越高。

② 简明适用的原则。所谓简明适用原则是指定额结构合理，定额步距大小适当，文字通顺易懂，计算方法简便，易为群众掌握运用，具有多方面的适应性，能在较大范围内满足不同情况，不同用途的需要。

a. 项目划分合理。定额项目是定额结构形式的主要内容，项目划分合理是指项目齐全、粗细恰当，这是定额结构形式简单适用的核心。定额项目齐全关系到定额的适用范围，项目划分粗细关系到定额的使用价值。

b. 步距大小适当。所谓定额步距，是指同类型产品或同类工作过程、相邻定额工作标准项目之间的水平间距。步距大小与定额的简明适用程度关系很大，步距大，定额项目越少，精确度就会降低；步距小，定额项目增多，精确度就会提高。

③ 以专家为主的原则。定额的编制要求有一支经验丰富、技术与管理知识全面、有一定政策水平的稳定的专家队伍。

贯彻以专家为主的原则，同时必须注意走群众路线。因为广大建筑安装工人既是施工生产的实践者，又是定额的执行者，最了解施工生产的实际和定额的执行情况，要虚心向他们求教。同时，也要向他们宣传定额的必要性和意义，教育他们用主人翁的态度正确处理好个人和企业利益的关系，以取得他们的配合与支持，尤其是现场测定和组织新定额试点时，这一点非常重要。

④ 独立自主的原则。施工企业作为具有独立法人地位的经济实体，应根据企业的具体情况和要求，结合政府的技术政策和产业导向，以企业盈利为目标，自主地制定施工定额。贯彻这一原则有利于企业自主经营，有利于执行现代企业制度，有利于施工企业摆脱过多的行政干预，也有利于促进新的施工技术和施工方法的采用。

企业独立自主地制定定额，主要是自主地确定定额水平，自主地划分定额项目，自主地根据需要增加新的定额项目。但是，施工定额毕竟是一定时期企业生产力水平的反映，它不可能也不应该割断历史。因此，企业制定的施工定额应是对国家、部门和地区性施工定额的继承和发展。

五、施工定额的编制依据

① 现行的全国建筑安装工程统一劳动定额、材料消耗定额和机械台班使用定额。

② 现行的建筑安装工程施工验收规范、工程质量检查评定标准、技术安全操作规程。

③ 有关建筑安装工程历史资料及定额测定资料。

④ 有关建筑安装工程标准图等。

六、施工定额的编制步骤

① 确定定额项目。为了满足简明适用原则的要求，并具有一定的综合性，施工定额的划分应遵循以下几项要求。

a. 不能把彼此逐日隔开的工序综合在一起。

b. 不能把不同专业的工人或小组完成的工序综合在一起。

c. 定额项目应具有一定的灵活性，可分可合。

② 选择计量单位。施工定额项目的计量单位，必须能确切、形象地反映该产品的形状特征，便于工程量与工料消耗的计算，同时又能保证一定的精确度，并便于基层人员的掌握使用。

③ 确定制表方案。定额表格的内容应明了易懂，便于查阅。定额表格一般应包括项目名称、工作内容、计量单位、定额编号、附注、人工、材料及机械台班的消耗量等内容。

④ 确定定额水平。定额水平应根据实际的资料，经认真的核实和计算，反复平衡后，才能把确定的各项数量标准填入定额表格。

⑤ 写编制说明和附注。定额的编制说明包括总说明、分册说明和分节说明。

总说明一般包括定额的编制依据和原则、定额的用途及适用范围、工程质量及安全要求、资源消耗的计算方法、有关规定的使用注意等。

分册说明一般包括定额项目和工作内容、施工方法说明、有关规定的说明和工程量计算方法、质量及安全要求等。

分节说明主要内容包括具体的工作内容、施工方法、劳动小组成员等。

⑥ 汇编成册、审定、颁发。

第三节 预 算 定 额

一、预算定额的概念

预算定额是在正常施工的条件下，在平均水平的基础上，完成一定计量单位的分部分项工程或结构构件所需消耗的人工、材料、机械台班及其基价的综合标准数值。它是建筑安装产品价格的基础，是建设工程定额中一种法规性极强的实用定额，是工程项目建设中一项重要的技术经济文件。它的各项指标用"综合指标"的形式表示。比如其综合工日所对应的综合工不分工种、级别，而统一用"平均级别"（四级工）表示。

在建设工程的各类定额中，预算定额的内容最广、专业最全、执行最严。预算定额一般对应于基本建设程序中施工图设计阶段，用于编制施工图预算。在编制时，需按图纸和工程量计算规则计算工程量，还需借助于某些可靠的参数计算人工、材料、机械台班的耗用量，并在此基础上计算出资金的需要量，继而计算建筑安装工程的价格。

二、预算定额的作用

预算定额的作用主要体现在以下六方面。

① 预算定额是编制施工图预算、确定建筑安装工程造价的基础。

② 预算定额是编制施工组织设计的依据。施工组织设计的重要任务之一是确定施工中所需人力、物力的供求量，并进行最优化。施工单位在缺乏本企业的施工定额的情况下，根据预算定额也能相对较精确地计算出施工过程中各项资源的需要量，为有计划地组织材料采购、劳动力劳动、预制件加工和施工机械的调配提供了可靠的计算依据。

③ 预算定额是工程结算的依据。工程结算是建设单位和施工单位按照工程进度对已完成的分部分项工程实现货币支付的行为。按进度支付工程款，首先要根据预算定额将已完成分项工程的造价算出，单位工程验收后，再按竣工工程量、预算定额和施工合同规定进行结算，以保证建设单位建设资金的合理使用和施工单位的经济收入。

④ 预算定额是编制概算定额和地区"单位估价表"的依据。概算定额是在预算定额的基础上综合扩大编制的。利用预算定额作为编制依据，不但可以大量节省编制工作的人力、物力和时间，收到事半功倍的效果，还可使概算定额在水平上与预算定额保持一致，以免造成执行中的不一致；"单位估价表"是将预算定额中的人工、材料、机械台班消耗指标乘以当地规定的相应要素，预算价格（单价）折合成统一的本地区工程预算单价的新表。

⑤ 预算定额是施工单位进行经济活动分析的依据。预算定额规定的物化劳动和劳动消耗指标是施工单位在生产经营中允许消耗的最高值。施工企业消耗超出预算定额，就势必会造成企业亏损。所以，施工企业只有在施工中尽量降低劳动消耗，采用新技术、新工艺，不断提高劳动者素质，提高劳动生产率，才能取得较好的经济效果。

⑥ 预算定额是合理编制招标标底、投标报价的基础。

三、预算定额的组成及内容

预算定额一般以单位工程为编制对象，按分部工程分章，在发布了全国统一基础定额后，分章应与基础定额一致。章以下为节，节以下为定额子目，每一个定额子目代表着一个与之对应的分项工程，所以，分项工程是构成预算定额的最小单元或细胞。

各类预算定额的内容一般由目录、总说明、分部（各章）说明、工程量计算规则、定额项目表及有关附录组成。

1. 总说明

主要说明该预算定额的编制原则和依据、适用范围和作用、涉及的因素与处理方法、基价的来源与定额标准、有关执行规定及增收费用等内容。

2. 各章说明

主要说明本章（分部）定额的执行规定、定额指标的可调性及换算方法、项目解释等内容。

3. 工程量计算规则

定额的套价是以一个分项工程的项目划分及其工程量为基础的，而定额指标及其含量的确定则是以工程量的计量单位和计算范围为依据的。因此，每部定额都有其自身专用的"工程量计算规则"。工程量计算规则是指对各计价项目工程量的计量单位、计量范围、计算方法等所作的具体规定与法则。

4. 定额项目表

由项目名称、工程内容、计量单位和项目表组成。其中，项目表包括定额编号、细目与步距、子目组成、各种消耗指标、基价构成及有关附注等内容（见表3-2、表3-3）。定额项目表是预算定额的主要组成部分，表内反映了完成一定计量单位的分项工程所消耗的各种人工、材料、机械台班数额及其基价的标准数值。

5. 附录

附录是指制定定额的相关资料和含量、单价取定等内容。可集中在定额的最后部分，也可放在有关定额分部内。其内容可作为调整换算定额、制定补充定额的依据。

表 3-2　木结构及门窗工程（木窗）

工程内容：1. 木窗框安装，刷防腐油，填塞麻刀灰浆；

　　　　　2. 工业木窗框还包括钉木贴条及拼框，填塞沥青麻丝。

定 额 编 号				8-15	8-16	8-17	8-18	8-19	8-21	8-21	8-22
工程项目		单位	单价/元	普 通 木 窗 框				工 业 木 窗 框			
				单裁口		双裁口		单裁口		双裁口	
				制作	安装	制作	安装	制作	安装	制作	安装
基价		元		1027.44	212.81	1226.62	215.53	1450.86	198.56	1596.22	201.77
其中	人工费	元		73.39	96.76	80.77	98.61	77.70	93.28	84.26	93.89
	材料费	元		921.71	115.27	1154.64	116.14	1336.67	104.50	1476.24	107.36
	机械费	元		32.34	0.78	31.21	0.78	36.49	0.78	35.72	0.52
综合用工		工日	20.50	3.58	4.72	3.94	4.81	3.79	4.55	4.11	4.58
材料	烘干木材	m²	2016.07	0.438	—	0.553	—	0.646	—	0.715	—
	木材	m²	1854.90	0.015	0.053	0.015	0.053	0.013	0.037	0.013	0.037
	铁钉	kg	5.54	0.080	0.710	0.080	0.710	0.070	0.470	0.070	0.470
	乳胶	kg	6.77	0.500	—	0.500	—	0.500	—	0.500	—
	防腐油	kg	3.09	2.270	—	2.620	—	2.070	—	2.220	—
	木螺钉	百	4.18	—	—	—	—	—	0.410	—	0.410
	石油沥青	kg	1350.00	—	—	—	—	—	0.008	—	0.009
	麻丝	kg	3.41	—	—	—	—	—	2.010	—	2.200
	其他材料费	元	—	—	—	—	—	—	13.89	—	14.76

续表

定额编号			8-15	8-16	8-17	8-18	8-19	8-21	8-21	8-22
工程项目	单位	单价/元	普通木窗框				工业木窗框			
			单裁口		双裁口		单裁口		双裁口	
			制作	安装	制作	安装	制作	安装	制作	安装
机械 木工圆锯机 φ500mm	台班	25.89	0.10	0.03	0.10	0.03	0.07	0.03	0.07	0.02
木工压刨床 (四面)	台班	77.34	0.16	—	0.15	—	0.29	—	0.28	—
木工打眼机	台班	10.71	0.36	—	0.36	—	0.23	—	0.23	—
木工开机	台班	53.33	0.18	—	0.18	—	0.13	—	0.13	—
木工裁口机	台班	35.65	0.11	—	0.10	—	0.08	—	0.08	—

注：1. 普通木窗框断面单裁口为 36.00，双裁口为 45.60。

2. 工业木窗框边框断面单裁口为 48.00，双裁口为 52.80。

3. 横挡木断面为 170.00（均以毛料为准）。如设计断面与定额不同时，烘干材按比例增减，其他不变。

4. 木屋架天窗面上下风口板以单面钉板为准。

表 3-3　砌筑砂浆配合比

定额编号			8-15	8-16	8-17	8-18	8-19	8-21	8-21	8-22
工程项目	单位	单价/元	普通木窗框				工业木窗框			
			单裁口		双裁口		单裁口		双裁口	
			制作	安装	制作	安装	制作	安装	制作	安装
基价	元		1027.44	212.81	1226.62	215.53	1450.86	198.56	1596.22	201.77
其中 人工费	元		73.39	96.76	80.77	98.61	77.70	93.28	84.26	93.89
材料费	元		921.71	115.27	1154.64	116.14	1336.67	104.50	1476.24	107.36
机械费	元		32.34	0.78	31.21	0.78	36.49	0.78	35.72	0.52
综合用工	工日	20.50	3.58	4.72	3.94	4.81	3.79	4.55	4.11	4.58
材料 烘干木材	m²	2016.07	0.438	—	0.553	—	0.646	—	0.715	—
木材	m²	1854.90	0.015	0.053	0.015	0.053	0.013	0.037	0.013	0.037
铁钉	kg	5.54	0.080	0.710	0.080	0.710	0.070	0.470	0.070	0.470
乳胶	kg	6.77	0.500	—	0.500	—	0.500	—	0.500	—
防腐油	kg	3.09	2.270	—	2.620	—	2.070	—	2.220	—
木螺钉	百	4.18	—	—	—	—	—	0.410	—	0.410
石油沥青	kg	1350.00	—	—	—	—	—	0.008	—	0.009
麻丝	kg	3.41	—	—	—	—	—	2.010	—	2.200
其他材料费	元	—	—	—	—	—	—	13.89	—	14.76
机械 木工圆锯机 φ500mm	台班	25.89	0.10	0.03	0.10	0.03	0.07	0.03	0.07	0.02
木工压刨床 (四面)	台班	77.34	0.16	—	0.15	—	0.29	—	0.28	—
木工打眼机	台班	10.71	0.36	—	0.36	—	0.23	—	0.23	—
木工开机	台班	53.33	0.18	—	0.18	—	0.13	—	0.13	—
木工裁口机	台班	35.65	0.11	—	0.10	—	0.08	—	0.08	—

四、预算定额的编制原则

为保证预算定额的质量、充分发挥预算定额的作用及在工作中使用方便，在编制时应遵循以下原则。

① 社会平均水平确定预算定额原则。预算定额是确定和控制建筑安装工程造价的主要依据，所以它必须遵照价值规律的客观要求，按生产过程中所消耗的社会必要劳动时间确定定额水平，或者说是按照"在现有的社会正常生产条件下，在社会平均的劳动熟练程度和劳

动强度下制造某种具有使用价值的产品所需要的劳动时间"来确定定额水平。所以预算定额的平均水平，是在正常的施工条件下，合理的施工组织和工艺条件、平均劳动熟练程度和劳动强度下，完成单位分项工程基本构造要素所需要的劳动时间。

② 简明适用原则。预算定额项目是在施工定额的基础上进一步综合。如前所述，工程可以分为分项、分部工程，那么在编制预算定额时就需要对那些主要的、常用的、价值量大的项目，分项工程划分宜细；而对于那些次要的、不常用的、价值量相对较小的项目则可以放粗一些。

简明适用还要求合理确定预算定额的计算单位，简化工程量的计算，尽可能避免同一种材料用不同的计量单位和一量多用，尽量减少定额附注和换算系数。

③ 统一性和差别性相结合的原则。预算定额的统一性，就是从全国统一市场规范计价行为出发，计价定额的制定规划和组织实施由国务院建设行政主管部门归口，并负责全国统一制定或修订，颁发有关工程造价管理的规章制度办法等。这样就有利于通过定额和工程造价的管理实现建筑安装工程价格的宏观调控。通过编制全国统一定额，使建筑安装工程既有一个统一的计价依据，也使考核设计和施工的经济效果具有一个统一尺度。而其差别性，就是在统一性的基础上，各部门和省、自治区、直辖市主管部门可以在自己的管辖范围内，根据本部门和地区的具体情况，制定部门和地区性定额、补充性制度和管理办法，以适应我国幅员辽阔，地区发展不平衡和差异大的实际情况。

④ 专家编审责任制原则。定额的编制工作政策性、专业性强，任务重，贯彻这一原则很有必要。

五、预算定额编制依据

编制预算定额的主要依据有以下几个方面。

① 现行的施工定额或劳动定额、材料消耗定额和施工机械台班定额。

② 现行的设计规范、施工及验收规范、质量评定标准和安全操作规程。

③ 有关地标准图集、有代表性的设计图纸。

④ 建筑材料标准及新材料、新技术和先进经验资料。

⑤ 现行的地区建筑安装工人工资标准和材料预算价格。

⑥ 过去颁布的预算定额及有关预算定额编制的基础资料。

⑦ 有关可靠的科学试验、测定、统计资料等。

六、预算定额的编制方法

① 确定预算定额项目和工作内容。项目的划分要与预算定额的编制原则相符。对每一个分部、分项工程，都应简明扼要地对工作内容加以说明，不得遗漏，并说明有关施工方法。

② 确定预算定额的计量单位。预算定额的计量单位关系到预算工作的繁简和准确性。因此，要依据分部、分项工程的形体不同及其所固有的规律来确定计量单位。一般有以下几种情况。

a. 物体的截面有一定的形状和大小而长度不同时，应以长度米（m）为计量单位。如管道、轨道的安装及电线管敷设等。

b. 物体有一定的厚度而面积不固定时，以平方米（m²）为计量单位较为适宜。如刷油、除锈等工程。

c. 当物体的长、宽、高都不固定时，应采用立方米（m³）为计量单位。如绝热工程。

d. 分项工程质量、价格的差异较大，则采用吨（t）、千克（kg）为计量单位。如给水排水管道的支架制作安装、风管部件的制作安装、机械设备的安装等。

e. 根据成品、半成品和机械设备的不同特征，以个、片、组、套、台、部等为计量单位。如灯具、暖气片、风机、大便器等安装工程。

应当强调的是，以上确定计量单位的原则是相对的，而不是绝对的。如以风管为例，如果以平方米（m²）为单位，则铆钉、螺栓、机械台班耗量的计算就很不方便。采用 10m² 为单位，则对实物的消耗标准的确定就比较方便。

③ 按典型设计图纸和资料计算工程数量。计算工程数量，是为了通过计算出典型设计图纸所包括的施工过程的工程量，在编制预算定额时，有可能利用施工定额的人工、材料和机械台班消耗指标确定预算定额所含工序的消耗量。

④ 确定预算定额各项目人工、材料和机械台班消耗指标。进行此项工作时，必须先按施工定额的分项逐项计算出消耗指标，然后，再按预算定额的项目加以综合。但是，这种综合不是简单的合并和相加，而需要在综合过程中增加两种定额之间适当的水平差。预算定额的水平，首先取决于这些消耗量的合理确定。

⑤ 确定定额基价。以人工、材料、机械台班耗量分别乘以其单价，计算出人工费、材料费和机械费，并将人工费、材料费、机械费相加求出定额基价。

⑥ 编写预算定额说明。包括册说明、章说明以及附注，并精编定额附录。

⑦ 编写预算定额编制说明。主要内容是编制原则、依据、分工、编制过程中一些具体问题的处理办法和结果，及其需要说明的问题。

七、预算定额的编制步骤

预算定额的编制步骤如下。

① 准备阶段。主要工作是组建成立编制机构，拟定编制方案；在此基础上，分头组织调研，收集各种编制依据的资料；了解有关政策和工程造价管理方面的文件和规定，就一些原则性、方向性的问题，如定额水平、作用、项目的划分、编排形式等统一认识。

② 编制初稿阶段。主要任务是对收集到的各种资料依据，分别进行研究、测算，按编制方案确定的项目内容及要求，计算工程量、确定人工、材料、机械台班的耗量指标，进而确定基价，拟定文字说明，最后汇总编制预算定额初稿。

③ 征求意见，修改初稿阶段。初稿编制完成后，要分别组织有关人员（工人、施工技术人员、施工管理人员、设计人员）对初稿进行讨论提出修改意见，并根据所提意见对初稿进行实事求是的修改。

④ 审查定稿阶段。主要是对新编定额水平进行测算，并与旧定额水平进行主要项目的比较；对同一工程，用新、旧定额编制出两份预算，进行预算造价的比较；对施工现场工、料、机消耗水平测定，进行定额耗量与实际耗量的比较。根据测算和比较结果，分析定额水平提高或降低的原因，并对初稿进一步修改，组织有关部门讨论，再次广泛征求群众意见。最后修改定稿，编写编制说明，拟定送审报告，连同预算定额送审稿，一并呈送领导机关和相关部门审批。

八、预算定额消耗指标的确定

1. 预算定额人工消耗量的确定

预算定额中的人工消耗量（定额人工工日）是指完成该定额单位分项工程所需用工数量。包括基本用工和其他用工两部分，人工消耗指标可以以现行的《建筑安装工程统一劳动定额》为基础进行计算。

（1）基本用工　基本用工指完成某一计量单位的分项工程或结构构件所需的主要用工量。按综合取定的工程量和施工劳动定额进行计算。

$$基本用工工日数量＝\sum（工序工程量×时间定额）$$

（2）其他用工　其他用工是辅助基本用工完成生产任务所耗用的人工。按其工作内容的不同可分为辅助用工、超运距用工和人工幅度差三类。

① 辅助用工。辅助用工指劳动定额中未包括的各种辅助工序用工，如材料加工等用工。

$$辅助用工工日数量＝\sum（加工材料数量×时间定额）$$

② 超运距用工。超运距用工是指预算定额中规定的材料、半成品的平均水平运距超过劳动定额规定运输距离的用工。

$$超运距用工＝\sum（超运距运输材料数量×相应超运距时间定额）$$

$$超运距＝预算定额取定运距－劳动定额已包括的运距$$

预算定额砖砌体工程材料超运距见表 3-4。

表 3-4　砌砖工程材料超运距表　　　　　　　　　　　单位：m

材料名称	预算定额运距	劳动定额运距	超运距
砂子	80	50	30
石灰膏	150	100	50
标准砖	170	50	120
砂浆	180	50	130

③ 人工幅度差。人工幅度差是指在劳动定额时间未包括而在预算定额中应考虑的在正常施工条件下所发生的无法计算的各种工时消耗。一般包括工序交叉、搭接停歇的时间损失；机械临时维修、小修、移动等不可避免的时间损失；工程检验影响的时间损失；施工收尾及工作面小影响工效的时间损失；施工用水、电管线移动影响的时间损失；工程完工、工作面转移造成的时间损失；施工中难以预料的少量零星用工。

人工幅度差计算方法

$$人工幅度差＝（基本用工＋辅助用工＋超运距用工）×人工幅度差系数$$

国家现行规定的人工幅度差系数为 $10\%\sim15\%$，一般土建工程为 10%，设备安装工程为 12%。

【例 3-2】　砌砖基础 $10m^3$，其厚度比例为：一砖厚占 50%，一砖半占 30%，两砖占 20%，基础埋深超过 1.5m 占 15%，人工幅度差系数为 10%。求砖基础的定额人工。

解：1. 基本用工量（砌砖）

一砖基础　$10m^3×50\%×0.89$ 工日$/m^3＝4.45$ 工日（劳动定额 4-1-1）

一砖半基础$10m^3×30\%×0.86$ 工日$/m^3＝2.58$ 工日（劳动定额 4-1-2）

两砖基础　$10m^3×20\%×0.833$ 工日$/m^3＝1.666$ 工日（劳动定额 4-1-3）

基础埋深超过 1.5m 占 15%，根据劳动定额附注规定，其超过部分，每 m^3 砌体增加 0.04 工日。

即

$$10m^3 \times 15\% \times 0.04 \text{ 工日} / m^3 = 0.06 \text{ 工日}$$

$$\text{则基本用工} = (4.45 + 2.58 + 1.666 + 0.06) \text{工日} = 8.756 \text{ 工日}$$

2. 其他用工量

① 材料超运距用工

材料超运距由表 3-4 可知：

超运距为 30m

$$\text{超运距用工} = 2.58 \times 0.0453 \text{ 工日} = 0.1168 \text{ 工日（劳动定额 4-16-192）}$$

石灰膏超运距为 50m

$$\text{超运距用工} = 0.16 \times 0.128 \text{ 工日} = 0.0205 \text{ 工日（劳动定额 4-16-193）}$$

标准砖超运距为 120m

$$\text{超运距用工} = 10 \times 0.139 \text{ 工日} = 1.390 \text{ 工日（劳动定额 4-16-178）}$$

砂浆超运距为 130m

$$\text{超运距用工} = 10 \times 0.0598 \text{ 工日} = 0.598 \text{ 工日（劳动定额 4-16-178）}$$

则 材料超运距用工 $= (0.1168 + 0.0205 + 1.390 + 0.598) \text{工日} = 2.1253 \text{ 工日}$

② 辅助用工量

筛砂

$$2.58 \times 0.196 \text{ 工日} = 0.5057 \text{ 工日（劳动定额 1-4-83）}$$

淋石灰膏

$$0.16 \times 0.5 \text{ 工日} = 0.08 \text{ 工日（劳动定额 1-4-95）}$$

$$\text{则辅助用工量} = (0.5057 + 0.08) \text{工日} = 0.5857 \text{ 工日}$$

③ 人工幅度差用工

$$\text{幅度差} = (8.756 + 2.1253 + 0.5857) \text{工日} \times 10\% = 1.1469 \text{ 工日}$$

$$\text{则其他用工量} = (2.1253 + 0.5857 + 1.1469) \text{工日} = 3.8579 \text{ 工日}$$

3. 预算定额人工消耗量

$$\text{砖基础预算定额人工消耗量} = \text{基本用工量} + \text{其他用工量}$$

$$= (8.756 + 3.8579) \text{工日} = 12.6139 \text{ 工日}$$

如表 3-5 所示为预算定额工程项目人工消耗计算

表 3-5　预算定额工程项目人工消耗计算

砖石结构　标准砖基础

工序及工程量				劳动定额			工日数
名称		数量	单位	定额编号	工种	时间定格	
1		2	3	4	5	6	7=2×6
基本用工量	一砖基础	5	m³	4-1-1	瓦工	0.89	4.45
	一砖半基础	3	m³	4-1-2	瓦工	0.86	2.58
	两砖基础	2	m³	4-1-3	瓦工	0.833	1.666
	埋深超过 1.5m	1.5	m³	附注	瓦工	0.04	0.06
	合计						8.756
辅助用工量	筛砂	2.58	m³	1-4-83	普工	0.196	0.5075
	淋石灰膏	0.16	m³	1-4-95	普工	0.5	0.08
	合计						0.5857

续表

工序及工程量			劳动定额			工日数
名称	数量	单位	定额编号	工种	时间定格	
1	2	3	4	5	6	7=2×6
超运距用工量 砂子:30m	2.58	m³	4-16-192	普工	0.0453	0.1168
石灰膏:50m	0.16	m³	4-16-193	普工	0.128	0.0205
标准砖:120m	10	m³	4-16-178	普工	0.139	1.3900
砂浆:130m	10	m³	4-116-178换①	普工	0.0598	0.5980
合计						2.1253
人工幅度差	11.469	工日			10%	1.1469
总计						12.6139

① "换"表示换算定额,是行业通用标法。

2. 预算定额材料消耗量的确定

(1) 材料消耗量 材料消耗量是在正常施工条件下,完成单位合格产品所必须消耗的材料数量,按材料用途可以划分为以下两种。

① 主要材料。主要材料是指直接构成工程实体的材料,其中也包括成品、半成品的材料。

② 次要材料。次要材料是指直接构成工程实体但使用量较小的一些材料,如垫木、钉子、铅丝等。

(2) 材料消耗指标的确定方法 建筑工程预算定额中的主要材料、成品或半成品的耗量,应以施工定额的材料消耗定额为计算基础。计算出材料的净用量,然后确定材料的损耗率,最后确定出材料的消耗量,并结合测定的资料,综合确定出材料的消耗指标。如果某些材料成品或半成品没有材料消耗定额时,则应选择有代表性的施工图样,通过分析、计算求得材料消耗指标。

① 非周转性材料消耗指标的确定。消耗材料不能重复使用,是相对于周转性材料存在的。如沙、水泥、木材、钢筋等。

非周转性材料施工损耗量一般测定起来比较繁琐,为简便,多根据以往测定的材料施工(包括操作和运输)损耗率来进行计算,一般可以用下式进行计算。

非周转性材料消耗量=材料净用量+材料损耗量
=材料净用量×(1+材料损耗率)

式中,材料净用量一般可按材料消耗净定额或采用观察法、试验法、统计分析法和计算法确定;材料损耗量一般可按材料损耗定额或采用观察法、试验法、统计分析法和计算法确定。

【例3-3】 计算两砖厚基础每10m³的材料消耗量,由表3-1可知,砖施工损耗率为0.4%,砂浆施工损耗率为1%。按定额工程量计算规则应扣除基础管道孔所占体积,经测算,基础管道孔所占体积每立方米扣1.4块砖。

解:

$$标准砖净用量(块/10m³)=\frac{10×墙厚砖数×2}{墙厚×(砖长+灰缝)×(砖厚+灰缝)}$$

$$=\frac{10×2×2}{0.49m×(0.24m+0.01m)×(0.053m+0.01m)}$$

$$=5183(块/10m³)$$

扣除管道孔体积后标准砖用量为

$$(5183-1.4\times10)(块/10m^3)=5169(块/10m^3)$$

则　　　砖消耗量$=5169(块/10m^3)/(1-0.4\%)=5190(块/10m^3)$

砂浆净用量$(m^3/10m^3)=(10-0.24\times0.115\times0.053\times5183)(m^3/10m^3)=2.418(m^3/10m^3)$

扣除管道孔体积后砂浆用量为

$$[2.418-(0.24+0.01)\times(0.115+0.01)\times(0.053+0.01)\times1.4\times10](m^3/10m^3)$$
$$=2.390(m^3/10m^3)$$

则　　　砂浆消耗量$=2.390(m^3/10m^3)/(1-1\%)=2.414(m^3/10m^3)$

② 周转性材料消耗指标的确定。周转性材料是指在施工过程中不是一次消耗完，而是多次使用、逐渐消耗、不断补充的周转工具性材料。对逐渐消耗的那部分应采用分次摊销的办法计入材料消耗量，进行回收。如生产预制钢筋混凝土构件、现浇混凝土及钢筋混凝土工程用的模具，搭设脚手架用的脚手杆、跳板，挖土方用的挡土板、护桩等均属周转性材料。

周转性材料消耗指标，应当按照多次使用，分期摊销的方式进行计算。即周转性材料在材料消耗指标中以摊销量表示。

以现浇钢筋混凝土模板为例，介绍周转性材料摊销量的计算。

a. 材料一次使用量。材料一次使用量指为完成定额单位合格产品，周转性材料在不重复使用条件下的一次性用量，通常根据选定的结构设计图纸进行计算。

$$一次使用量=\frac{每10m^3混凝土和模板接触面积\times1m^2接触面积模板用量}{1-模板制作、安装损耗率}$$

b. 材料周转次数。材料周转次数是指周转性材料从第一次使用起到报废为止，可以重复使用的次数。

一般采用现场观察法或统计分析法来测定材料周转次数，或查相关手册。

c. 材料补损量。补损量是指周转使用一次后由于损坏需补充的数量，也就是在第二次以后各次周转中为了修补难于避免的损耗所需要的材料消耗，通常用补损率来表示。

补损率的大小主要取决于材料的拆除、运输和堆放的方法以及施工现场的条件。在一般情况下，补损率要随周转次数增多而加大，所以一般采取平均补损率来计算。

$$补损率=\frac{平均每次损耗量}{一次使用量}\times100\%$$

d. 材料周转使用量。材料周转使用量是指周转性材料在周转使用和补损条件下，每周转使用一次平均所需材料数量。

一般应按材料周转次数和每次周转发生的补损量等因素计算生产一定单位结构构件的材料周转使用量。

$$周转使用量=\frac{一次使用量+一次使用量\times(周转次数-1)\times补损率}{周转次数}$$
$$=一次使用量\times\frac{1+(周转次数-1)\times补损率}{周转次数}$$

e. 材料回收量。在一定周转次数下，每周转使用一次平均可以回收材料的数量。

$$回收量=\frac{一次使用量-一次使用量\times补损率}{周转次数}$$
$$=一次使用量\times\frac{1-补损率}{周转次数}$$

f. 材料摊销量。周转性材料在重复使用的条件下，应分摊到每一计量单位结构构件的材料消耗量。这是应纳入定额的实际周转性材料消耗数量。

$$摊销量＝周转使用量－回收量×\frac{回收折价率}{1＋现场管理费率}$$

3. 预算定额机械台班消耗指标的确定

① 预算定额机械台班消耗指标。应根据全国统一劳动定额中的机械台班产量编制。

机械化施工过程（如机械化土石方工程、机械打桩工程、机械化运输机及吊装工程）所用的大型机械及其他专用机械，应在劳动定额中的台班定额的基础上另加机械幅度差。机械幅度差是指在劳动定额（机械台班量）中未曾包括的，而机械在合理的施工条件下所必需的停工时间，在编制预算定额时应予以考虑。主要有以下几个方面。

a. 施工机械转移工作面及配套机械互相影响损失的时间。

b. 在正常施工情况下，机械施工中不可避免的工序间歇。

c. 检查工程质量影响机械操作时间。

d. 临时水、电线路在施工中移动位置所发生的机械停歇时间。

e. 工程结尾时，工作量不饱满所损失的时间。

② 预算定额中机械台班消耗指标的确定方法

a. 工人小组配备的机械应按工人小组日产量计算机械台班量，不另增加机械幅度差。计算公式为

$$分项定额机械台班使用量＝\frac{预算定额项目计算单位值}{小组总产量}$$

式中

$$小组总产量＝小组总人数×\sum（分项计算取定的比重×劳动定额每工综合产量）$$

例如：砌砖小组日总产量 20m³/台班，砌砖分项定额计量单位为 10m³，每台班配备一台卷扬机，其定额机械台班消耗量为 10m³/20(m³/台班)＝0.5 台班（不考虑机械幅度差系数）。

b. 按机械台班产量计算

$$分项定额机械台班使用量＝\frac{预算定额项目计量单位值}{机械台班产量}×机械幅度差系数$$

九、安装工程预算定额概况

环境工程的工程设施很大一部分是环境工程设备及其安装，因此，除了了解建筑工程定额以外，还应了解现行安装工程定额。

设备安装工程预算定额是指完成单位安装工程量所消耗的人工、材料、机械台班的实物量指标及其相应安装费基价的标准数值。它是编制安装工程预（决）算、计算主材及定额安装费的标准，也是各地区编制单位估价表的依据，还是编制概算定额、概算指标的基础资料。如《陕西省安装工程消耗定额》(2009) 共分十四册，包括：第一册 机械设备安装工程；第二册 电气设备安装工程；第三册 热力设备安装工程；第四册 炉窑砌筑工程；第五册 静置设备与工艺金属结构制作安装工程；第六册 工业管道工程；第七册 消防设备安装工程；第八册 给排水、采暖、燃气工程；第九册 通风空调工程；第十册 自动化控制仪表安装工程；第十一册 通风设备及线路工程；第十二册 建筑智能化系统设备安装工

程；第十三册　长距离输送管道工程；第十四册　　刷油、防腐蚀、绝热工程。

《陕西省安装工程价目表》（2009）是在安装工程消耗定额基础上形成的。

第四节　概算定额和概算指标

一、概算定额

概算定额亦称扩大结构定额，是在预算定额基础上，确定完成合格的单位扩大分项工程或单位扩大结构构件所需消耗的人工、材料和机械台班的数量标准。

概算定额是在预算定额基础上的综合和扩大，是介于预算定额和概算指标之间的一种定额。它是在预算定额的基础上，根据施工顺序的衔接和互相关联性较大的原则，确定定额的划分。按常用主体结构工程列项，以主要工程内容为主，适当合并相关预算定额的分项内容，进行综合扩大，较之预算定额具有更为综合扩大的性质，所以也称扩大结构定额。

概算定额与预算定额的相同之处在于它们都是以建筑物各个结构部分和分部分项工程为单位表示的，内容也包括人工、材料和机械台班使用量等三个基本部分，并列有基价。

概算定额与预算定额的不同之处在于项目划分和综合扩大程度上的差异，同时，概算定额主要用于设计概算的编制。由于概算定额综合了若干分项工程的预算定额，因此概算工程量计算和概算表的编制都比编制施工图预算简化一些。

概算定额水平为社会平均水平，它是依据概算定额编制的设计概算，能起到控制投资的作用，允许概算定额与预算定额水平之间有一个幅度差，一般控制在5％以内。

1. 概算定额的作用

概算定额作用主要体现在以下几个方面。

① 概算定额是初步设计阶段编制设计概算和技术设计阶段编制修正概算的依据。

② 概算定额是设计方案比较的依据。

③ 概算定额是编制主要材料需要量的基础。

④ 概算定额是编制概算指标和投资估算指标的依据。

2. 概算定额编制原则

① 概算定额应贯彻社会平均水平和简明适用原则。

② 由于概算定额和预算定额都是工程计价的依据，所以，应符合价值规律和反映现阶段生产力水平，在概、预算定额水平之间应保留必要的幅度差，并在概算定额的编制过程中严格控制。

③ 为了满足事先控制造价，控制项目投资，概算定额要尽量不留活口或少留活口。

3. 概算定额编制依据

① 现行的设计规范、施工技术验收规范、建筑安装工程操作规程和安全规程规定等。

② 国家各有关部委批准颁发的标准设计和有代表性的设计图纸。

③ 现行的《全国统一安装工程预算定额》。

④ 国家的有关文件、文献及规定等。

⑤ 现行的人工工资标准、材料和设备预算价格、机械台班预算价格等。

4. 概算定额的编制方法和步骤

概算定额的编制，应在预算定额的基础上，综合其有关项目，以主体结构分布为主进行列项。在此基础上，根据审定的图纸等依据资料计算工程量，并对砂浆、混凝土和钢筋铁件用量等，按工程结构的不同部位，通过测算、统计后，定出合理的值。同时，结合国家规定，合理地确定出概算定额与预算定额两者之间的幅度差。最后计算出每个定额项目的人工费、材料费、机械使用费、基价以及主要材料消耗量。

编制概算定额的步骤一般可分为四个阶段，即准备工作阶段、编制初稿阶段、测算阶段和定稿审批阶段。

① 准备工作阶段。准备工作阶段主要是建立编制机构，确定人员组成。在此基础上，组织人员搜集有关如上所述的编制依据资料，了解现行概算定额的执行情况和存在的问题，明确编制目的，制定编制计划，确定定额项目。

② 编制初稿阶段。根据所定计划和定额项目，深入进行调查研究，对收集到的图纸、资料，进行细致的根系研究，编制出概算定额初稿。

③ 测算阶段。为了检验和确定所编制定额水平，需从两个方面进行测算，一方面是测算新编概算定额和现行预算定额二者在水平上是否一致，幅度差是否超过规定的范围，如超过规定的范围，则需对概算定额水平进行必要的调整；另一方面是测算新编概算定额水平与现行概算定额水平的差值。

④ 定稿审批阶段。主要是将调整后的概算定额初稿、编制说明和送审报告交国家主管部门审批。

5. 概算定额手册的组成和应用

从总体上看，概算定额手册主要有目录、总说明、分册说明、建筑面积计算规则、章（节）说明、工程量计算规则、定额项目表、附注及附录等组成。概算定额项目表形式如表 3-6。

表 3-6　楼地面概算定额表

工作内容：1. 混凝土、水泥楼地面包括：垫层、找平层、层面。

2. 层面包括：找平层和层面。

定额编号	项　　目				单位	概算单价	人工	混凝土工程量	主 要 材 料						
									钢筋	水泥	石灰	砂子	豆石	石子	焦渣
						元	工日	m²	kg	kg	kg	kg	kg	kg	m²
9-3	细石混凝土地面				m²	14.84	0.22			15	21	32	47		
9-4	混凝土地面	面层6cm厚	灰土垫层	无筋	m²	17.08	0.22	0.056		18	21	47		70	
9-5				有筋	m²	24.48	0.24	0.056	2.0	18	21	47		70	
9-6		面层每增减1cm			m²	2.08	0.01	0.009		3		7		12	
9-7	水泥地面	灰土、焦渣垫层			m²	20.72	0.24			28	21	44			0.06
9-8		灰土、混凝土垫层			m²	20.15	0.25	0.048		26	21	74		48	
9-9	防潮水泥地面	灰土、混凝土垫层			m²	54.17	0.61	0.188		63	63	197		234	
9-10		混凝土、细石混凝土垫层			m²	35.43	0.29	0.150		57		162		189	
9-11		灰土、细石混凝土垫层			m²	26.73	0.32	0.056		35	32	82		72	

由于地区特点和专业特点的差异，有些仅在个别分册中包括。至于各组成部分所要说明和阐述的问题，与预算定额手册基本类似，详见相关的概算定额手册。

概算定额主要用于编制概算。因此，使用前对定额的文字说明部分应仔细阅读，并在熟悉图纸的基础上，准确计算工程量、套用定额和确定工程的概算造价。而定额项目表的查阅方法、定额编号的表示法、计量单位的确定、定额中用语和符号的含义等，与预算定额基本相同。

当然，定额中有些项目的单项组成内容与设计不符时，要按定额规定进行换算。

二、概算指标

概算指标是在概算定额的基础上综合、扩大，介于概算定额和投资估算指标之间的一种定额。它以单项工程规模为基础，以每"100m²"建筑面积或"1000m³"建筑体积为计算单位，构筑物以"座"、安装工程以成套设备装置的"台"或"组"为计算单位，规定所需人工、材料、机械台班消耗和资金数量的定额指标。概算指标的设定和初步设计的深度相适应。

概算指标内容包括总说明，主要从总体上说明概算指标的作用、编制依据、使用范围和使用方法；示意图，说明工程的结构形式或组成内容；结构特征，主要是对工程的结构形式、层高、层数和建筑面积等进一步说明。见表3-7；经济指标，说明该项目每100m²、每座的造价指标及其土建、水暖和用电照明等单位工程的相应造价，见表3-8；内容及工程量指标，说明该工程项目的构造内容和相应计算单位的工程量指标及其人工、材料消耗指标，见表3-9、表3-10。

表 3-7　内浇外砌住宅结构特征

结构类型	内浇外砌	层数	六层	层高	2.8m	檐高	17.7m	建筑面积	4206m²

表 3-8　内浇外砌住宅经济指标（以建筑面积计）　　　单位：元/100m²

造价分类		合计	其　　中				
			直接费	间接费	计划利润	其他	税金
单方造价		37745	21860	5576	1893	7323	1093
其中	土建	32424	18778	4790	1626	6291	939
	水暖	3182	1843	470	160	617	92
	电照	2139	1239	316	107	415	62

表 3-9　内浇外砌住宅构造内容及工程量指标（以建筑面积计）　　　单位：100m²

序号	构造特征（土建）		工　程　量	
			单　位	数　量
1	基础	灌注桩	m³	14.64
2	外墙	2砖墙、清水墙勾缝、内墙抹灰刷白	m³	24.32
3	内墙	混凝土墙、1砖墙、抹灰刷白	m³	22.70
4	柱	混凝土柱	m³	0.70
5	地面	碎砖垫层、水泥砂浆面层	m²	13
6	楼面	120mm预制空心板、水泥砂浆面层	m²	65
7	门窗	木门窗	m²	62
8	屋面	预制空心板、水泥珍珠岩保温、三毡四油卷材防水	m²	21.7
9	脚手架	综合脚手架	m²	100

概算指标的应用比概算定额具有更大的灵活性，由于它是一种综合性很强的指标，不可能与拟建工程的建筑特征、结构特征、自然条件、施工条件完全一致。因此，在选用概算指标时要十分慎重，选用的指标与设计对象在各个方面应尽量一致或接近，不一致的地方要进行换算，以提高准确性。

概算指标的应用一般有两种情况，第一种情况，如果涉及对象的结构特征与概算指标一致时，可直接套用；第二种情况，如果涉及对象的结构特征与概算指标的规定局部不同时，要对指标的局部内容进行调整后再套用。

用概算指标编制工程概算，工料的计算工作量很小，也节省了大量的定额套用和工料分析工作，因此比用概算定额编制工程概算的速度要快，但是准确性差一些。

表 3-10　内浇外砌住宅人工及主要材料消耗指标（以建筑面积计）　单位：100m²

序号	名称及规格	单位	数量	序号	名称及规格	单位	数量
一	土建	工日	506	1	人工	工日	39
1	人工	t	3.25	2	钢管	t	0.18
2	钢筋	t	0.13	3	暖气片	m²	20
3	型钢	t	18.10	4	卫生器具	套	2.25
4	水泥	t	2.10	5	水表	个	1.84
5	白灰	t	0.29	三	电照		
6	沥青	千块	15.10	1	人工	工日	20
7	红砖	m³	4010	2	电线	m	283
8	木材	m³	41	3	钢（塑）管	t	(0.04)
9	砂	m³	30.5	4	灯具	套	8.43
10	砾（碎）石	m²	29.2	5	电表	个	1.84
11	玻璃	m²	80.8	6	配电箱	套	6.1
12	卷材			四	机械使用费	%	7.5
二	水暖			五	其他材料费	%	19.57

第五节　建筑安装工程人工、材料、机械台班单价的确定

一、定额人工工日单价的组成和确定

1. 定额人工工资的组成内容

按照《建筑安装工程费用项目组成》建标（[2013] 44 号）规定，人工单价是指一个建筑安装工人一个工作日在预算中应计入的全部人工费用。它基本上反映了建筑安装工人的工资水平和一个工人在一个工作日中可以得到的报酬。其组成内容如下。

① 计时工资或计件工资。按计时工资标准和工作时间或对已做工作按计件单价支付给个人的劳动报酬。

② 奖金。对超额劳动和增收节支支付给个人的劳动报酬。如节约奖、劳动竞赛奖等。

③ 津贴补贴。为了补偿职工特殊或额外的劳动消耗和因其他特殊原因支付给个人的津贴，以及为了保证职工工资水平不受物价影响支付给个人的物价补贴。如流动施工津贴、特殊地区施工津贴、高温（寒）作业临时津贴、高空津贴等。

④ 加班加点工资。按规定支付的在法定节假日工作的加班工资和在法定日工作时间外延时工作的加点工资。

⑤ 特殊情况下支付的工资。根据国家法律、法规和政策规定，因病、工伤、产假、计划生育假、婚丧假、事假、探亲假、定期休假、停工学习、执行国家或社会义务等原因按计时工资标准或计时工资标准的一定比例支付的工资。

$$日工资单价 = \frac{生产工人平均月工资（计时、计件）+平均月（奖金+津贴补贴+特殊情况下支付的工资）}{年平均每月法定工作日}$$

日工资单价是指施工企业平均技术熟练程度的生产工人在每工作日（国家法定工作时间内）按规定从事施工作业应得的日工资总额。

工程造价管理机构确定日工资单价应通过市场调查、根据工程项目的技术要求，参考实物工程量人工单价综合分析确定，最低日工资单价不得低于工程所在地人力资源和社会保障部门所发布的最低工资标准的普工 1.3 倍、一般技工 2 倍、高级技工 3 倍。

工程计价定额不可只列一个综合工日单价，应根据工程项目技术要求和工种差别适当划分多种日人工单价，确保各分部工程人工费的合理构成。

2. 影响人工单价的因素

影响建筑安装工人人工单价的因素很多，归纳起来有以下几个方面。

① 社会平均工资水平。建筑安装工人人工单价必然和社会平均工资水平趋同。社会平均工资水平取决于社会经济发展水平。由于我国改革开放以来经济迅速增长，社会平均工资也有大幅增长，从而使得人工单价大幅提高。

② 生活消费指数。生活消费指数的提高会影响人工单价的提高，以减少生活水平的下降或维持原来的生活水平。生活消费指数的变动决定于物价的变动，尤其决定于生活消费品物价的变动。

③ 人工单价的组成内容。

④ 劳动力市场供需变化。在劳动力市场如果需求大于供给，人工单价就会提高，供给大于需求，市场竞争激烈，人工单价就会下降。

⑤ 社会保障和福利政策。政府推行的社会保障和福利政策也会影响人工单价变动。

二、材料预算价格组成和确定

建筑安装工程材料包括建筑材料和工程设备两部分。

1. 材料单价

材料预算价格是指材料（包括构件、成品及半成品）由来源地或交货点到达工地仓库或施工现场指定堆放点后的出库价格。它由材料原价、运杂费、运输损耗费、采购及保管费组成。

① 材料原价。材料原价是指材料、工程设备的出厂价格或商家供应价格。

② 运杂费。运杂费是指材料、工程设备自来源地运至工地仓库或指定堆放地点所发生的全部费用。

③ 运输损耗费。运输损耗费是指材料在运输装卸过程中不可避免的损耗。

④ 采购及保管费。采购及保管费是指为组织采购、供应和保管材料、工程设备的过程中所需要的各项费用。包括采购费、仓贮费、工地保管费、仓贮损耗。

材料单价＝{（材料原价＋运杂费）×[1＋运输损耗率(%)]}×[1＋采购保管费率(%)]

2. 工程设备单价

工程设备是指构成或计划构成永久工程一部分的机电设备、金属结构设备、仪器装置及其他类似的设备和装置。在生产性工程建设中，工程设备购置费用占工程造价比重的增大，意味着生产技术的进步和资本有机构成的提高。

工程设备单价＝（设备原价＋运杂费）×[1＋采购保管费率(%)]

式中，设备原价指国产设备或进口设备的原价。

① 国产设备原价。国产设备原价一般是指设备制造厂的交货价，即出厂价或订货合同价。通常情况下，它根据生产厂供应商的询价、报价、合同价确定，或采用一定的方法计算确定。国产设备原价分为国产标准设备原价和国产非标准设备原价。非标准设备按制造厂报价或参考有关类似资料估算。

② 进口设备原价。进口设备的原价是指进口设备的抵岸价，即抵达买方边境港口或边

境车站，且交完关税等税费后形成的价格。

③ 设备运杂费的计算

$$设备运杂费＝设备原价×设备运杂费率(\%)$$

其中，设备运杂费率按省、市及各部门等的规定计取。

三、施工机械台班预算价格的组成和确定

1. 施工机械台班单价

施工机械台班预算价格以"台班"为计量单位，一个台班中为使施工机械正常运转所支出和分摊的各种费用之和，就是施工机械台班预算价格，或称为台班使用费。

根据《全国统一施工机械台班费用定额》的划分，建筑安装工程中常用的施工机械分为12大类。打桩机械、起重机械、水平运输机械、砂浆机械等。各类机械台班使用费组成不尽相同，但基本费由以下7项组成。

① 折旧费。折旧费指施工机械在规定的使用年限内，陆续收回其原值的费用。

② 大修理费。大修理费指施工机械按规定的大修理间隔台班进行必要的大修理，以恢复其正常功能所需的费用。

③ 经常修理费。经常修理费指施工机械除大修理以外的各级保养和临时故障排除所需的费用。包括为保障机械正常运转所需替换设备与随机配备工具附具的摊销和维护费用，机械运转中日常保养所需润滑与擦拭的材料费用及机械停滞期间的维护和保养费用等。

④ 安拆费及场外运费。安拆费指施工机械（大型机械除外）在现场进行安装与拆卸所需的人工、材料、机械和试运转费用以及机械辅助设施的折旧、搭设、拆除等费用；场外运费指施工机械整体或分体自停放地点运至施工现场或由一施工地点运至另一施工地点的运输、装卸、辅助材料及架线等费用。

⑤ 人工费。人工费指机上司机（司炉）和其他操作人员的人工费。

⑥ 燃料动力费。燃料动力费指施工机械在运转作业中所消耗的各种燃料及水、电等。

⑦ 税费。税费指施工机械按照国家规定应缴纳的车船使用税、保险费及年检费等。

机械台班单价＝台班折旧费＋台班大修理费＋台班经常修理费＋台班安拆费及场外运费＋台班人工费＋台班燃料动力费＋台班税费

工程造价管理机构在确定计价定额中的施工机械使用费时，应根据《建筑施工机械台班费用计算规则》结合市场调查编制施工机械台班单价。施工企业可以参考工程造价管理机构发布的台班单价，自主确定施工机械使用费的报价。

2. 仪器仪表使用费

$$仪器仪表使用费＝工程使用的仪器仪表摊销费＋维修费$$

第六节　单位估价分析表

单位估价表是在人工、材料和机械台班三项的预算定额基础上，以货币形式表达的工程建设预算定额中每个分项工程或结构构件的定额单价的计算表格。它是根据全国或省、市、自治区现行的工程建设预算定额，结合地区建筑工人的日工资标准、建筑材料预算价格和施工机械台班预算价格编制的，故也称为地区单位估价表。

《全国统一安装工程预算定额》作为预算定额，只规定了每个分项及其子目的人工、材料和机械台班的消耗标准，没有用货币形式表达出来。为了便于编制施工图预算，各省、市、自治区一般多采用预算定额与单位估价表合并在一起的形式，编制省（市或自治区）建筑及安装工程价目表，该价目表既包括全国统一规定的人工、材料和机械台班的消耗量标准，又包括各地区统一的人工、材料和机械台班费用单价。

单位估价表经行业主管部门批准颁发后，便具有法令性质。

一、单位估价表的主要作用

① 单位估价表是编制本地区单位工程预（决）算、计算工程直接费的基本标准。
② 单位估价表是对设计方案进行经济比较的基础资料。
③ 单位估价表是企业进行经济核算和成本分析的依据。

二、单位估价表的编制

1. 单位估价表的编制依据
① 全国或地区编制的现行预算定额。
② 本地区建筑安装工人的工资标准。
③ 本地区材料预算价格。
④ 本地区机械台班预算价格。
⑤ 国家或地区对编制单位估价表的有关规定及计算手册等资料。

2. 单位估价表的编制方法

由于单位估价表是由若干个计算出了基价的分项工程项目构成，所以，编制单位估价表的主要工作内容就是计算各分项工程的基价。所谓基价，是一种工程基价，是单位建筑安装产品的不完全价格，预算定额中的基价就是确定预算定额单位工程（分部分项工程、结构构件等）所需的全部人工费、材料费、机械台班使用费之和。

即　　　　　　　　　预算基价＝人工费＋材料费＋机械台班费
其中

$$人工费＝\sum（分项工程定额工日数×地区综合平均人工工日单价）$$
$$材料费＝\sum（分项工程定额材料用量×地区材料预算价格）$$
$$机械台班费＝\sum（分项工程定额机械台班用量×地区机械台班预算价格）$$

3. 单位估价表的编制步骤
① 选定适合本地区的单位估价表的分项工程项目名称。
② 根据基础定额或预算定额抄用选定项目的人工、材料、机械台班数量。
③ 根据本地区价格填写人工、各种材料及各种机械台班的消耗标准。
④ 计算分项工程人工费、材料费、机械台班费和基价。
⑤ 复核计算过程。

思　考　题

1. 何为定额？定额具有哪些性质？定额的制定方法有哪几种？
2. 简述定额的分类，说明各种定额的含义和作用。
3. 时间定额和产量定额的含义是什么？
4. 何为材料的损耗率？

5. 预算定额与施工定额有什么异同。

6. 怎样确定人工消耗量、材料消耗量和机械台班消耗量的定额指标？人工幅度差的含义是什么？

7. 建筑安装工程人工、材料、机械台班单价是如何确定的？

8. 单位估价表由哪三部分费用组成？其具体内容各是什么？

第四章 ▶▶ 环境工程概预算

建设工程概预算是确定建设项目全部费用的文件，它包括项目从筹建到竣工验收交付使用的全部建设费用。

第一节　建设工程概预算文件的组成

建设工程概预算文件是由一系列概预算计算表组成。

1. 建设项目总概预算书

它是确定一个建设项目从筹建到竣工验收过程的全部费用的文件，总概预算书一般由以下几部分组成。

① 编制说明。

② 工程项目综合概预算书。

③ 主要材料及设备数量清单。

④ 其他工程和费用概预算书。

⑤ 工程预备费。

⑥ 技术经济指标。

2. 工程项目综合概预算书

工程项目综合概预算书是建设项目总概预算书的组成部分。它是确定具体各个工程项目（枢纽工程）全部建设费用的文件。它是由该工程项目内的各单位工程概预算书汇编而成的。整个建设项目有多少工程项目，就应编制多少份工程项目的综合费用的概预算，也应列入该工程项目综合概预算书中。

3. 单位工程概预算书

单位工程概预算书是单项工程综合概预算书的组成部分，是具体确定单项工程内各个专业设计建设费用的文件。单位工程概预算是指有独立的施工条件，可以单独作为成本计算对象的专业性工程，如给水排水工程根据项目的性质、作用，可分为土建工程、设备安装工程、管道工程三种类型。单位工程概预算书是根据设计图纸和概算指标、概算定额、预算定额、各种取费定额、计划利润、规费、税金和国家的有关规定等资料编制的。

4. 其他工程费用概预算书

其他工程费用概预算书是确定除建筑工程、安装工程之外，与整个建设工程有关的费用，如土地征购费、拆迁费、工程勘察设计费、建设单位管理费、科研试验费、试车费等。这些费用均应在建设项目投资中支付，并列入建设项目总概预算书或单项工程综合概预算书中的其他工程费用文件中。它是根据设计文件和国家、各省市、自治区和主管部门规定的取费定额或标准以及相应的计算方法编制的。

这种其他工程费用概预算书，是以独立的项目列入总概预算或综合概预算书的。

5. 分项工程概预算书

分项工程概预算书在土建公司一般是作为单位工程概预算书的组成部分而不单独编制，但在专业施工公司（如机械化施工公司），则要根据其承担的专业施工项目进行编制。

第二节　环境工程项目投资估算

投资估算是项目决策的重要依据之一。在整个投资决策过程中，要对建设工程造价进行估算，在此基础上研究是否建设。因此，准确、全面地估算建设项目的工程造价，不但是配合项目建议书、可行性报告和方案设计等的需要，而且是整个建设项目投资决策阶段造价管理的重要任务。建设项目投资估算一经批准即为建设项目的投资控制额。

一、投资估算的作用

投资估算是工程项目建设前期从投资决策直至初步设计以前的重要工作环节，其作用应满足以下几个方面的需要。

① 满足项目建议书（包括其前期规划阶段）的需要。因其内容有"投资估算和资金筹措设想"这一项。

② 满足可行性研究（或设计任务书）的需要。可行性研究的关键内容之一是投资估算部分，该部分的正确与否和是否符合工程实际有关，决定着能否正确论证项目投资。对某些按规定只需编制设计任务书的项目，则在任务书中也应列入投资总额的估算。

③ 满足工程设计投标和城市建筑设计精选的需要。原国家计委和建设部制订的《工程设计招标暂行办法》中规定了投标单位的投标书除包括方案设计的图文说明外，还应包括工程投资估算和经济分析。原建设部颁发的《城市建筑方案设计竞选管理试行办法》的附件《城市建筑方案设计文件编制深度规定》中专门载有"投资估算"的内容和深度的要求。

对于不属于方案竞选范围的工程或规模较小、较简单的工程，为了简化设计，采用制作方案设计代替初步设计，经批准后直接进入施工图设计阶段的，则在方案设计阶段也需要编制投资估算，以代替初步设计概算之用。

④ 满足限额设计的需要。投资估算一经确定，即成为限额设计的依据，用以对各设计专业实行切块分配，作为控制和指导设计的尺度和标准。

二、投资估算的编制内容及深度

1. 投资估算的编制内容

除规定外，一般应包括从筹建至竣工验收的全部建设工程费用，其中包括建筑安装工程费、与建设有关的其他费用、并应列入预备费（即不可预见费）和建设期贷款利息。

由于工程规模的大小不同，工程项目、费用内容也会有所差异。一个全厂性的工业项目或整体性的民用工程项目（如小区住宅、学校、医院等），应包括红线以内的准备工作（如征地、拆迁、平整场地等），主体工程，附属工程，室外工程（如大型土方、道路、广场、管线、构筑物和庭院绿化等），直至红线外的市政工程（或摊销），以及建设单位管理费等其他费用。如仅仅是一个单项工程或几个单项工程的工业或民用新建、扩建工程，其规模就相应缩小，投资估算的内容也就相应地减少，但仍应包括准备工作费和其他费用等。

在原建设部颁发的《城市建筑方案设计竞选管理试行办法》及其附件《城市建筑方案设计文件编制深度规定》中，投资估算的编制内容反映了一个建设项目所需的全部建筑安装工程投资，但不包括其他费用。

投资估算文件一般应包括投资估算编制说明（说明编制依据、不包括的工程项目和费用、其他问题等）及投资估算表。

2. 投资估算的编制深度

由于投资估算在编制阶段编制依据和用途的不同，投资估算的编制深度也随之而有出入，因此，只能根据不同的要求而定。一般来说，对于主要工程项目应分别编制每个单位工程的投资估算，然后再汇总成一个单项工程的投资估算；对于附属项目或次要项目则可简化编制一个单项工程的投资估算（其中包括土建、水暖、通风、电气等）；对于其他费用则也应按单项费用编制。这里当然也不排斥能再编制比单位工程更细一些的投资估算，如土建工程中再分成基础、主体结构、二次装修等不同的投资估算；变配电站和锅炉房等附属工程再分为建筑工程和设备的投资估算等。

3. 投资估算的误差率

投资估算既然是在建设前期所确定的投资，而且编制的阶段还有所不同，因此其准确程度不可能与编制概算、预算等相提并论。一般的误差率为：

① 项目建议书（或规划）阶段±30%。

② 可行性研究书（或设计任务书阶段）±20%。

③ 方案设计阶段（包括设计投标和方案设计竞选）±（10%～15%）。

三、投资估算的编制依据

投资估算的编制依据主要有：

① 项目建议书（或建设规划）、可行性研究报告（或设计任务书）、方案设计（包括设计招标或城市建筑方案设计竞选中的方案设计，其中包括文字说明和图纸）。

② 投资估算指标、概算指标、技术经济指标。

③ 造价指标（包括单项工程造价指标和单位工程造价指标）。

④ 类似工程概、预算。

⑤ 设计参数（或称设计定额指标），包括各种建筑面积指标、能源消耗指标等。

⑥ 概、预算定额及其单价。

⑦ 当地材料、设备预算价格及市场价格（包括设备、材料价格、专业分包报价等）。

⑧ 当地建筑工程取费标准，如企业管理费、利润、规费和税金，以及与建设有关的其他费用标准等。

⑨ 当地历年、历季调价系数及材料差价计算办法等。

⑩ 现场情况，如地理位置、地质条件、交通、供水、供电条件等。

⑪ 其他经验参考数据，如材料设备运杂费、设备安装费率、零星工程及辅材的比率（%）等。

以上资料越具体、越完备，编制的投资估算就越准确。

四、投资估算的编制方法

1. 国内常用的投资估算的编制方法

由于投资估算是在建设前期编制的，其编制的主要依据还不可能太具体，不会像编制概、预算时那么细致，因此编制时要从大处掌握，根据不同阶段的条件，做到粗中有细，尽可能达到应有的准确性。

进行投资估算以采用的主要编制依据来划分，目前国内常用的有如下一些方法。

① 采用投资估算指标、概算指标、技术经济指标编制

a. 工业建筑的生产项目。目前各专业部门如钢铁、纺织、轻工等以不同规模的年生产能力（如年产若干吨钢、若干纱锭、若干吨啤酒等）编制了投资估算指标，其中包括工艺设备、建筑安装工程、其他费用等的实物消耗量指标和编制年度的造价指标、取费标准及价格水平等内容。编制投资估算时，根据年生产能力套用对口的指标，对某些应调整、换算的内容进行调整后，即为所需的投资估算。

辅助项目及构筑物等，一般以"100m²"建筑面积或"座""m³"等为单位进行估算，包括的内容相同，套用及调整方法也同上。

表4-1归纳了我国城市污水处理投资估算指标，城市污水处理工程各分项工程投资比例见表4-2，此外，城市污水处理工程各分项工程的材料消耗指标见表4-3。

b. 民用建筑。环境工程项目中也有大量的配套民用建筑，目前民用建筑编制的各种指标大都是以"100m²"建筑面积为单位，指标内容包括工程特征、主要工程量指标、主要材料及人工实物消耗量指标及造价指标（含人工费、材料费、机械台班使用费、企业管理费、利润、规费和税金，单方造价等编制年度的各项造价），其使用方法基本同工业建筑。

民用建筑的各种指标目前大都以单项工程编制，其中包括配套的土建、水、暖、空调、电气等单位工程的内容。但目前不少的指标只编制了土建部分，其余均缺项，这给投资估算增加了一定的困难。

表 4-1　城市污水处理投资估算指标　　　　　　　　单位：元/（m³·d）

类别	建设规模	投资估算指标	类别	建设规模	投资估算指标
一级污水处理厂	Ⅰ	100～140	污泥处理	Ⅳ	180～250
	Ⅱ	140～200		Ⅴ	250～300
	Ⅲ	200～240	污水泵站	Ⅰ	10～15
	Ⅳ	240～340		Ⅱ	10～20
	Ⅴ	340～480		Ⅲ	20～25
二级污水处理厂	Ⅰ	250～350		Ⅳ	25～40
	Ⅱ	350～500		Ⅴ	40～60
	Ⅲ	500～600	污水管道	Ⅰ	6～10
	Ⅳ	600～850		Ⅱ	10～14
	Ⅴ	850～1200		Ⅲ	14～20
污泥处理	Ⅰ	80～120		Ⅳ	20～28
	Ⅱ	120～150		Ⅴ	28～50
	Ⅲ	150～180			

注：1. 污水处理厂工程投资指标只包括厂区范围墙内的设施，不包括征地、拆迁、青苗与破路补偿、电力增容等费用。

2. 污水管道投资为每千米单位水量（m³/d）的估算指标。

3. 工程投资估算指标的材料价格采用北京市1990年材料预算价格计算，不同时间、地点人工材料价格变动，可按工程万元实物指标调整后使用。

4. 表中指标按建设规模大的取低限，规模小的取高限。

5. 建设规模的划分，Ⅰ类：50万～100万 m³/d，Ⅱ类：30万～50万 m³/d，Ⅲ类：10万～30万 m³/d，Ⅳ类：5万～10万 m³/d，Ⅴ类：1万～5万 m³/d。

表 4-2 城市污水处理工程各分项工程投资比例 单位：%

项目		建筑工程	工艺设备	电气设备	管道配件	合计
污水处理厂	一级处理	60	15	10	15	100
	二级处理	50	28	12	10	100
污水泵站		55	25	14	6	100
污水管道		10	3	—	87	100

表 4-3 城市污水处理工程各分项工程单位处理水量（m^3/d）材料消耗指标

类别	建设规模	钢材耗量/kg	水泥耗量/kg	木材耗量/kg	金属管耗量/kg	非金属管耗量/kg
一级污水处理厂	I	7～10	48～65	0.007～0.009	3～4	4～6
	II	10～15	65～95	0.009～0.013	4～6	6～8
	III	15～18	95～115	0.013～0.016	6～7	8～10
	IV	18～24	115～160	0.016～0.022	7～10	10～14
	V	24～34	160～220	0.022～0.030	10～14	14～18
二级污水处理厂	I	22～30	130～185	0.010～0.015	9～13	6～9
	II	30～42	185～260	0.015～0.022	13～18	9～12
	III	42～52	260～320	0.022～0.025	18～22	12～15
	IV	52～70	320～450	0.025～0.036	22～30	15～20
	V	70～100	450～600	0.036～0.050	30～44	20～30
污泥处理	I	8～12	45～65	0.003～0.005	2～3	0.8～1.2
	II	12～15	65～80	0.005～0.006	3～4	1.2～1.5
	III	15～18	80～100	0.006～0.007	4～5	1.5～1.8
	IV	18～25	100～140	0.007～0.010	5～6	1.8～2.5
	V	25～35	140～200	0.010～0.014	6～8	2.5～3.0
污水泵站	I	1.2～1.8	4～6	0.0004～0.0006	0.3～0.4	0.16～0.25
	II	1.8～2.4	6～8	0.0006～0.0008	0.4～0.6	0.25～0.35
	III	2.4～3.0	8～10	0.0008～0.0010	0.6～0.7	0.35～0.45
	IV	3.0～4.5	10～16	0.0010～0.0016	0.7～1.0	0.45～0.70
	V	4.5～7.0	16～24	0.0016～0.0024	1.0～1.5	0.70～1.00
污水管道	I	0.18～0.30	1.5～2.5	0.0002～0.0003	0.3～0.4	10～18
	II	0.30～0.42	2.5～3.5	0.0003～0.0004	0.4～0.6	18～26
	III	0.42～0.60	3.5～5.0	0.0004～0.0006	0.6～0.9	26～38
	IV	0.60～0.78	5.0～6.5	0.0006～0.0008	0.9～1.2	38～50
	V	0.78～1.50	6.5～12.0	0.0008～0.0015	1.2～2.2	50～95

注：1. 表中污水管道的材料消耗为每千米单位水量（m^3/d）的估算指标。

　　2. 表中指标规模大的取低限，规模小的取高限。

　　3. 建设规模的划分同表 4-1。

②　采用单项工程造价指标编制。主要适用于项目建议书或规划阶段较粗的投资估算或用于建设项目中的附属配套项目，目前各地对各类建筑都编有单位建筑面积有一定幅度的单项工程造价指标（包括土建、水、暖、电气等），如北京市 1995 年多层砖混一般标准住宅为 750～850 元/m^2 等，采用时只需根据结构类型套用即可。如需调整、换算也只能根据年份、地区间差异，按当地规定系数调整。

③　采用类似工程概、预算编制。其前提是要有建设规模与标准相类似的已建工程的概、预算（或标底），其中尤以后者较可靠，套用时对局部不同用料标准或做法加以必要的换算和对不同年份间在造价水平上的差异加以调整。

④　采用近似（匡算）工程量估算法编制。这种方法基本与编制概、预算方法相同，即采用匡算主要子目工程量后（不一定太精确），套上概、预算定额单价和取费标准，加上一

定的配套子目系数，即为所需投资。这种方法适用于无指标可套的单位工程，如构筑物、室外工程等，也可供换算或调整局部不相同的构配件分项工程和水、暖、电气等工程之用。

⑤ 采用市场询价加系数办法编制。这种方法主要适用于建筑设备安装工程和专业分包工程，如电梯、电话总机等，不论进口或国产，在向生产厂商询价后，再加上运杂费及安装费即为所需的估算投资。又如保龄球、桑拿浴等设备，一般由专业厂商分包承包报价后，再另加总包管理费（或称施工交叉作业费，一般按 2％～5％计算）即可。

⑥ 采用民用建筑快速投资估算法编制。这种方法解决了当前量大、标准悬殊、建筑功能齐全的各类民用建筑的单位工程投资估算问题。其方法是积累和掌握较广泛的各种单位造价指标、速估工程量指标和设计参数［如各类民用建筑的单位耗热、耗冷、耗电量指标（W/m^2），锅炉蒸发量指标（t/h）等］，根据各单位工程的特点，分别以不同的合理的计量单位（改变采用单一的以建筑面积为计量单位的不合理性）结合工程实际灵活快速地估算出所需投资。

这种方法的特点是快速、比较准确，能密切结合工程的功能需要，充分采用各种设计参数和合理的计量单位，减少了综合套用估算、概算指标的盲目性，或套用技术经济指标或类似工程概、预算造价而要作换算调整的繁琐性，尤其是弥补了名目繁多的建筑工程所缺乏的各种估算、概算等指标的空白或不足。因此这是当前一种比较实用的、系统的民用建筑的投资估算方法，在国内还是首创，但已受到了广泛的采用。

采用这种方法应该注意的是要不断积累和掌握以概、预算定额为基础的造价指标，随时了解定额价格和市场价格的动态，采用系数加以调整，同时也要通过实际工程不断测算并调整各种指标的上下幅度，以提高其精确度。

以上是国内当前常用的几种投资估算方法，在实践中常常是各种方法同时采用。

2. 国际上工业建设项目投资估算方法

国际上用于工业建设项目的两种投资估算方法简介如下。

① 资金周转法。这种方法是用资金周转率来推测投资额的一种简单方法，其计算公式为：

$$资金周转率 = \frac{年销售额}{总投资} = \frac{产品年产量 \times 产品单价}{总投资}$$

不同性质的工厂或生产不同产品的车间装置都有不同的资金周转率。

这种方法比较简单，计算速度快，但精确度较低，适用于规划或项目建议书阶段的投资估算。

② 生产能力指数法。这种方法是根据已建成的、性质类似的建设项目或装置的投资和生产能力，估算拟建项目或装置的生产能力的投资额。其计算公式为：

$$拟建工程或装置的投资额 = 已建类似工程相应投资额 \times (拟建项目生产能力 / 已建项目生产能力)^n \times 不同时期地点的调价系数$$

式中，n 为生产能力指数，$n \leqslant 1$。

这种方法在国内相当于采用类似工程概、预算并加以调整的投资估算方法。其计算简洁，但要求类似工程的资料可靠，条件相差不大，否则误差就会增大。

五、投资估算编制实例

××城市生活垃圾综合处理厂（惰性填埋场）投资估算

城市生活垃圾中的一部分进行堆肥，另一部分全部焚烧，堆肥前的分选物和焚烧产生的残渣进入惰性填埋场。因此，该综合处理厂应包括一个焚烧厂、一个惰性废物填埋厂和一个堆肥厂。各处理场处理能力和进场对象如下。

堆肥厂处理对象为生活垃圾。处理能力为 250t/d。每天产出 40t 大块渣土直接进填埋场，90t 不可堆腐的筛上物送往焚烧厂。

焚烧厂焚烧对象为生活垃圾以及堆肥厂的筛上物，总处理能力为 200t/d。

惰性废填埋场主要处理对象为建筑渣土、焚烧以后的惰性残渣及堆肥前分选的大块渣土。堆肥厂的大块渣土、建筑渣土（约 40t/d）及焚烧残渣（约 90t/d），总的处理量要求约为每天 130t，每年 47450t。

1. 堆肥厂投资估算

（1）编制依据

① 建标〔2013〕44 号《建筑安装工程费用项目组成》的通知。

② 全国统一建筑工程基础定额××市基价表，××市建设委员会，1999 年。

③ ××市建筑工程综合基价表，××市建设委员会，2000 年。

④《全国统一建筑工程基础定额》××市基价表更正表，××市建设委员会，1999 年。

⑤ ××市市政工程预算定额，××市建设委员会，1999 年。

⑥ ××市建设工程费用定额，××市建设委员会，××市计划委员会，××市财政局，××市物价局，1999 年。

⑦ 当地政府提供的其他有关数据。

（2）编制说明

① 土地征用 $3.33 \times 10^4 \text{m}^2$（50 亩），每亩 20 万元。"三通一平"计算在总投资之内。

② 建设单位管理费按第一部分工程费用的 1.3% 计算。

③ 生产人员培训费按设计定额 58 人的 60% 计算，为 35 人。培训期三个月，培训费 3000 元/人。

④ 办公及生活家具购置费，按投资实际定员 58 人计算，每人为 600 元。

⑤ 联合试运转费按第一部分工程费用设备费总值的 1% 计算。

⑥ 供电贴费按双电源 900 元/（kV·A）计算。

⑦ 勘察设计费按第一部分工程费用的 4% 计算。

⑧ 工程监理及质检费按第一部分工程费用的 1% 计算。

⑨ 设计前期工作费用按第一部分工程费用的 0.5% 计算。

⑩ 其他费用（包括试验研究费，工器具及生产家具购置费，竣工清理费等），按第一部分工程费用的 1% 计算。

⑪ 基本设备费按第一、二部分费用之和的 5% 计算。

⑫ 建设期贷款年利率按 6% 计算，只计单利。

⑬ 铺底流动资金按流动资金的 30% 计算。

（3）工程投资估算 本工程设计规模为 250t/d，工程费用包括生产建筑物、构筑物、附属建筑物、设备、用电增容及外线工程费用等。估算工程费用（第一部分工程费用）为 812.9 万元，工程静态总投资为 2268.17 万元，工程动态总投资为 2365.07 万元。工程投资估算汇于表 4-4。

表 4-4　垃圾堆肥厂工程投资估算

序号	工程和费用名称	估算价格/万元						技术经济指标		
		建筑工程	设备	安装工程	器械工具等	其他费用	总价	单位	数量	单价/元
（一）	第一部分工程费用（Ⅰ）									
1	垃圾贮坑（含挖方）	19.5	12.0	4.5				m²	436	
2	分选车间	24.2	37.5	18.2				m²	450	538
3	堆肥车间	111.4	41.3	21.6				m²	2520	442
4	腐熟车间	18.6		0.5				m²	420	442
5	堆肥后加工及制肥车间	87.9	184.2	54.7				m²	1680	523
6	变配电室	2.6	12.0	3.5				m²	54	474
7	原料及成品车库	28.1		0.5				m²	600	468
8	综合楼（含机修）	35.6	8.0	4.0				m²	864	412
9	门卫	1.2						m²	36	333
10	集液池（含循环系统）	2.2	0.8	0.8						
11	场区平面	34.1	4.3	2.6						
12	农用车		6.5					台	2	
13	装载机		30					台	2	
	第一部分工程费用合计	365.4	336.60	110.90			812.90			

序号	工程和费用名称	估算价格/万元						技术经济指标		
		建设工程	设备	安装工程	器械工具等	其他费用	总价	单位	数量	单价/元
（二）	第二部分其他费用（Ⅱ）									
1	建设单位管理费					10.57				
2	生产人员培训费					10.50				
3	办公及生活家具购置费				3.48	0				
4	联合试运转费					3.37				
5	供电贴费					28.40				
6	勘察设计费					32.52				
7	工程监理及质检费					8.13				
8	设计前期工作费用					4.07				
9	其他费用					8.13				
	第二部分其他费用合计				3.48	105.69	109.17			
第三部分（Ⅲ）	基本设备费					46.10				
	征地费（50亩）					1000.00		亩	50	200000
	三通一平					300.00				
Ⅳ	工程静态总投资（Ⅰ＋Ⅱ＋Ⅲ）	365.40	336.60	110.90	3.48	1451.79	2268.17			
Ⅴ	建设期资金贷款利息					14.4				
Ⅵ	铺底流动资金					82.5				
Ⅶ	工程动态总投资	365.40	336.60	110.90	3.48	1548.69	2365.07			

2. 焚烧厂投资估算

（1）编制依据与堆肥厂编制依据相同。

（2）编制说明

① 土地征用未计在内（与填埋场一起考虑）。"三通一平"的费用计算在总投资之内。

② 建设单位管理费按第一部分工程费用的 1.3% 计算。

③ 焚烧厂定员 31 人，生产人员培训费按设计定额 31 人的 60% 计算，为 19 人，培训期 3 个月，培训费 3000 元/人。

④ 办公及生活家具购置费，按投资实际定员 31 人计算，每人为 600 元。

⑤ 联合试运转费按第一部分工程费用设备费总值的 1% 计算。

⑥ 供电贴费按双电源 900 元/(kV·A) 计算。

⑦ 勘察设计费按第一部分工程费用的 4% 计算。

⑧ 工程监理及质检费按第一部分工程费用的 1% 计算。

⑨ 设计前期工作费用按第一部分工程费用的 0.5% 计算。

⑩ 其他费用（包括试验研究费、工器具及生产家具购置费、竣工清理费等），按第一部分工程费用的 1% 计算。

⑪ 基本设备费按第一、二部分费用之和的 5% 计算。

⑫ 建设期贷款年利率按 6% 计算，只计单利。

⑬ 铺底流动资金按流动资金的 30% 计算。

（3）工程投资估算　本工程设计规模为 200t/d，日处理规模为 188t（90t 堆肥筛上物＋98t 生活垃圾），工程费用包括生产建筑物、构筑物、附属建筑物、设备、用电增容及外线工程费用等。估算工程费用为 2182.86 万元，工程静态总投资为 4284.83 万元，工程动态总投资为 4584.83 万元。工程投资估算汇于表 4-5。

表 4-5　焚烧厂工程投资估算

序号	工程和费用名称	估算价格/万元						技术经济指标		
		建筑工程	设备	安装工程	器械工具等	其他费用	总价	单位	数量	单价/元
（一）	第一部分工程费用（Ⅰ）									
1	垃圾贮坑（含挖方）	22.36						m³	1000	
2	抓斗（2m³）		8.00	2.00				个	2	4.00
3	行车		24.00	4.80				台	2	12.00
4	焚烧车间	88.40						m²	2000	442
5	一燃室		700.00	140.00				台	2	3500000
6	二燃室		300.00	30.00				台	2	1500000
7	余热锅炉		130.00	26.00				台	2	650000
8	碱液吸收塔		24.00	2.40				个	2	120000
9	布袋除尘器		100.00	20.00				台	2	500000
10	鼓风机		10.00	1.50				台	2	50000
11	引风机		6.00	1.00				台	2	30000
12	烟囱		35.00	7.00				个	1	350000
13	刮板出灰机		80.00	16.00				台	2	400000
14	全自动软水器		6.00	1.20				台	2	30000
15	软水箱		2.40	0.50				台	2	12000
16	软水管道泵		3.00	0.60				台	2	15000
17	锅炉给水泵		3.00	0.60				台	2	15000
18	盐液泵		1.00	0.20				台	2	5000
19	分气包		3.00	0.60				台	2	15000
20	自控系统		120.00	36.00				台	2	600000
21	燃烧器		16.00	3.50				台	2	80000
22	配电系统		100.00	30.00				套	1	50.00
23	管道阀门烟气通道		80.00	15.00				套	2	40.00
24	门卫	1.2						m²	36	333

续表

序号	工程和费用名称	估算价格/万元						技术经济指标		
		建设工程	设备	安装工程	器械工具等	其他费用	总价	单位	数量	单价/元
	第一部分工程费用合计	111.96	1735.40	335.50			2182.86			
（二）	第二部分其他费用（Ⅱ）									
1	建设单位管理费					28.38				
2	生产人员培训费					5.70				
3	办公及生活家具购置费				1.86					
4	联合试运转费					21.83				
5	供电贴费					21.60				
6	勘察设计费					87.31				
7	工程监理及质检费					21.83				
8	设计前期工作费用					10.92				
9	其他费用					21.83				
	第二部分其他费用合计				1.86	219.40	221.26			
第三部分（Ⅲ）	基本设备费					120.21				
	征地费用							计算在填埋场征地里面		
	通水、电、燃气、通信,场地平整					1000.00				
	进场道路硬化（水泥混凝土路面）					760.50		m	7500	
Ⅳ	工程静态总投资（Ⅰ＋Ⅱ＋Ⅲ）	111.96	1735.40	335.50	1.86	2100.11	4284.83			
Ⅴ	建设期资金贷款利息					200.00				
Ⅵ	铺底流动资金					100.00				
Ⅶ	工程动态总投资	111.96	1735.40	335.50	1.86	2400.11	4584.83			

3. 填埋场投资估算

（1）编制依据与堆肥厂编制依据相同。

（2）编制说明

① 土地征用 200 亩，每亩 3 万元。由于"三通一平"的费用计算在焚烧厂总投资之内，在此不再计算。

② 建设单位管理费按第一部分工程费用的 1.3％计算。

③ 焚烧厂定员 68 人。生产人员培训费按设计定额 68 人的 60％计算，为 41 人。培训期 3 个月，培训费 3000 元/人。

④ 办公及生活家具购置费，按投资实际定员 68 人计算，每人为 600 元。

⑤ 联合试运转费按第一部分工程费用设备费总值的 1％计算。

⑥ 供电贴费按双电源 900 元/(kV·A) 计算。

⑦ 勘察设计费按第一部分工程费用的 4％计算。

⑧ 工程监理及质检费按第一部分工程费用的 1％计算。

⑨ 设计前期工作费用按第一部分工程费用的 0.5％计算。

⑩ 其他费用（包括试验研究费，工器具及生产家具购置费，竣工清理费等），按第一部分工程费用的 1％计算。

⑪ 基本设备费按第一、二部分费用之和的 5％计算。

⑫ 建设期贷款年利率按 6％计算，只计单利。

⑬ 铺底流动资金按流动资金 30% 计算。

（3）工程投资估算　惰性废物填埋场日处理规模为 130t，工程费用包括生产建筑物、构筑物、附属建筑物、设备、用电增容及外线工程费用等。估算工程费用为 1620.07 万元，工程静态总投资为 2496.31 万元，工程动态总投资为 2796.31 万元。工程投资估算汇于表 4-6 中。

表 4-6　填埋场工程投资估算

序号	工程和费用名称	估算价格/万元						技术经济指标		
		建筑工程	设备	安装工程	器械工具等	其他费用	总价	单位	数量	单价/元
（一）	第一部分工程费用（Ⅰ）									
1	油库、车库	8.82	20.00	3.00				m²	200	442
2	机修车间	5.38	30.00	5.00				m²	100	528
3	食堂	4.42	10.00	2.00				m²	100	442
4	浴室	4.42	2.00	0.50				m²	100	442
5	综合办公楼	47.07	30.00	6.00				m²	900	523
6	变配电室	3.79						m²	80	474
7	门卫	1.67						m²	50	333
8	垃圾坝	370.00								
9	场底防渗	350.00								
10	场内道路	100.00								
11	填埋机修与设备		25.00							
12	压实机		250.00					台	1	2500000
13	日常用车		20.00					台	2	
14	电气设备		30.00	6.00						
15	通信及其他设备		50.00	10.00						
	第一部分工程费用合计	895.57	692.00	32.50			1620.07			
（二）	第二部分其他费用（Ⅱ）									
1	建设单位管理费					21.06				
2	生产人员培训费					12.30				
3	办公及生活家具购置费				4.08					
4	联合试运转费					16.20				
5	供电贴费					27.00				
6	勘察设计费					64.80				
7	工程监理及质检费					16.20				
8	设计前期工作费用					8.10				
9	其他费用					16.20				
	第二部分其他费用合计				4.08	181.86	185.94			
第三部分（Ⅲ）	基本设备费					90.30				
	征地费用					600.00		亩	200.0	30000
	通水、电、通信等							在焚烧厂的工程估算中已作参考		
Ⅳ	工程静态总投资	895.57	692.00	32.50	4.08	872.16	2496.31			
Ⅴ	建设期资金贷款利息					200.00				
Ⅵ	铺底流动资金					100.00				
Ⅶ	工程动态总投资	895.57	692.00	32.50	4.08	112.16	2796.31			

第三节　环境工程项目设计概算

建设项目设计概算是初步设计文件的重要组成部分，是控制和确定工程造价的文件。本节结合环境工程的项目内容和特点，介绍环境工程项目设计概算的编制，其中包括单位工程概算、单项工程概算和环境工程总概算的编制。

一、设计概算的概念

设计概算是根据初步设计和扩大初步设计、利用国家和地区颁发的概算指标、概算定额或综合指标预算定额等，按照设计要求，概略地计算建设工程全部费用。初步设计概算包括了单位工程概算、单项工程概算和建设工程总概算。单位工程概算是一个独立建筑物中分专业工程计算费用的概算文件，如土建工程单位工程概算、给水排水工程单位工程概算、电气工程单位工程概算、采暖通风工程单位工程概算以及其他工程单位工程概算。它是单项工程概算文件的组成部分。

若干个单位工程概算和其他工程费用文件汇总后，成为单项工程概算，若干个单项工程概算可以汇总成为总概算。单项工程概算和总概算仅是一种归纳，是汇总性文件，最基本的计算文件是单位工程概算书。

设计概算的编制相对于施工图预算较为简单，在精度上没有施工图准确。国家规定，初步设计必须要有概算，概算书应由设计单位负责编制。

设计概算文件必须完整地反映工程设计的内容，实事求是地根据工程所在地的建设条件（包括自然条件、施工条件等可能影响造价的各种因素），正确地按有关依据性资料进行编制。

1. 设计概算编制原则

① 充分调查研究，掌握第一手资料，例如对非标准设备、新材料和新构件的价格，要调查落实。认真收集和选用基础资料。凡地方有具体规定的，一般按地方规定计算。

② 在编制概算过程中，密切结合工程性质和建设地区施工条件，合理计算各项工程费用。尽可能地做到设计与施工相结合、理论与实际相结合，不断提高概算质量。

③ 在概算编制过程中，还应该有重点地提高主要工程项目的质量，以便更好地控制整个建设项目的造价。

2. 设计概算编制依据

① 批准的建设项目设计任务书和主管部门的有关规定。只有根据设计任务书和主管部门的有关规定编制的设计概算，才能列为基本建设投资计划。

② 初步设计项目一览表。

③ 能满足编制设计概算的各专业工种经过审核的设计图纸、文字说明和设备清单，以便计算工程的各工种工程量。

④ 地区的现行建筑工程和专业安装工程概预算定额、单位估价表、建材预算价格和有关费用规定等文件。

⑤ 现行的有关其他工程费用定额和取费标准。

⑥ 地区概预算价格资料，包括人工标准、材料和设备的出厂价格、市场价格、运输费用、包装费用等资料。

⑦ 税收和常规费等资料。

二、环境工程项目建筑工程概算

单位工程概算是确定某一单项工程内的某个单位工程建设费用的文件。单位工程概算包括建筑工程概算和设备安装工程概算两大类。本节主要介绍建筑工程概算的编制。

编制建筑工程概算有三种基本方法，一是根据概算定额编制，二是根据概算指标编制，三是利用类似概算或预算编制。

1. 利用概算定额编制概算

初步设计或扩大初步设计深度较深，结构、建筑要求比较明确，基本上能计算出各种结构工程数量，可以根据概算定额来编制建筑工程概算书。

利用概算定额编制单位建筑工程设计概算的方法，与利用预算定额编制单位建筑施工图预算的方法基本相同。概算书所表达的与预算书也基本相同，不同之处在于概算项目划分较预算项目粗略，是把施工图预算中的若干个项目合并为一项。并且，所有的编制依据是概算定额，采用的是概算工程量的计算规则。

编制设计概算的步骤如下。

① 根据设计图纸和概算定额所规定的工程量计算规则计算工程量。按照概算定额分部分项顺序，列出各分项工程名称，工程量计算应按概算定额中规定的工程量计算规则进行，并将所算各工程量按概算定额编号顺序，填入工程概算表内相应栏。

由于概算中的项目内容比施工图预算中的项目内容扩大，在计算工程量时，必须熟悉概算定额中每个项目所包括的工作内容，避免重算和漏算，以便计算出正确的概算工程量。

② 确定各分部分项工程项目的概算定额单。工程量计算完毕后，查概算定额的相应项目，逐项套用相应定额单价和人工、材料和机械台班消耗指标。然后，分别将其填入工程概算表和工料分析表中，即可直接套用定额计算；如遇设计图中分项工程名称、内容与采用的概算定额手册中相应的项目有些不相符时，则按规定对定额进行换算后方可套用定额计算。

③ 计算建筑安装工程人工费、材料费和施工机械使用费。将已算出的各分部分项工程项目的工程量及在概算定额中已查出的相应定额单价和单位人工、材料和施工机械消耗指标分别相乘，即可得出各分项工程的人工费、材料费和施工机械使用费及人工、材料和施工机械的消耗量，汇总各分项工程的人工费、材料费和施工机械使用费和人工、材料消耗量，即可得到分部分项工程的人工费、材料费和施工机械使用费和分部分项工程工、料总消耗量。再汇总即可得到单位工程人工费、材料费和施工机械使用费。

如果规定有地区的人工、材料差价调整指标，计算人工费、材料费和施工机械使用费时，还应按规定的调整系数进行调整计算。

④ 计算企业管理费、利润、规费和税金。根据各项施工取费标准，分别计算企业管理费、利润、规费和税金。

⑤ 计算建筑工程费

建筑工程费＝人工费＋材料费＋施工机械使用费＋企业管理费＋利润＋规费＋税金

建筑工程概算价值除以建筑面积，即得技术经济指标（每平方米建筑面积的概算价值）。

2. 利用概算指标编制概算

概算指标是以整幢建筑物为依据而编制的指标。在初步设计深度较浅，尚无法计算工程数量，或在方案阶段初具轮廓估算造价时，可根据概算指标编制概算。

这是一种估算方法，精确度较差。按概算指标编制工程概算，其前提条件是具备符合地区情况的概算指标或根据情况修正的其他地区概算指标；对象工程的内容与概算指标中内容基本一致。

（1）概算指标选用

① 初步设计只有一个轮廓而无详细设计图纸时，可以初步选用一个与对象工程性质相近的概算指标编制概算。

② 只有设计方案，但需要估算造价，可参照相似类型结构的概算指标或以经验估算指标来编制概算。

③ 设计任务书已规定了以概算指标来控制设计的规模和结构形式，在初步设计以及施工图设计阶段也完全按照概算指标控制造价而不得超过其范围的情况下，单位工程概算可按规定的概算指标编制。

④ 图纸设计后间隔时间过长，概算造价已不适用，在需要确定工程造价的情况下，应根据实际情况按当前概算指标修正原有概算造价。

当所套用的概算指标只是接近而不完全相同时，应根据差别情况先行调整概算指标，调整公式如下。

单位建筑面积造价调整指标＝原造价指标单价－换出结构构件单价＋换入结构构件单价

换出（换入）结构构件单价＝换出（换入）结构构件工程量×相应概算定额单价

具体应用时，应先按指标规定计算建筑面积，或按指标规定的其他计量单位计算工程量。然后，将计算所得的工程量乘以概算指标单价（或调整单价），便可得出拟建工程概算造价。

当概算指标不包括企业管理费、利润、规费和税金时，还需按规定另行计算，并计入概算造价。

（2）用概算指标编制概算的方法

工程概算价值＝建筑面积×概算指标

工料用量＝建筑面积×工料概算指标

【例 4-1】 某框架结构住宅建筑面积为 4000m²，其工程结构特征与在同一地区的概算指标表 4-7、表 4-8 的内容基本相同。试根据概算指标编制土建工程概算。

表 4-7 某地区砖混结构住宅概算指标

工程名称	××住宅	结构类型	框架结构		建筑层次	6 层
建筑面积	4000m²	施工地点	××市		竣工日期	×年×月
结构特征	基础		墙体	楼面		地面
	混凝土带型基础		240 厚空心砖墙	预应力空心板		混凝土地面水泥砂浆面层
	屋面	门窗		装饰	照明	给水排水
	炉渣找坡、油毡防水层	钢窗、木窗、木门		混合砂浆抹内墙面、瓷砖墙裙、外墙彩色弹涂面	槽板明敷线路、白炽灯	镀锌给水钢管、铸铁排水管、蹲式大便器

表 4-8 工程造价及费用组成

项 目		平米指标 /(元/m²)	各项费用占造价百分比/%							
			人工费	材料费	机械台班使用费	措施费	企业管理费	利润	规费	税金
总造价		1340.80	9.26	60.15	2.30	5.28	7.87	6.28	5.78	3.08
其中	土建工程	1200.50	9.49	59.68	2.44	5.31	7.89	6.34	5.77	3.08
	给水排水工程	80.20	5.85	68.52	0.65	4.55	6.96	5.01	5.39	3.07
	照明工程	61.10	7.03	63.17	0.48	5.48	8.34	6.00	6.44	3.06

解： 计算结果详见表 4-9。

3. 利用类似预算编制概算

"类似预算"是指已经编好的，在结构类型、层次、构造特征、建筑面积、层高上与拟编概算工程类似的工程预算。如果条件合适，采用类似预算来编制概算，不仅能提高概算的准确性，而且能缩短编制时间。

表 4-9　某住宅土建工程概算造价计算

序号	项目内容	计算式	金额/元
1	土建工程造价	4000×1200.50＝4802000	4802000
2	直接工程费 其中：人工费 材料费 机械台班使用费	48020×76.92％＝36936.984 4802000×9.49％＝455709.8 48020×59.68％＝28658.336 4802000×2.44％＝117168.8	36936.984 455709.8 28658.336 117168.8
3	措施费	4802000×5.31％＝254986.2	254986.2
4	企业管理费	4802000×7.89％＝383199.6	383199.6
5	利润	4802000×6.34％＝304446.8	304446.8
6	规费	4802000×5.77％＝277075.4	277075.4
7	税金	4802000×3.08％＝147901.6	147901.6

利用类似预算编制概算，要注意选择与拟建工程的结构类型、构造特征、建筑面积相类似的工程预算。除此以外，还要考虑拟建工程与类似预算工程在结构和面积上的差异，考虑由于建设地点或建设时间不同而引起的人工工资标准、材料预算价格、机械台班使用费以及其他费用（间接费、利润、税金）的差异。

结构和面积上的差异可以参考修正概算指标的方法加以修正，后者引起的差异需测算调整系数，对类似预算单价进行调整。

（1）调整系数的确定

① 首先，测算出类似预算中的人工费、材料费、机械台班使用费及有关费用分别占全部预算价值的百分比。

② 分别测算出人工费、材料费、机械台班使用费及有关费用的单项调整系数。

③ 最后计算出总调整系数。计算公式如下。

$$k = r_1 k_1 + r_2 k_2 + r_3 k_3 + r_4 k_4$$

式中　　　　k——类似预算调整系数；

k_1、k_2、k_3、k_4——分别为人工费、材料费、机械台班使用费及措施项目费的调整系数；

r_1、r_2、r_3、r_4——分别为人工费、材料费、机械台班使用费及措施项目费占全部预算价值的百分比。

其中

$$k_1 = \frac{编制概算地区一级工工资标准}{类似工程所在地一级工工资标准}$$

$$k_2 = \frac{\sum(类似工程主要材料数量×编制概算地区材料预算价格)}{\sum 类似地区各主要材料费}$$

$$k_3 = \frac{\sum(类似工程主要机械台班量×编制概算地区机械台班费)}{\sum 类似工程主要机械使用费}$$

$$k_4 = \frac{编制概算地区措施项目费率}{类似工程所在地区措施项目费率}$$

（2）采用类似预算编制概算

① 熟悉拟建工程的设计图纸，计算工程量（一般只计算建筑面积）。

② 选择类似预算，当拟建工程与类似预算工程在结构构造上有部分差异时，将每 $100m^2$ 建筑面积造价及人工、主要材料数量进行修正。

③ 当拟建工程与类似预算工程在人工工资标准、材料预算价格、机械台班使用费及有关费用有差异时，测算调整系数。

④ 根据拟建工程建筑面积和类似预算资料、修正数据、调整系数，计算出拟建工程的调整造价和各项经济指标。

【例 4-2】　某拟建的办公楼，建筑面积 $3000m^2$，试用类似工程预算编制概算。类似工程建筑面积为 $2800m^2$，预算造价 3200000 元，各种费用占预算造价的比重分别为：人工 6%；材料费 55%；机械费 6%；措施费 33%。

解：根据前面公式计算出各种修正系数 $k_1=1.02$；$k_2=1.05$；$k_3=0.99$；$k_4=0.95$。

预算调整系数 $=6\%\times1.02+55\%\times1.05+6\%\times0.99+33\%\times0.95=1.0116$

修正后的类似工程预算造价 $=3200000\times1.0116=3237120$（元）

修正后预算工程单方造价 $=3237120\div2800=1156.11$（元）

由此可得

拟建办公楼概算造价 $=1156.11\times3000=3468330$（元）

三、环境工程项目安装工程概算

各种工艺设备、动力设备、运输设备、试验设备、变配电和通信设备等工程的概算价值由设备原价、设备运杂费、设备安装费和施工管理费所组成。编制概算时要分别计算这些费用。

1. 设备及其安装工程概算

设备及其安装工程概算总费用＝设备购置概算费用＋设备安装工程概算费用＋施工管理费

（1）设备购置概算费　根据初步设计所附加的设备清单中相应的设备原价计算设备总原价，然后再根据设备总原价和设备运杂费率计算设备运杂费，两项相加即为设备购置费概算。即

设备购置费概算＝∑（设备清单中的设备数量×设备原价）×（1＋运杂保管费率）

或　　　　　　　设备购置费概算＝∑（设备清单中的设备数量×设备预算价格）

（2）设备安装工程概算　编制设备安装工程概算，应按照初步设计或扩大初步设计的深度和对概算要求的粗细程度，决定编制的依据。如初步设计或扩大初步设计深度较深，要求概算较细，而且基本上能计算工程量时，可根据各类安装工程的概算定额编制概算；如初步设计深度较浅时，可参考下面两种方法编制。

① 按每套设备、每吨设备、设备容重或设备价值，乘以一定的安装百分率计算，即

设备安装工程费用概算＝设备原价×设备安装费率

② 按设备的安装概算指标计算。根据设备安装工程每平方米建筑面积概算指标，各类不同内容，分别乘以建设项目的建筑面积，计算出各类安装费用，再将各类安装费汇总，即为设备安装工程概算价值。

设备安装费应按各专业部门制定的专业安装概算指标或定额计算，安装施工管理费按规定的费率取用。

2. 给排水、采暖、通风、电气照明和通信工程设计概算的编制

给排水、采暖、通风、电气照明和通信工程概算的编制同土建工程，即可采用概算定额、概算指标、类似预算编制。下面介绍利用概算定额编制概算的方法。

(1) 给排水工程概算 用概算定额编制给排水工程概算，首先要在平面图上计算出各种卫生器具的数量，然后结合轴测图，计算给水和排水管道以及各种管件的数量，最后套用概算定额编制概算表。

编制概算表的要求如下。

① 卫生器具安装以"组"或"套"为计算单位。

② 给水管道安装（包括刷油和保温）以"延长米"为单位。

③ 排水管道安装（包括刷沥青）以"延长米"计算。

④ 附属配件安装以"个"或"组"计算。

⑤ 其他零星工程量费用按占上述四项合计的百分比计算。

(2) 采暖和通风工程概算 利用概算定额编制时，首先应根据设计图纸计算工程量。如采暖工程，计算出暖气片、管道、阀门和附属配件的数量。其中导管和立支管道，均以"延长米"为单位进行计算。阀门及配件等，以"个"或"组"为单位进行计算。工程量计算完以后，即可套用概算定额，编制概算报表，具体要求如下。

① 散热器的组成及其安装以"平方米"或"片"为计算单位。

② 采暖导管和立支管的安装以"延长米"为计算单位。定额中包括了刷油、保温和金属支架等价值。

③ 阀门及配件安装以"个"或"组"为计算单位。

④ 零星工程和费用按上述三项合计金额的百分比计算。

(3) 照明、防雷工程和通信工程概算 照明和通信工程概算，首先是根据设计平面图和系统图，计算工程数量，然后套用概算定额进行编制。

电气照明工程量的计算，首先是从进户线算起，至总配电箱、分配电箱，各支线按线路计算。一般规定如下。

① 横担安装包括接地以"组"计算。

② 配电箱或开关箱包括装盘以"组"计算。

③ 线路以"米"计算，包括配管在内。

④ 灯具以"套"或"个"为单位。

⑤ 其他零星工程费按上述四项合计的百分比计算。

以上计算出人工费、材料费、机械使用费后，再计算企业管理费、利润、规费和税金，汇总即为单位安装工程概算价值。

四、环境工程项目单项工程综合概算

单项工程综合概算是确定建设项目中每一个生产车间、独立公用事业或独立构筑物的全部建设费用的文件。它是以整个工程项目为对象，由一个工程项目中的各个单位工程概算书综合组成的，是建设项目总概算的组成部分。单项工程综合概算，应该按照整个工程项目编制，如一个车间、一个构筑物等。

1. 单项工程综合概算费用组成

① 建筑工程费用。包括一般土建工程、卫生工程（给水、排水、采暖、通风工程）、工业管道工程、特殊构筑物工程、电气照明设备工程费用等。

② 安装工程费用。包括机械设备及安装工程、电气设备及安装工程、自动控制装置及安装工程费用等。

2. 单项工程综合概算书的编制

单项工程综合概算书其内容应包括编制说明、综合概算表、单位工程概算表和主要建筑材料表。

（1）编制说明

① 工程概况。介绍单项工程的生产能力和工程概况。

② 编制依据。说明设计文件依据、定额依据、价格依据及费用指标依据等。

③ 编制方法。说明概算编制是根据概算定额、概算指标还是类似预算。

④ 主要设备和材料的数量。说明主要机械设备及主要建筑安装材料（水泥、钢材、木材）等的数量。

⑤ 其他相关的问题。

（2）综合概算表　综合概算表要将该单项工程所包括的所有单位工程概算（此部分费用也称为第一部分工程费用），按费用构成和项目划分填如表内，构成单项工程综合概算表。

当工程不编总概算时，单项工程概算还应有工程建设其他费用的概算和预备费。

3. 其他费用概算

其他费用（此部分费用也称为第二部分工程费用）主要内容有土地征购费；建设场地原有建筑物及构筑物的拆除费、场地平整费（包括工业区和住宅区的垂直布置）；建设单位管理费、生产职工培训费；办公及生产用具购置费；工具、器具购置费；联合试车费；场外道路维修费；建设场地清理费；施工单位转移费；临时设施费；冬（雨）季施工费、夜间施工费；远征工程增加费；因施工需要而增加的其他费用；材料差价；计划利润；不可预见工程费等。该项费用按概算第一、二部分工程费用合计的百分比计算。

五、环境工程项目建设工程总概算

总概算是确定建设项目从筹建到竣工验收交付使用的全部建设费用的总文件。它是根据包括的各个单项工程概算及工程建设其他费用和预备费汇总编制而成。

1. 建设工程总概算费用的组成

建设工程总概算主要由工程费用项目、其他费用项目及预备费三部分组成。

（1）工程项目费用　工程项目费用是指建筑安装工程费，具体包括以下各部分概算。

① 主要生产项目综合概算。主要生产项目的内容，根据不同企业的性质和设计要求排列，如污水处理中的沉砂池、一次沉淀池、二次沉淀池等。

② 辅助生产及服务用的工程项目综合概算。一般情况包括辅助生产的工程，如机修车间、化验间等；仓库工程如原料仓库、成品仓库、药品仓库等；服务用的工程如办公楼、食堂、消防车库、门卫室等。

③ 动力系统工程综合概算。一般包括厂区内变电所、锅炉房、风机房、厂区室外照明和室外各种工业管道等项目。

④ 室外给水、排水、供热及其附属构筑物综合概算

a. 室外给水。生产用给水、生活用给水、消防用给水、水泵房、加压泵站、水塔、水池等。

b. 室外排水。生产废水、生活污水、雨水等的排放设备。

c. 热力管网。采暖用锅炉房、热力管网等。

⑤ 厂区整理及美化设施综合概算。如厂区大门、围墙、绿化、道路、建筑小品等。

(2) 其他项目费用及预备费 其他项目费用称为第二部分工程费用，预备费称为第三部分费用（概算书编制实例部分）。

2. 总概算书的编制

总概算是确定某一建设项目从筹建开始到建成时全部建设费用的总文件，它是根据各单项工程综合概算以及其他费用概算汇总编制而成的。

总概算书一般主要包括编制说明和总概算表。有的还列出单项工程概算表、单位工程概算表等。

(1) 编制说明 编制说明应对概算书编制时的有关情况进行总体说明，主要内容如下。

① 工程概况。说明工程项目规模、范围、生产情况、产量、公用工程及厂外工程的主要情况。

② 编制依据。说明设计文件依据、定额依据、价格依据及费用指标依据。

③ 编制方法。对运用各项依据进行编制的具体方法加以说明。

④ 主要设备和材料数量。

⑤ 其他有关问题。

(2) 总概算表 总概算表是根据建设项目内各单项工程综合概算以及其他费用概算，按照国家有关规定编制的，主要内容如下。

① 按总体设计项目组成表，依次填入工程和费用名称，并将各单项工程概算及其他费用概算按其费用性质分别填入总概算表的有关栏内。

② 按栏分别汇总，依次求出各工程和费用的小计，第一、二部分费用的合计、总计和投资比例。

③ 总概算表末尾还应列出"回收金额"项目。回收金额是指在施工过程中或施工完毕所获得的各种收入，如拆除房屋建筑物、旧机器设备的回收价值，试车的产品收入，建设过程中得到的副产品等。

六、概算书编制实例

××市污水处理厂工程初步设计概算

编制说明

1. 概述

××市污水处理厂设计规模为 $10^5 \mathrm{m}^3/\mathrm{d}$，本设计要求在工艺路线先进的基础上采用国产设备和仪器，以降低工程总投资。

污水处理采用具有脱氮除磷功能的氧化沟，污泥处理采用浓缩、机械脱水的方法。

设计范围包括污水处理厂厂界内的主要工程项目、公用工程项目、服务性工程项目及厂

外工程项目（如厂外供电线路、处理后水的排放管、厂外道路等）的设计内容，但不包括厂外排水管网。污水处理厂采用二级负荷，双电源供电。

本设计报批项目总投资 11405.04 万元，其中固定资产投资 10760.32 万元、建筑工程费 3334.13 万元、设备购置费 3156.69 万元、安装工程费 1093.69 万元、其他工程费 3175.81 万元、建设期借款利息 584.21 万元、铺底流动资金 60.51 万元。

2. 编制依据

① 建标〔2013〕44 号《建筑安装工程费用项目组成》的通知。

②《城市污水处理工程项目建设标准》，建标〔1994〕574 号文。

③《中华人民共和国建设部市政工程可行性研究投资估算编制办法》，建标〔1996〕628 号文。

④《全国市政工程投资估算指标》，建标〔1996〕309 号文。

⑤《全国统一市政工程预算定额××省单位估价表》上、下册，（1997）。

⑥《××省市政工程费用定额》（1997）。

⑦《全国统一建筑工程基础定额××省单位估价表》（1997）。

⑧《全国统一安装工程基础定额××省单位估价表》（1997）。

⑨《××省建筑安装工程费用定额》（1997）。

⑩ 人工费均执行××省建设厅建字（1997）286 号文《关于调整建设工程预算定额人工费的通知》，调到 19.69 元/工日。

⑪ 机械台班费用按××省工程建设标准定额总站文件，建字（1995）68 号文《关于调整建筑装饰等工程预算定额单位估价表中施工机械台班费用的通知》调整。

⑫ 设备价格按生产厂询价及按《工程建设全国机电设备 1998 年价格汇编》执行，设备运杂费按设备原价的 7% 计。

⑬ 工程建设监理费按国家物价局、建设部（1992）价费字 479 号文《关于发布工程监理费有关规定的通知》计列。

3. 其他说明

① 零星工程费按 10% 作为预算定额与概算定额差。

② 厂区征地青苗补偿费及土地复垦费按 6.0 万元/亩计列。

③ 地基处理费为暂估列值，待地质资料齐全后，按时调整。

④ 设计费及预算编制费按国家物价局、建设部（1992）价费字 375 号文《工程设计收费标准》计列。

⑤ 供电贴费按 450 元/kV·A（双回路）。

⑥ 建设期按两年计，基本预备费按 10% 计，涨价预备费按 6% 计。

⑦ 土建、安装工程均按一类工程计取费用。

⑧ 设计的材料价格采用 1998 年《××市建筑安装工程预算价格》计算。

⑨ 企业管理费、利润、规费和税金一并用综合费计算，综合费按以下标准计算。

建筑工程直接工程费×0.3363＋人工费×0.4234

安装工程直接工程费×0.03573＋人工费×6.3508＋机械使用费×1.1393。

4. 概算表

（1）单位工程建筑工程概算表（表 4-10～表 4-13）

表 4-10　单位工程土建概算表（一）

工程名称：粗格栅（略）

工程名称：细格栅（略）

工程名称：生物反应池

序号	单位估价号	工程和费用名称	单位	数量	单位价值/元 基价	单位价值/元 人工	总价值/元 基价	总价值/元 人工
1	1-2	人工挖土方	100m³	28.91	940.38	940.38	27185	27185
2	1-72	机械挖土方	100m³	291.60	1385.88	15.32	404121	4467
3	1-43	平整场地	100m²	53.83	111.65	111.65	6010	6010
4	1-46	回填土	100m³	41.34	699.85	698.76	28930	28885
5	1-54	铲运机运土 200m	100m³	85.25	555.47	27.12	47354	2312
6	6-63	混凝土垫层	10m³	68.93	2228.39	222.94	153594	15366
7	5-380换	C25 钢筋混凝土池底 δ=300mm	10m³	253.45	5892.77	550.31	1493528	139477
8	5-391换	C25 钢筋混凝土池壁 δ=400mm	10m³	102.30	8667.76	1011.69	886712	103496
9	5-390换	C25 钢筋混凝土池底 δ=300mm	10m³	74.44	8208.14	1064.12	610989	79210
10	5-398换	C25 钢筋混凝土水槽	10m³	3.31	10561.60	1830.38	34969	5750
11	5-398换	C25 钢筋混凝土水柱	10m³	14.00	11285.81	1736.70	158035	18004
12	5-403换	C25 钢筋混凝土肋形盖	10m³	4.07	8304.35	1285.71	33799	2875
13	5-395换	池外壁挑檐	10m³	4.80	10113.34	1690.21	48544	8113
14	安 12-33	钢栏杆	t	6.32	6500.00	706.48	41077	3942
15	安 12-29	爬式钢梯	t	1.73	5269.63	623.78	9130	1081
16	安 11-591	金属构件银粉两遍	t	13.88	115.43	42.73	1602	593
17	5-458	预埋铁件	t	4.95	6015.90	385.66	29779	1909
18	5-438	池底防水砂浆面	100m²	47.77	1124.92	171.52	53741	8194
19	5-440	池壁抹防水砂浆面	100m²	76.90	1268.07	271.02	97516	20842
20	3-330	池外壁贴面砖	100m²	11.75	509.51	148.80	5987	1748
21	1-326	脚手架	100m²	50.39	115.43	42.73	5817	2153
22	安 3-23	满堂红脚手架	100m²	68.93	292.50	103.18	20161	7112
23	3-455	变形缝	100m	3.27	10186.77	202.52	33280	662
24	说明	施工排水费	100m³	194.60	1331.70	264.15	258886	51352
		混凝土添加减水剂 Q 型	kg	7453.60	18.00		134165	
		小计					4624911	540738
		零星工程 10%					462491	54074
		推土机进退场费	台次	1	4470.35		4470	
		铲掘机进退场费	台次	1	3996.03		3996	
		挖掘机进退场费	台次	1	4089.82		4090	
		直接工程费合计					5099959	594811
		综合费：0.3363×直接工程费+0.4234×人工费					1966959	
		合计					7066917	
		生物反应池	座	2			14133835	

表 4-11 单位工程土建概算表（二）

工程名称：回流污泥泵站（略）

工程名称：排水泵站（略）

工程名称：总图（略）

工程名称：建筑物及附属构筑物（略）

工程名称：二沉池

序号	单位估价号	工程和费用名称	单位	数量	单位价值/元		总价值/元	
					基价	人工	基价	人工
1	1-72	机械挖土方	100m³	64.96	1385.88	15.32	90027	995
2	1-2	人工挖土方	100m³	7.22	940.38	940.38	6790	6790
3	1-54	铲运机运土	100m³	15.05	555.47	27.12	8360	408
4	1-46	回填土	100m³	9.04	699.85	698.76	6327	6317
5	1-43	平整场地	100m²	15.69	111.65	111.65	1752	1752
6	6-63	混凝土垫层	10m³	15.78	2228.39	222.94	35164	3518
7	5-384换	C25 钢筋混凝土锥坡底 δ＝400mm	10m³	54.09	6683.30	701.40	361500	37939
8	5-383换	C25 钢筋混凝土池壁 δ＝400mm	10m³	20.63	10366.94	1391.01	213766	28683
9	5-416换	C25 钢筋混凝土水槽	10m³	2.18	14388.53	2782.56	31367	6066
10	5-438	池底拌防水砂浆	100m²	12.62	1124.92	171.52	14196	2165
11	5-440	池壁拌防水砂浆	100m²	5.65	1268.07	271.02	7165	1531
12	3-30	池外壁贴面砖	100m²	1.79	4054	927.17	7257	1660
13	5-395换	池外壁挑檐	10m³	2.75	10113.34	1690.21	27812	4648
14	6-445	池外壁沥青两道	100m²	6.45	657.47	64.99	4241	419
15	安 3-23	满堂红脚手架	100m²	13.00	292.50	103.18	3803	1341
16	5-458	预埋铁件	t	3.60	6115.90	385.66	22017	1388
17	安 11-591	钢结构刷油	t	3.60	415.43	42.73	1496	154
18	5-455	变形缝	100m	0.91	10186.77	202.52	9270	184
19	1-326	脚手架	100m	12.56	509.51	148.80	6399	1869
	说明	施工排水费	100m³	43.31	1331.70	264.15	57676	11440
		混凝土添加剂 Q 型	kg	1076.49	18.00		19377	
		小计					935760	119267
		零星工程10%					93576	11927
		推土机进退场费	台次	1	4470.35		4470	
		铲掘机进退场费	台次	1	3996.03		3996	
		挖掘机进退场费	台次	1	4089.82		4090	
		直接工程费合计					1041892	131193
		综合费：0.3363×直接工程费＋0.4234×人工费					405935	
		合计					1447827	
		沉淀池	座	4			5791310	

工程名称：粗格栅及提升泵站工艺设备

表4-12 单位工程安装概算表 （一）

序号	定额编号	工程费用和名称	单位	数量	单重/kg	总重/kg	单位价值/元 基价	工资	辅材费	总价值/元 基价	工资	辅材费	设备或主材费 单位	数量	单价	总价
1	1-925	潜污泵 WQ1000-16-75 Q=10000m³/h, ρ=0.14MPa, 配电机 P=75kW	台	5	2200	11000	611.98	269.98	292.25	3060	1348	1461	台	5	165000	825000
2	2-362	一控二、一控三整制柜各一台	面	2			127.74	43.7	52.73	255	87	105				
3	1-1041	泵拆装检查	台	5			331.31	267	55.31	1657	1335	277				
4	1-410	电动葫芦 CD12-6D 起重量:2t 起升高度:6m	台	1			72.71	48.12	24.59	73	48	25	台	1	14150	14150
5	1-586	皮带运输机 B=500 Q=2m³/h, L=8m	台	1			1181.6	437.28	628.28	1182	437	626	台	1	27300	27300
6	15-1153	螺旋压榨机 P=2.2kW	台	1			1722.39	714.20	592.30	1722	714	592	台	1	93600	93600
7		格栅除污机 GLGS1580	台	2			1569.86	768.94	431.73	3140	1538	863	台	2	266500	533000
8		格栅宽:1.2m 沟道深:7.3m P=1.1kW 零星工程	元				795	397	309							
		小计					11883	5905	4259							1493050
		设备运杂费：设备原价×0.07														104514
		脚手架搭拆费：人工费×12%,其中工资占25%					709	177								
		综合费：(直接工程费×0.03573+人工费×6.3508+机械使用费×1.1393					41639									
		合计					54231									

工程名称：粗格栅及提升泵站工艺材料

表 4-13 单位工程安装概算表（二）

序号	定额编号	工程费用和名称	单位	数量	单重/kg	总重/kg	单位价值/元			总价值/元			设备或主材费			
							基价	工资	辅材费	总价	工资	辅材费	单位	数量	单价	总价
1	6-67	焊接钢管安装 D1420×12	10m	0.2			688.31	130.27	164.07	138	26	33				
2	6-61	焊接钢管安装 D630×9	10m	6			223.9	47.1	43.74	1343	283	262				
3	6-1856	碳钢钢板直管制作 D1420×12	t	0.84			404.91	70.56	141.92	340	59	119	t	0.882	3000	2646
4	6-1876	碳钢板直管制作 D630×9	t	8.27			537.47	108.88	184.00	4743	900	1520	t	8.684	3000	26051
5	6-463	钢筋混凝土管 d1000	10m	0.2			307.32	81.79	64.86	61	16	13	10m	0.2	2739	548
6	6-396	排水铸铁管 d50	10m	0.2			20.77	11.41	9.36	4	2	2	10m	0.2	119	24
7	6-461	镀锌焊接钢管安装 DN20	10m	0.6			225.05	50.69	55.85	135	30	34	10m	0.6	1570	942
8	6-396	镀锌焊接钢管安装 DN15	10m	0.2			20.77	11.41	9.36	4	2	2	10m	0.2	119	24
9	6-756	90°钢制弯头 安装 DN600	10个	0.5			1308.88	185.93	577.63	654	93	289				
10	6-1890	90°钢制弯头制作 DN600	t	0.64			1338.42	205.99	625.92	857	132	401	t	0.678	3000	2035
11	6-723	钢制异径管安装 DN600×400	10个	0.5			1141.59	142.51	540.73	571	71	270				
12	6-1569	钢制异径管制作 DN600×400	t	0.16			993.27	314.92	353.48	159	50	57	t	0.179	3000	538
13	6-2341	钢性防水套管（Ⅳ型）制作 DN600	个	5			1022.31	42.96	898.46	5112	215	4492				
14	6-2352	钢性防水套管（Ⅳ型）安装 DN600	个	5			112.83	17.02	95.81	564	85	479				
15	6-1387	橡胶柔性接头 DN600	个	5			183.18	23.46	69.17	916	117	346	个	5	2832	14160
16	6-1387	法兰 DN600	副	5			183.18	23.46	69.17	916	117	346	副	5	907	4535
17		零星工程	元							1652	220	867				5150
		小计								18169	2418	9532				56652
		脚手架搭费：人工费×5%，其中工资占55%								121	67					
		综合管理费=直接工程费×0.03573+人工费×6.3508+机械使用费×1.1393								33950						
		合计								52240						

（2）单位工程安装概算表（表 4-14）

表 4-14　单位工程安装概算表

工程名称:细格栅及沉砂池工艺设备(略)	工程名称:回流污泥泵站电气设备(略)
工程名称:细格栅及沉砂池工艺材料(略)	工程名称:污泥浓缩脱水间电气设备(略)
工程名称:生物反应池工艺设备(略)	工程名称:污泥浓缩脱水间电气材料(略)
工程名称:鼓风机站工艺设备(略)	工程名称:维修间电气设备(略)
工程名称:鼓风机站工艺材料(略)	工程名称:锅炉房电气设备(略)
工程名称:二沉池工艺设备(略)	工程名称:锅炉房电气材料(略)
工程名称:二沉池工艺材料(略)	工程名称:综合楼电气设备(略)
工程名称:回流污泥泵站工艺设备(略)	工程名称:综合楼电气材料(略)
工程名称:回流污泥泵站工艺材料(略)	工程名称:全厂电信设备(略)
工程名称:污泥浓缩脱水间工艺设备(略)	工程名称:全厂电信材料(略)
工程名称:污泥浓缩脱水间工艺材料(略)	工程名称:PLC 及模拟显示屏(略)
工程名称:排水泵站工艺设备(略)	工程名称:自控材料(略)
工程名称:排水泵站工艺材料(略)	工程名称:粗格栅及提升泵站自控仪表(略)
工程名称:厂区综合管线(略)	工程名称:细格栅及沉砂池自控仪表(略)
工程名称:厂区综合管线(土建部分,略)	工程名称:生物反应池自控仪表(略)
工程名称:全厂防腐材料(略)	工程名称:鼓风机站自控仪表(略)
工程名称:运输车辆(略)	工程名称:回流污泥泵站自控仪表(略)
工程名称:变电所电气设备(略)	工程名称:污泥浓缩脱水间自控仪表(略)
工程名称:变电所电气材料(略)	工程名称:排水泵站自控设备(略)
工程名称:全厂供电外线及照明道路(略)	工程名称:分析化验设备(略)
工程名称:粗格栅及提升泵站电气设备(略)	工程名称:维修间设备(略)
工程名称:细格栅及沉砂池电气设备(略)	工程名称:锅炉房设备(略)
工程名称:生物反应池电气设备(略)	工程名称:通风设备(略)
工程名称:鼓风机站电气设备(略)	工程名称:通风空调(略)
工程名称:二沉池电气设备(略)	工程名称:全厂化学消防(略)

（3）综合概算表（表 4-15）

表 4-15　综合概算表

项目名称：××市污水处理厂工程

序号	工程和费用名称	概算价值/万元	单位概算价值/万元											
			建筑构筑物	工　艺			电　气		自　控		暖　通		室内给排水	照明避雷
				设备	安装	管道	设备	安装	设备	安装	设备	安装		
	第一部分:工程费用													
一	主要工程项目													
1	粗格栅及提升泵房	283.62	98.31	159.76	5.42	10.88	0.68	0.13	9.01	0.17	0.07	0.01		
2	细格栅及沉砂池	496.01	69.26	262.34	12.42	145.13	0.04	0.03	6.68	0.11				
3	生物反应池	2364.65	1413.38	847.33	3.94	45.90	0.12	0.18	51.92	1.88				
4	鼓风机房	254.72	42.87	189.10	4.73	8.50	0.48	0.11	8.37	0.20				
5	二沉池	791.06	579.13	164.35	20.88	25.91	0.64	0.15						
6	污泥泵站	233.16	88.14	127.74	2.79	8.88	0.28	0.12	4.75	0.46				
7	污泥浓缩间	626.59	66.88	521.74	6.08	7.60	15.14	5.13	0.60	0.01	3.27	0.14		
8	排水泵站	100.08	45.52	25.69	2.34	24.30			2.18	0.05				
9	中央控制室	174.81							91.81	56.00				
10	厂区综合管线	224.28	36.87			187.41								
11	全厂防腐保湿	193.96			193.96									
12	备品备件购置费	24.30		24.30										
13	工器具及生产家具购置费	46.30		46.30										

续表

序号	工程和费用名称	概算价值/万元	单位概算价值/万元											
			建筑构筑物	工艺			电气		自控		暖通		室内给排水	照明避雷
				设备	安装	管道	设备	安装	设备	安装	设备	安装		
	小计	5811.95	2463.47	2370.96	252.56	463.69	17.38	5.85	175.68	58.87	3.34	0.15		
二	辅助工程项目													
1	维修间	108.22	22.23	67.27	1.40		7.03	0.29	10.00					
2	综合仓库	14.56	14.56											
3	分析化学	135.93		132.93	3.00									
	小计	258.71	36.79	200.20	4.40		7.03	0.29	10.00					
三	公用工程													
1	全厂化学消防	1.95		1.95										
2	厂内打井	21.00	21.00											
3	变电所	286.33	53.40				217.54	11.39			3.79	0.21		
4	全厂供电外线及照明	230.58						230.58						
5	全厂电信	35.22					25.32	9.90						
6	锅炉房	40.35	12.00	21.37	1.87	2.00	1.81	1.30						
7	围墙	26.15	26.15											
8	大门及门卫	27.50	27.50											
9	厂区道路	136.71	136.71											
10	运输车辆	89.54		89.54										
11	厂区绿化及建筑小品	66.88	66.88											
12	地基处理费	100.00	100.00											
13	四通一平	32.45	32.45											
	小计	1067.66	476.09	112.86	1.87	2.00	244.67	226.17			3.79	0.21		
四	服务性工程项目													
1	综合楼	159.84	146.43				4.55	2.23			6.23	0.40		
2	食堂、浴室	70.56	70.56											
3	汽车库	24.99	24.99											
4	自行车棚	1.80	1.80											
5	倒班及单身宿舍	32.76	32.76											
	小计	289.95	276.54				4.55	2.23			6.23	0.40		
五	厂外工程项目													
1	厂外供电线路	45.00						45.00						
2	处理后水的排放管	30.00				30.00								
3	厂外道路	67.02	67.02											
4	厂外防护林带	13.62	13.62											
	小计	156.24	81.24			30.00		45.00						
	第一部分工程费用合计	7584.51	3334.13	2684.02	258.83	495.69	273.63	279.54	185.68	58.87	13.36	0.76		

（4）总概算表（表4-16）

表4-16　总概算表

项目名称：××市污水处理厂工程

序号	工程及费用名称	概算价值/万元				
		建筑工程费	设备购置费	安装工程费	其他费用	合计
	第一部分：工程费用					
一	主要工程项目					
1	粗格栅及提升泵房	98.31	169.52	15.79		283.62
2	细格栅及沉砂池	69.26	269.06	157.69		496.01
3	生物反应池	1413.38	899.37	51.90		2364.65

续表

序号	工程及费用名称	概 算 价 值/万元				
		建筑工程费	设备购置费	安装工程费	其他费用	合计
4	鼓风机房	42.87	198.31	13.54		254.72
5	二沉池	579.13	164.99	46.94		791.06
6	污泥泵站	88.14	132.77	12.25		233.16
7	污泥浓缩间	66.88	540.75	18.96		626.59
8	排水泵站	45.52	27.87	26.69		100.08
9	中央控制室		91.81	56.00		147.81
10	厂区综合管线	36.87		187.41		224.28
11	全厂防腐保湿			193.96		193.96
12	备品备件购置费		24.30			24.30
13	工器具及生产家具购置费		46.30			46.30
	小计	2463.47	2567.36	781.12		5811.95
二	辅助工程项目					
1	维修间	22.23	84.30	1.69		108.22
2	综合仓库	14.56				14.56
3	分析化学		132.93	3.00		135.93
	小计	36.79	217.23	4.69		258.71
三	公用工程					
1	全厂化学消防		1.95			1.95
2	厂内打井	21.00				21.00
3	变电所	53.40	221.33	11.60		286.33
4	全厂供电外线及照明			203.58		203.58
5	全厂电信		25.32	9.90		35.22
6	锅炉房	12.00	23.18	5.17		40.35
7	围墙	26.15				26.15
8	大门及门卫	27.50				27.50
9	厂区道路	136.71				136.71
10	运输车辆		89.54			89.54
11	厂区绿化及建筑小品	66.88				66.88
12	地基处理费	100.00				100.00
13	四通一平	32.45				32.45
	小计	476.09	361.32	230.25		1067.66
四	服务性工程项目					
1	综合楼	146.43	10.78	2.63		159.84
2	食堂、浴室	70.56				70.56
3	汽车库	24.99				24.99
4	自行车棚	1.80				1.80
5	倒班及单身宿舍	32.76				32.76
	小计	276.54	10.78	2.63		289.95
五	厂外工程项目					
1	厂外供电线路			45.00		45.00
2	处理后水的排放管			30.00		30.00
3	厂外道路	67.02				67.02
4	厂外防护林带	13.62				13.62
	小计	81.24		75.00		156.24
	第一部分工程费用合计	3334.13	3156.69	1093.66		7584.51
	第二部分:其他费用					
1	土地购置、拆迁及复垦费				807.60	807.60

续表

序号	工程及费用名称	概 算 价 值/万元				
		建筑工程费	设备购置费	安装工程费	其他费用	合计
2	建设单位管理费				91.01	91.01
3	办公及生活家具购置费				6.50	6.50
4	生产职工培训费				11.70	11.70
5	生产职工提前进场费				3.25	3.25
6	勘察费				49.30	49.30
7	前期工作及环境评价费				35.00	35.00
8	设计费及预算编制费				181.12	181.12
9	供电贴费				172.69	172.69
10	施工机械迁移费				44.28	44.28
11	联合试运转费				31.57	31.57
12	工程监理费				57.56	57.56
13	供水增容费				48.00	48.00
14	竣工图编制费				8.23	8.23
15	城市配套设施费				60.68	60.68
	小计				1608.49	1608.49
	第三部分:预备费					
1	基本预备费				919.30	919.30
2	差价预备费				648.02	648.02
	小计				1567.32	1567.32
	固定资产投资	3334.13	3156.69	1093.69	3175.81	10760.32
	建设期贷款				584.21	584.21
	铺地流动资金				60.51	60.51
	报批项目总投资	3334.13	3156.69	1093.69	3820.53	11405.04

第四节　环境工程项目施工图预算的编制

施工图预算是在施工图设计完成以后,根据已批准的施工图设计、施工组织设计等文件、建筑工程或设备安装工程预算定额、工程量计算规则以及各种费用的取费标准等编制的单位工程建设费用的文件。在这一节中分别介绍土建工程施工图预算和安装工程施工图预算的编制,并列举有综合算例。

一、施工图预算的概念

施工图预算是确定建筑安装工程建设费用的文件,简称建筑安装工程预算,包括建筑工程预算和设备及安装工程预算。它又是单项工程综合预算的文件。因此,施工图预算也称作单位工程预算。

1.施工图预算的作用

编制施工图预算有以下作用。

① 施工图预算是确定建筑安装工程造价的依据,是工程施工期间进行工程结算的依据,是办理工程竣工决算的依据,是甲方向乙方预付备料款的依据。

② 施工图预算是建设银行拨付工程款或办理贷款的依据。

③ 施工图预算是建设单位招标、编制标底的依据，是施工企业投标、编制投标文件、确定工程报价的依据，是甲乙双方签订工程承包合同、确定承包价款的依据。

④ 施工图预算是施工企业组织施工、编制各种资源（人工、材料、成品、半成品、机械设备等）供应计划的依据。

⑤ 施工图预算是施工企业进行经济核算、考核工程成本的依据。

⑥ 施工图预算是"两算"对比的前提条件。

2. 施工图预算的编制依据

（1）图纸和说明书 经审批后的施工图纸和说明书，是编制预算的主要工作对象和依据。但施工图纸必须要经过建设、设计和施工单位共同会审确定后，才能进行预算编制。

（2）建筑安装工程预算定额或单位估价表 预算定额一般都详细规定了工程量的计算方法，如分部分项的工程量计算单位，允许换算的材料等，必须严格按照预算定额的规定进行。工程量计算后，要严格按照预算定额或单位估价表规定的分部分项工程单价，填入预算表，计算出该工程的直接工程费。

（3）材料预算价格 地区材料预算价格是编制单位估价表和确定材料价差的依据，每一建设地区均编制有自己地区的材料预算价格。如果建设地区没有材料预算价格表，或者表中缺页，则应在当地建设厅的领导下，在建设单位、建设银行、施工企业和设计部门参与下，按照国家规定原则和方法，共同制定材料预算价格。

（4）组织设计或施工方案 施工组织设计或施工方案，是工程施工中的重要文件，它对工程施工方法、材料、构件的加工和堆放地点都有明确的规定。这些资料直接影响工程量计算和预算单价选套。

（5）地区建设工程其他费用定额 除直接工程费外其他费用随地区不同，取费标准也不同。按照国家要求，各地区均制定了各自的取费定额，还规定了计划利润、规费和税金的取用标准，这些取费标准都是确定工程预算造价的基础。

（6）工程承包合同文件 建设单位和施工企业所签订的工程合同文件是双方进行工程结算和竣工决算的基础。合同中的附加条款也是编制施工图预算和工程结算的依据。

（7）预算手册 预算手册是预算部门必备的参考书。它的内容通常包括各种常用数据和计算公式；各种标准构件的工程量和材料用量；金属材料规格和计算单位之间的换算；投资估算指标、概算指标、单位工程造价和工期定额；工程量的计算规则和计算方法；技术经济参考资料等。因此工程预算编制手册是预算员必备的基础资料。

3. 施工图预算的组成

（1）编制说明 编制说明的主要内容包括采用设计施工图名称及编号、预算定额或单位估价表、费用定额、施工组织设计或施工方案；有关设计修改或图样全审记录；遗留项目或暂估项目统计数及其原因说明；存在问题及处理办法以及其他事项。

（2）工程量计算表和工程量汇总表 内容包括分项名称、规格型号、单位、数量。必要时，写出计算式及所在部位等。

（3）分项工程预算表和单位工程造价

（4）按规定计取的各项费用 主要有企业管理费、计划利润、规费和税金。

（5）工程造价

（6）材料分析表

（7）主要材料汇总表

上述各项内容并非每项工程预算都必须要做，要根据工程具体情况来定，具体问题具体分析。

4.施工图预算费用组成

建筑安装工程施工图预算造价由人工费、材料费、机械费、企业管理费、计划利润、规费和税金七部分组成。

（1）建筑工程中各单位工程预算造价

建筑工程预算造价＝人工费＋材料费＋机械费＋企业管理费＋计划利润＋规费＋税金

（2）设备及安装工程预算价值

设备及安装工程预算价值＝设备预算价格＋设备安装工程预算造价

其中

设备预算价格＝设备原价＋设备运杂费

设备安装工程预算造价＝人工费＋材料费＋机械费＋企业管理费＋计划利润＋规费＋税金

二、工程量计算的原则和方法

工程量的计算是概预算过程中一项非常重要的内容。工程量一般是根据设计图纸规定的各个分部分项工程的尺寸、数量以及设备明细表等，按照工程量计算规则具体计算出来的。

1.正确计算工程量的意义

工程量就是以物理计量单位或自然单位所表示的各个具体工程和结构配件的数量。物理计量单位表示物体的长度、面积、体积、质量等，如建筑物的建筑面积，楼地面的面积，墙基础、墙体、混凝土梁、板、柱的体积（立方米），管道、线路的长度（米），钢梁、钢柱、钢屋架的质量（吨）等。自然计量单位是以实物形态表示的，如台、组、套、个等。

在计算工程量时，注意要与预算定额中的分部分项工程划分、计量单位等内容相一致。预算定额对于工程量的计算起着重要的作用。根据预算定额规定的各分部分项工程内容，便于计算工程量时划分工程项目。预算定额规定的工程量计算规则与方法是计算各分部分项工程量的主要依据之一。另外工程量的计算单位必须依据预算定额的计量单位，只有这样，才能便于套用预算定额单价，并分别计算出分项工程的直接工程费用和其中的人工费、材料费以及施工机械台班费。预算定额项目的排列顺序，也就是工程量计算的排列顺序，这样便于查找相应项目的预算单价，防止错套预算单价和漏项等情况发生。

计算工程量是确定建筑安装工程直接工程费用、编制单位工程预算书的重要环节。其正确与否直接影响着单位工程的造价。工程量指标对于建筑企业编制施工作业计划、合理安排施工进度、组织劳动力和物资供应都是不可缺少的；工程量也是进行基建财务管理与会计核算的重要指标。

工程量的计算是一项工作量很大而又十分复杂的工作，工程量计算的精确程度和快慢与否，都直接影响着预算的编制质量与速度。因此，在计算工程量时，要尽量做到认真、细致、准确，并且要按一定的工程量计算规则和预算定额的项目排列顺序进行计算，以防重算和漏算等现象的发生，也利于审核。

2.工程量计算的基本原则

在工程量计算时要防止错算、漏算和重复计算。为了准确计算工程量，通常要遵循以下原则。

① 计算工程量时必须遵循统一的计算规则，即与现行预算定额中工程量计算规则相一致，避免错算。

② 计算工程量时口径要统一，即每个项目包括内容和范围必须与预算定额相一致，避免重复计算。

③ 计算工程量时，要按照一定顺序进行，避免漏算或重复计算。计算公式各组成项的排列顺序要尽可能一致，以便审核。

④ 计算工程量时，所列各分项工程的计算单位要与现行定额的计算单位一致。

⑤ 计算工程量时，计算精度要统一，工程量计算结果，除钢材、木材保留小数点后三位外，其余均保留小数点后两位。

3. 工程量计算的方法

一个建筑物或构筑物是由很多分部分项工程组成的，在实际计算工程量时容易发生漏算或重复计算，影响工程量计算的准确性。为了加快计算速度，避免重复计算或漏算，同一个计算项目的工程量计算，也应根据工程项目的不同结构形式，按照施工图样，按一定的计算顺序依次进行。

（1）一般土建工程计算工程量的方法　一般土建工程计算工程量时，通常可按以下方法进行计算。

① 按项目施工顺序计算。即按工程施工的先后顺序来计算工程量。大型复杂工程可分区域、分部位计算。如按施工顺序安排基础工程的工程量计算顺序为挖土方、做垫层、做基础、回填土、余土外运。

② 按定额项目顺序计算。即按现行预算定额的分部分项顺序依次列项计算。

③ 按统筹法顺序计算工程量。就是分析工程量计算过程中，各分项工程量计算之间的固有规律和相互依赖关系，合理安排工程量计算程序，以简化计算，提高效率，节约时间。

对于一般土建工程，通常按下列顺序进行计算。

① 计算建筑面积和体积。建筑面积和建筑体积都是工程预算的主要指标，它们不仅具有独立的概念和作用，也是核对其他工程量的主要依据，因此必须首先计算出来，这是第一步。

② 计算基础工程量。一般土建工程的基础形式通常有普通带形基础、筏片基础和各种桩基础。除了桩基础外，其他基础工程多由挖基坑土方、做垫层、砌（浇）筑基础和回填土等分项工程组成。基础工程是工程正式开工后的第一个分部工程，因此要将其排在工程量计算程序的第二步。

③ 计算混凝土及钢筋混凝土工程量。混凝土及钢筋混凝土工程通常分为现浇混凝土、现浇钢筋混凝土、预制钢筋混凝土和预应力钢筋混凝土等工程。它同基础工程和墙体砌筑工程密切相关，既相互依赖，又相互制约，因此应将其排在工程量计算程序中的第三步。

④ 计算门窗工程量。门窗工程既依赖墙体砌筑工程，又制约砌筑工程施工，其工程量还是墙体和装饰工程量计算过程中的原始数据，因此要将其排在工程量计算程序的第四步。

⑤ 计算墙体工程量。在计算墙体工程量时，要尽可能利用上述第三步和第四步提供的基本数据。在墙体工程量计算过程中，还要为装饰工程量计算提供数据。因此该部分应排在工程量计算程序的第五步。

⑥ 计算装饰工程量。对于装饰工程量的计算，要充分利用上述程序中第三～五步所提供的基本数据。通过装饰工程量计算过程，还要为楼地面等工程量计算提供数据。因此装饰

工程应排在计算程序的第六步。

⑦ 计算楼地面工程量。在计算该部分工程量之前，首先要计算出设备基础及地沟部分的相应工程量，这样在计算楼地面工程量时，可以顺利地扣除其相应面积或体积，在楼地面工程量计算过程中，既要充分利用上述程序第五、六步所提供的数据，也要为屋面工程量计算提供基础数据。因此该部分应排在计算程序的第七步。

⑧ 计算屋面工程量。在屋面工程量计算时，要充分利用上述计算程序第一步和第七步所提供的数据。

⑨ 计算金属结构工程量。金属结构工程的工程量一般与上述计算关系不大，因此可以单独进行计算。

⑩ 计算其他工作量。其他工程又分为其他室内工程，如水槽、水池、炉灶、楼梯扶手和栏杆等；其他室外工程，如花台、阳台和台阶等。预制构件运输、砖筑、抹灰、油漆和铁件等零星工程，均应分别计算出。

⑪ 计算竣工清理、零星构件和其他直接工程费，如出入口、水池、入孔盖板、预制构件运输、钢筋运输、钢筋调整、木材烘干、木门窗运输等。

对于脚手架工作量，可按施工组织设计文件规定，在墙体砌筑工程或装饰工程量计算时，顺便计算出来。

（2）同一分项工程工程量计算方法

① 按顺时针方向列项计算。从图样左上角开始，从左至右按顺时针方向依次计算，再重新回到图样左上角的计算方法，如图4-1所示。

这种计算顺序适用于外墙的挖地槽、砖石基础、砖石墙、墙基垫层、楼地面、顶棚、外墙粉饰、内墙以间为单位的粉饰等项目。

② 横竖分割列项计算。按照先横后竖，从上到下，从左到右的顺序列项计算，如图4-2所示。

这种计算顺序适用于内墙的挖地槽、砖石基础、砖石墙、墙基垫层、内墙装饰等项目。

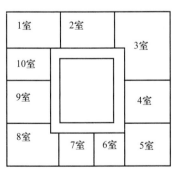

图 4-1 计算顺序示意（一）

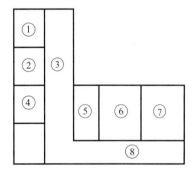

图 4-2 计算顺序示意（二）

③ 按构件分类和编号列项计算。这种方法是按图样注明的不同类别、型号的构件编号列表进行计算。这种方法既方便检查校对，又能简化算式。如按柱、梁、板、门窗分类，再按编号分别计算。

这种计算顺序适用于桩基础工程、钢筋混凝土构件、金属结构构件、钢木门窗等项目。

④ 按轴线编号列项计算。这种方法是根据平面上定位轴线的编号，从左到右，从上到下列项计算。

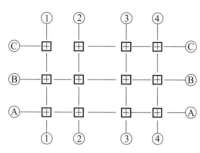

图 4-3　柱网平面计算顺序

计算主墙或柱子工程量，特别是对于复杂的工程，仅按上述顺序计算有可能产生重复或遗漏。为了便于计算和审核，防止差错，可以按设计轴线进行，并将其部位标记出来。图纸上的轴线编号，要根据制图标准的规定，纵轴线自左至右，横轴线自下而上，计算时按轴线编号起始点进行，其标记方法如图 4-3 所示。

上述工程量计算的方法不是独立存在的，实际工作中应根据工程具体情况灵活运用，可以只采用其中一种方法，也可以同时采用几种方法。不论采用何种计算方法，都应做到所计算的项目不重不漏，数据准确可靠。

4. 设备安装工程量的计算特点

土建工程量大多以物理量（m、m²、m³、t）计量单位计量，遵照定额的"计算规则"按图示尺寸逐项计算较为复杂。而安装工程施工图中，一般不标明具体尺寸，只表示管线系统和设备位置，同时，安装定额中计量简单，分项单一（设备、管线）。因此，设备安装工程量的计算比土建工程的计算要简单得多。

安装工程的工程量计算，具体有以下主要特点。

① 计量单位简单。除管线按不同规格、敷设方式，以长度（m）计量外，设备装置多以自然单位（台、个、套、组）计量。只有极少数项目才涉及其他物理单位，如通风管按展开面积（m²），金属配件加工按质量等。

② 计算方法简单。各种设备、装置等的安装，工程量为在施工图上直接点数的自然计量，计数比较方便。安装工程中的管线敷设以长度计量，工程量为水平长度与垂直高度之和。管线水平长度可用平面图上的尺寸进行推算，也可用比例尺直接量取，垂直长度（高度）一般采用图上标高的高差求得。

③ 可利用材料表或设备清单。设备安装工程施工图一般附有"材料表"或"设备清单"，表内列出的主体设备、材料的规格、数量，在工程测量中可以利用和参考，从而进一步简化了计算工作。但是还应在施工图上逐项核对，特别是管线敷设表所列长度不大精确，最好分项计算后再核对。

④ 安装图要与土建施工图对照。受安装工程施工图表示内容的限制，细部尺寸及基层状况不大清楚，因而在工程测量计算时，要对照土建工程施工图进行分析，方能做到分项合理、计量准确。

根据以上特点不难看出，在工程测量计算中，安装工程与土建工程有着明显的差别。为了避免重项与漏项，减少重复计算与差错，安装工程量的计算应注意以下几点。

① 熟悉定额分项及其内容是防止重项与漏项的关键。要把套价与工程量计算结合进行，首先根据施工图内容，对照相应的安装定额确定主要预算项目，找出相应定额编号，然后再逐项计算工程量。

② 管线部分。一定要看懂系统图和原理图，根据由进至出，从干到支，从低到高，先外后内的顺序，按不同敷设方式，分规格逐段计算长度。管线计算应按定额规定加入"余量"。

③ 设备及仪器、仪表等，要区分成套或单件，按不同规格型号在施工图上点清数目，与材料表（或设备清单）对照后，最后确定预算工程量。多层建筑要逐层有序地清点，并对

照其在系统图中的位置。

④ 凡以物理计算单位（m、m^2、m^3、t）确定安装工程量的设备、管道及零部件等，其工程量的计算，有的可查表（质量），有的先定长度再计算（风管要用展开面积 m^2），有的用几何尺寸和公式计算，这些方法都应以有关定额说明为依据。

⑤ 安装工程量的计算应列表进行，见表 4-17，并有计算式。主要尺寸的来源应标注清楚，管线应标注代号及方向，以利检查复核。

表 4-17　安装工程量计算表

工程名称：

顺序号	分项工程名称(或编号)	计算公式(或说明)	计算单位	数量	备注

三、一般土建工程施工图预算

建筑工程预算一般分为土建工程预算、给排水工程预算、电气照明工程预算、暖通工程预算、构筑物工程预算及工业管道、电力、电信工程预算。

建筑工程施工图预算是确定建筑工程预算造价及工料消耗的文件。编制建筑工程施工图预算，就是根据经过会审的施工图样及施工组织设计，按照现行预算定额或单位估价表，逐项计算分项工程量，并套用预算单价计算定额直接工程费，再根据当地现行取费标准计算企业管理费、利润、规费和税金，汇总得单位造价以及总造价，写编制说明，装订成册的过程。

1. 编制单位工程预算的方法

施工图预算的编制方法有单位估价法和实物法。

（1）单位估价法　单位估价法编制施工图预算，是指用事先编制的各分项工程单位估价表来编制施工图预算的方法。用根据施工图计算的各分项工程工程量，乘以单位估价表中相应单价，汇总相加得到单位工程直接费，即人工费、材料费、机械使用费；再加上按规定程序计算出来企业管理费、利润、规费和税金，即得到单位工程施工图预算价格。单位估价法编制施工图预算的步骤如图 4-4 所示。具体步骤如下。

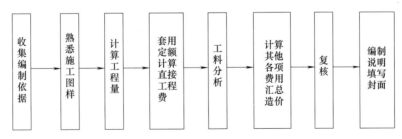

图 4-4　单位估价法编制施工图预算的步骤

① 收集编制依据和资料。主要有施工图设计文件、施工组织设计、材料预算价格、预算定额、单位估价表、取费标准、工程承包合同、预算工作手册等。

② 熟悉施工图样等资料。只有全面熟悉施工图设计文件、预算定额、施工组织设计等资料，才能在预算人员头脑中形成工程全貌，以便加快工程量计算速度和正确选套定额。

③ 计算工程量。正确计算工程量是编制施工图预算的基础。在整个编制工作中，许多

工作时间是消耗在工程量计算阶段内，而且工程项目划分是否齐全，工程量计算的正确与否将直接影响预算编制的质量及进度。

④ 套用定额计算直接工程费。工程量计算完毕并核对无误后，用工程量乘以单位估价表中相应的定额人工费、定额材料费、定额机械使用费，得出分项工程人工费、材料费、机械使用费。计算直接工程费步骤如下。

a. 正确选套定额项目。当所计算项目工作内容与预算定额一致，或虽不一致，但规定不可以换算时，直接套相应定额项目单价；当所计算项目的工作内容与预算定额不完全一致时，而且定额规定允许换算时，应首先进行定额换算，然后套用换算后的定额单价；当设计图样中的项目在定额中缺页，没有相应定额项目可套时，应编制补充定额，作为一次性定额纳入预算文件。

b. 填列分项工程单价。

c. 计算分项工程直接工程费。分项工程直接工程费主要包括人工费、材料费和机械使用费。

$$分项工程直接工程费＝预算定额单价×分项工程量$$

其中
$$人工费＝定额人工费单价×分项工程量$$
$$材料费＝定额材料费单价×分项工程量$$
$$机械使用费＝定额机械使用费单价×分项工程量$$

技术措施项目费计算同上。

⑤ 编制工料分析表。根据各分部分项工程的实物工程量及相应定额项目所列的人工费、材料费，计算出各分部分项工程所需的人工及材料数量，相加汇总即得该单位工程所需的人工、材料数量。

⑥ 计算其他各项费用汇总造价。按照建筑安装工程费用构成的规定、费率及计算基础，分别计算出企业管理费、利润、规费和税金，汇总得到建筑安装单位工程造价。

$$建筑安装单位工程费＝人工费＋材料费＋机械使用费＋企业管理费＋利润＋规费＋税金$$

⑦ 复核。单位工程预算编制后，有关人员对单位工程预算进行复核，以便及时发现差错，提高预算质量。复核时应对工程量计算公式和结果、套用定额基价、各项费用计取时的费率、计算基础、计算结果、人工和材料预算价格等方面进行全面复核检查。

⑧ 编制说明、填写封面。编制说明包括编制依据、工程性质、内容范围、设计图样、所用预算定额、套用单价或补充单位估价表等方面情况以及其他需要说明的问题。封面应写明工程名称、工程编号、建筑面积、预算总造价及单方造价、编制单位名称及负责人、编制日期等。

单位估价法具有计算简单，工作量小，编制速度快，便于有关管理部门管理等优点。但由于采用事先编制的单位估价表，其价格只能反映某个时期的价格水平。在市场价格波动较大的情况下，单位估价法计算的结果往往会偏离实际价格，虽然采用价差调整的方法来调整价格，但是由于价差调整滞后，所以造成了不能及时准确地确定工程造价。

（2）实物法　实物法是先根据施工图计算出的各分项工程的工程量，然后套用预算定额或实物量定额中的人工、材料、机械台班消耗量，再分别乘以现行的人工、材料、机械台班的实际单价，得出分部分项工程的人工费、材料费、机械费，按规定再计入企业管理费、利润、规费和税金，汇总得到单位工程施工图预算价格。实物法编制施工图预算的步骤如图4-5所示。

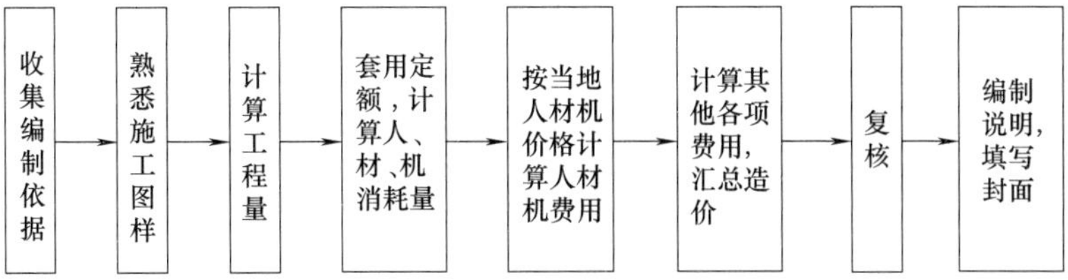

图 4-5　实物法编制施工图预算步骤

由图 4-5 可以看出实物法与单位估价法的不同主要是中间两个步骤。

① 工程量计算后，套用相应定额的人工、材料、机械台班用量，计算各分项工程人工、材料、机械台班消耗量。

分项工程人工消耗量＝工程量×定额人工消耗量

分项工程材料消耗量＝工程量×定额材料消耗量

分项工程机械台班消耗量＝工程量×定额机械台班消耗量

② 用现行的各类人工、材料、机械台班的实际单价分别乘以分项工程人工、材料、机械台班消耗量，得出分项工程人工费、材料费、机械费，计入企业管理费、利润、规费、税金，并汇总即为单位工程造价。

在市场经济条件下，人工、材料、机械台班单价是随市场而变化的，而且是影响工程造价最活跃、最主要的因素。用实物法编制施工图预算，采用工程所在地当时的人工、材料、机械台班价格，反映实际价格水平，工程造价准确性高。虽然计算过程较单价法繁琐，但是使用计算机计算速度也就快了。因此实物法是适合市场经济体制的，正因为如此我国大部分地区采用这种方法编制工程预算。

（3）单位估价法与实物法的不同　单位估价法与实物法的不同之处主要有三个方面。

① 计算直接工程费的方法不同。单位估价法是先用各分项工程的工程量乘以单位估价表中相应单价，计算分项工程的定额直接工程费。这种方法计算直接工程费较为简便。

实物法是先用各分项工程的工程量套用定额计算出各分项工程的各种工料机消耗量，再乘以工料机的单价，计算出分部分项工程的人工费、材料费、机械使用费。由于工程所使用的工种多、材料品种规格杂、机械型号多，所以单位工程使用的工料机消耗量比较繁琐，加上市场经济条件下单价经常变化，需要收集相应的实际价格，所以编制工程量有所增加。

② 进行工料分析的目的不同。单位估价法是在直接工程费计算后进行工料分析，即计算单位工程所需的工料机消耗量，目的是为价差调整提供资料。

实物法是在直接工程费计算之前进行工料分析，目的是计算单位工程直接工程费。

③ 计算直接工程费的使用价格不同。单位估价法计算直接工程费用单位估价表中的价格，该价格是根据某一时期市场上人材机价格计算确定的，与工程实际价格不符，计算工程造价时需进行价差调整。

实物法计算直接工程费时采用的就是市场价格，计算工程造价不需要进行价差调整。

2．单位工程施工图预算的工料分析

（1）工料分析的作用　工料分析是施工图预算编制过程中非常重要的一项工作。工料分析是将施工图预算所计算的各分部分项工程量乘以现行预算定额中的人工、材料、机械消耗量指标，这样计算出所有分部分项工程的人工、材料、机械消耗量，然后进行汇总计算出整个单位工程人工、材料、机械消耗量的过程。

单位估价法工料分析是在直接工程费计算完成后进行工料分析，主要是为材料价差调整提供数据。实物法是在直接工程费计算之前进行工料分析，主要是为了计算单位工程直接工程费。

工料分析资料是施工企业管理工作中必不可少的一项技术资料。是计划部门安排生产计划、调动劳动力，材料部门进行施工前备料以及财务部门进行成本分析、制定降低成本措施的依据。

（2）工料分析表的编制

① 编制方法。工料分析通常采用编制工料分析表的形式进行。其编制步骤如下。

a. 按照工程预算表中各分项工程的排列顺序，把各有关分项工程定额编号、名称、计量单位和工程数量摘抄到工料分析表中相应栏内。

b. 套预算定额消耗量指标。从预算定额中查出有关分项工程所需人工、各种主要材料、机械的定额消耗量，抄到工料分析表中相应栏内。

c. 计算分部分项工程人工、主要材料、机械消耗量。将各分项工程量分别与相应定额人工、定额材料、机械消耗相乘，求出各分项工程人工、主要材料、机械消耗数量。

由于定额中有的项目只列出半成品消耗量，如砂浆、混凝土等，因此，在进行工料分析时还必须按照半成品材料的配合比进行二次分析，计算出水泥、砂、石等材料的用量。

一般只进行材料分析，人工和机械根据需要确定是否进行分析。

② 编制形式。工料分析表一般是以单位工程为单位编制的。此种形式数据比较系统而全面，便于使用，但计算繁冗，容易出现差错，而且难以查找。

另一种是以分部工程为单位编制，然后汇总成单位工程工料分析表。此种形式数据分散，计算工作量大，但比较准确，有差错也容易核对。

两种形式，可以根据工程具体情况，灵活选用或结合使用。

③ 主要工料汇总表。为了统计和汇总单位工程所需的主要材料用量和人工用量，要填写单位工程主要工料汇总表。

材料汇总一般按钢材、木材、水泥、砖、瓦、灰、砂、石、沥青、油毡、玻璃等材料，按不同规格及需要量一一列出。

【例 4-3】 某单位工程预算书及材料分析表，表 4-18 为某单位工程预算书（部分），表 4-19 为工料分析，表 4-20 为工料分析汇总。

表 4-18 某单位工程预算书（部分）

序 号	定额编号	分部分项工程名称	计量单位	工程量	定额基价/元	定额直接费/元
		……				
6	3-10	一砖混水墙 M2.5 混合砂浆	10m³	6	1354.85	8129.11
18	4-44换	现浇碎石混凝土圈梁 C20～C40	10m³	4	2250.25	9001.00
		……				
36	10-336	15m 以内单排木制外脚手架	100m³	9	971.11	8739.90
		……				

表 4-19 工料分析

序 号	定额编号	分部分项工程（材料）名称	规格型号	计量单位	工程量	单位定额	数 量
6	3-10	一砖混水墙 M2.5 混合砂浆		10m³	6		
		综合工日		工日	6	16.080	96.48
		混合砂浆	M2.5	m³	6	2.250	13.50

续表

序　号	定额编号	分部分项工程(材料)名称	规格型号	计量单位	工程量	单位定额	数　量
		水泥	32.5MPa	kg	13.50	186.00	2511.00
		中砂		m³	13.50	1.03	13.91
		石灰膏		m³	13.50	0.14	1.89
		水		m³	13.50	2.40	32.40
		普通黏土砖		千块	6	5.400	32.40
		水		m³	6	1.10	6.60
		灰浆搅拌机	200L	台班	6	0.38	2.28
18	4-44换	现浇碎石混凝土圈梁 C20~C40		10m³	4		
		综合工日		工日	4	24.100	96.40
		碎石混凝土	C20—40	m³	4	10.150	40.60
		水泥	32.5MPa	kg	40.60	353.00	14331.80
		中砂		m³	40.60	0.47	19.08
		碎石	40mm	m³	40.60	0.18	7.31
		水		m³	40.60	0.19	7.71
		草袋子		m³	4	8.260	33.04
		水		m³	4	9.84	39.36
		混凝土搅拌机	400L	台班	4	0.630	2.52
		混凝土振捣器	插入式	台班	4	1.250	5.00
36	10-336	15m 以内单排木制外脚手架		100m³	9		
		综合工日		工日	9	5.970	53.73
		镀锌铁丝	8#	kg	9	67.96	611.64
		木脚手板		m²	9	0.090	0.081
		木脚手杆	10 以内	m³	9	0.436	3.924
		铁钉		kg	9	0.530	4.77
		载重汽车	6t	台班	9	0.130	1.17

表 4-20　工料分析汇总

序　号	定额编号	分部分项工程(材料)名称	规格型号	计量单位	工程量	单位定额	数　量
1		综合工日		工日			246.61
2		水泥	32.5MPa	kg			16842.80
3		中砂		m³			32.99
4		石灰膏		m³			1.89
5		水		m³			86.07
6		普通黏土砖		千块			32.40
7		碎石	40mm	m³			7.31
8		草袋子		m³			33.04
9		镀锌铁丝	8#	kg			611.64
10		木脚手板		m²			0.081
11		木脚手杆	10 以内	m³			3.924
12		铁钉		kg			4.77
13		载重汽车	6t	台班			1.17
14		混凝土搅拌机	400L	台班			2.52
15		混凝土振捣器	插入式	台班			5.00
16		灰浆搅拌机	200L	台班			2.28

3. **工程造价计算与价差调整**

(1) **价差的调整**　材料(人工、机械)价差是指工程施工过程中所采用的材料(人工、机械)实际价格与预算价格不一致，由此而产生的材料(人工、机械)价格差异。

① 价差的产生原因。

a. 地区差。各省、市、地区预算定额价格与北京或省中心城市（定额编制地）的预算定额基价产生一个价差，这个价差由当地定额站或造价管理部门进行测算比较，得出调整系数作为价差调整用，或者在编制本地区计价表时调整在计价表内，不另行调整。

b. 时间差。预算定额或计价表的编制年度与以后执行年度，因市场价格波动而产生价差，由当地定额站或造价管理部门、物价管理部门测算出物价涨幅调差系数，按此调差。

c. 供求形式差。因市场供求关系引起市场竞争，使价格波动，或市场渠道不同，形成价格差异。

② 价差的调整方法。价差调整方法既要准确又要方便，常用的调整方法如下。

a. 人工工日单价的调整。人工工日单价一般用"工资地区系数"调整，该系数由该地定额站或造价管理部门在一定时期内测算公布。其调整计算方法如下。

$$人工工日单价＝人工工日基价×工资地区系数$$

也可测算一个系数或按市场平均人工单价计算。

b. 材料预算单价价差调整。安装工程材料品种繁多，规格品种复杂，价格调整极不容易。进入市场经济后，材料价格波动很大，材料在工程造价中占比重较大，材料价格波动对工程造价影响极大，所以材料调差至关重要，必须寻求一种既快又好又简便的方法调差。而材料价差调整与国家对价格政策，工程造价费用及计算的规定有关。当前，各地对价差的调整方法如下。

• 对影响工程较大的贵重材料、主要材料，如"三材"，实行"单向调差法"。即某项材料产生价差，就对某项材料进行价差调整，其计算如下。

$$某材料价差额＝某材料预算总消耗量×（某项材料地$$
$$区指导价或市场单价－某项材料定额预算单价）$$

其中，材料指导价也称为"结算指导价"，它是当地工程造价部门和物价部门共同测定公布的当时某项材料的市场平均价格。

这种调价方法适用于未计价材料的调差，见表 4-21。

表 4-21　材料价差计算表

序号	材料名称	型号	单位	数量	预算价格/元	信息价格/元	单价差/元	合价/元

• 大宗材料、地方材料或定额中辅助材料，因品种规格太多，而用量也不是太大，不可能逐项调整，由当地工程造价管理部门按典型工程的材料消耗用量和价格测算出一个综合价差系数，或发包单位和承包单位协商一个系数，进行综合性的价差调整。这种方法简便、快捷，但由于综合性太大，也不够准确。在没有价格信息网络和信息处理手段情况下，也是一种既方便且简洁的调价方法，所以当前各地均采用。材料综合价差按下式计算。

$$单位工程计价材料综合价差额＝单位工程计价材料费×材料综合调整差系数$$

• 价格指数调差。上述两种调差方法是静态的调差方法，不能很好地反映工程造价真实情况，对工程造价也不能进行动态管理。为了降低工程成本、节省投资，应该运用市场材料价格信息网络，采用指数调差方法控制工程造价，对工程造价进行动态管理。价格指数调差方法如下。

对某一项材料调差时，计算式为：

某项材料价差额＝某项材料总数量×材料预算价×价格指数

工程进度款结算、工程竣工款结算时调差及合同总价调差，用下式计算：

$$P = P_0 \left(a_0 + a \frac{A}{A_0} + b \frac{B}{B_0} + c \frac{C}{C_0} + \cdots \right)$$

式中，P 为调差后合同价款或工程结算价款；P_0 为未调差的合同价款或工程预算进度款；a_0 为固定因素，合同价款或工程进度款中不同调整部分比（权）重；a，b，c，$\cdots$ 为合同价款或工程进度款中各需调价的因子（如人工费、钢材费、水泥费、木材费、管线材费、机械台班费等）比重系数，在合同总价款中或该进度款中的各比重系数之和应为 1，即 $a + b + c + \cdots = 1$；A_0，B_0，C_0，$\cdots$ 为在鉴订合同时，a，b，c 等比重系数所对应因子的基期价格指数或价格；A，B，C，$\cdots$ 为在工程结算时，a，b，c 等比重系数所对应的因子报告期（现行）价格指数或价格。

利用上述方法进行调差计算时应注意，物价指数 A，B，C 等应由国家有关部门（如工程造价站）公布，或者由承包方提出，由发包方或监理审核批准；调价因子的比重系数 a，b，c 等一般由承包方根据项目特点测算后在投标文件中列出，有时由发包方在招标文件中规定一个范围，由投标人在这个范围内选定。无论用什么方法确定，均应在合同中约定后记录下来，作为今后调差用。在实际施工中，总监理测算后发现不合理时，有权调整和改正这些系数。

建设工程的材料费占单位工程造价的 70%～80%，甚至达 90%，因此，在市场经济条件下，对材料价格必须进行动态管理。由于建设工程安装材料品种繁多，规格复杂，供应渠道多，价格变化较大，调价频繁，所以为了正确计算工程造价，降低工程成本，施工企业必须建立自己的成本或信息库参与市场竞争。

c. 施工机械台班单价价差调整。由当地工程造价管理部门测算一个综合涨幅，或承发包双方协商一个调差系数。其机械台班价差额，按下式计算。

施工机械台班费价差额＝单位工程台班费总和×机械台班调差率

（2）工程造价计算　在工程造价计算过程中，单位估价法需要进行材料（人工、机械）价差调整。实物法则不需要进行价差调整。

计算单位工程造价时，除计算单位工程人工费、材料费、机械使用费以外，还要计算企业管理费、利润、规费和税金。即

建筑工程造价＝人工费＋材料费＋机械使用费＋企业管理费＋利润＋规费＋税金

通常依据各地区有关规定，采用工程造价取费表进行计算。

4. 土建工程施工图预算书的组成

单位工程施工图预算书主要由封面、编制说明、工程量计算表、工程概预算表、工程造价取费表等组成。

（1）封面　主要包括工程名称、结构类型、建筑面积、工程造价、建设单位、施工单位、编制者等内容。

（2）编制说明　主要包括预算编制过程中所依据的定额、规定、费用标准、施工图纸、施工现场条件、价差调整的依据以及需要说明的其他有关问题。一般在施工图预算编制完成后进行这项工作。

（3）填写工程量计算表和工程量汇总表　当一个单位工程由较多的分项工程组成时，为

了便于套用定额单价，一般按定额顺序，同时考虑施工顺序、施工部位等因素，对相同的项目进行汇总，以达到较少分项工程项目，简化计算的目的。工程量汇总表见表 4-22。

表 4-22　工程量汇总

序号	分项工程名称	单位	工程量

（4）填写工程预算表　根据工程量汇总表中数据及采用的单位估价表、混凝土配合比、设计图纸等资料计算填写工程预算表（表 4-23），计算直接工程费和技术措施项目费。

表 4-23　建筑工程直接工程费预算

序号	定额编号	工程名称	单位	工程量	单价	合计	其中		
							人工费	材料费	机械费

（5）填写工料分析表、材料价差计算表　工料分析表见表 4-19，当需要计算材料、人工、机械消耗量或计取价差时，需要进行该项计算。随着计算机的普及，工料分析工作已经变得非常简单。

（6）工程造价取费表　上述计算工作完成后，根据相应的工程造价取费程序表计算工程造价。

四、环境工程安装工程施工图预算

通常说的设备安装指两个内容，一个是指直接生产各种产品的机械设备安装，另一个是指与建筑物有直接联系的设备安装。前者施工图预算造价由设备购置费用和设备安装费用组成。下面主要介绍与建筑物连接的各工艺管道安装工程施工图预算。

1. 给排水工程

（1）给排水工程组成　由取水、输水、净水和配水管网，将符合于生产或生活质量标准的清洁用水，送到各个用户的全部过程，称为给水。城市及工矿区排出的生活污水、生产废水和雨水集中并输送到适当的地点，经过净化处理后，使之达到环境保护的要求，称为排水。

① 工业给水。

a. 水源地工程，包括取水井、相应配套的水工构筑物、取水管道和取水泵房等。

b. 净水工程，包括清水池、水处理设备、水分析设备、排污管道等。

c. 水厂供水管道，是由水源地输向水泵房，继续至厂区贮水池之间的管道敷设，包括中间泵站。

d. 全厂供水管网，包括厂区供水泵房，及至全厂各车间（装置）的管网敷设。

e. 循环水工程，包括循环水设备、凉水塔或冷却水池以及循环管道。

f. 其他如消防水管道和消火栓等。

② 工业排水。

a. 污水处理，包括分离池、排污泵房和排污池等。

b. 排污管道，包括排污管道敷设和污水井等。

③ 民用给排水。包括给水系统设备和管道安装，如水表及水嘴安装、水箱安装、室内

卫生设备及其他零星构件安装；排水系统，如排水管道、化粪池和水泵设备安装等。给排水常用的材料、设备分为四类，有管材、管件、阀门和卫生设备。

给排水施工图分为室内给排水和室外给排水两部分。室内外给水管道以建筑物外墙皮或装置区的边界线外一米为分界；室内外排水管道以建筑物或装置区外的第一个检查井为分界。根据设计和施工习惯，按室内和室外分别编制预算。室内部分表示一幢建筑物的给排水工程，包括平面图、立剖面图和详图。单独的构筑物，如泵房、水塔和水池等分别设计，按土建和设备安装编制预算。

（2）给排水工程施工图预算书的编制依据

① 施工图纸。经过会审后的给排水工程施工图是计算给排水工程工程量的主要依据，也是编制施工图预算的基础资料之一。

② 预算定额。国家颁发的管道安装工程预算定额、机械设备安装工程预算定额、刷油保温防腐蚀工程预算定额等，是编制给排水工程施工图预算的主要依据。它确定了分项工程项目的划分、计量单位和规定了工程量计算规则等，为计算工程量和编制预算提供了重要依据。

③ 单位估价表和补充单位估价表。为编制预算提供了各分项工程的单价资料，是计算直接工程费必不可少的基础资料。

④ 安装工程费用取费标准。建筑安装工程费用取费标准，是计算企业管理费、利润、规费和税金的依据。

⑤ 材料预算价格表。材料预算价格表是编制施工图预算，进行材料价格换算的必需资料之一。

（3）给排水工程施工图预算书的编制步骤 给排水工程施工图预算书的编制步骤，大体上与土建工程施工图预算书的编制步骤相同，大致如下。

① 熟悉和审核施工图。在编制给排水工程施工图预算时，首先要熟悉施工图纸，了解工程全貌。同时，要深入现场，了解管道沟开挖的断面和沟底工作面的大小、放坡的坡度和土壤类别等实际情况，在编制预算中加以充分考虑，使预算更加切合实际。

② 计算工程量。给排水工程工程量计算的是否准确，将直接影响到给排水工程施工图预算的质量，因此必须要充分保证工程量计算的准确性。同时，要按预算定额所划分的分项工程项目、计量单位和工程量的计算规则等，并按照一定的顺序，计算和汇总各分项工程的工程量。

③ 计算分部分项工程人工费、材料费、机械使用费。在计算和汇总工程量的基础上，按预算定额中分项工程的排列顺序，依次选套相应的预算单价，并逐项计算出分项工程的价值。计算方法同土建部分。

按同样方法计算技术措施项目费。计算时要充分注意预算定额中的有关规定和说明，避免漏项。

④ 计算企业管理费、利润、规费和税金。在计算出分部分项工程人工费、材料费、机械使用费的基础上，根据政府所颁发的各项费用取费标准，分别计算出企业管理费、利润、规费和税金。

⑤ 计算单位工程预算造价。计算出单位工程人工费、材料费、机械使用费、企业管理费、利润、规费和税金后，将它们进行加和，便可得出单位工程预算造价。

为了进行技术经济分析，还应该计算出技术经济指标，如将工程预算造价除以建筑面积，即可求出每平方米建筑面积的给排水工程造价等。

（4）给排水工程施工图预算书的组成　通常情况下给排水工程施工图预算书由以下几部分组成。

① 编制依据。

② 工程说明。

③ 工程量计算表。

④ 主要材料明细表。

⑤ 工程预算表。

2. 电气安装工程

（1）电气安装工程组成　电气安装工程可以包括整个电力系统或其中的一部分，其主要项目组成如下。

① 变配电设备。变配电设备是用来变换电源和分配电能的电气装置。变电所中的用电设备大多数是成套的定型设备，包括变压器、高低压开关设备、保护电器、测量仪表及连接母线等。

② 蓄电池及整流装置。工厂内所用蓄电池可作为厂内的电话通信、开关操作、继电保护、信号控制、事故照明等的支流电源。整流装置是将交流电转换成直流电的电气装置。

③ 架空线路。电能远距离输送，一般采用架空电力外线。外线工程分高压和低压两种，由电杆和导线组成。

④ 电缆。将一根或数根绝缘导线综合而成的线芯裹以相应的绝缘层以后，外面包上密闭的包布的这种导线，称为电缆。电缆分为电力电缆、控制电缆、电话电缆三种。

⑤ 防雷及接地装置。防雷及接地装置是指建筑物、构筑物的防雷接地、变配电系统接地和车间接地、设备接地以及避雷针的接地装置等。包括接地极、避雷针的制作安装，接地母线，避雷引下线和避雷网等。

⑥ 照明。照明包括灯具安装和线路敷设。

⑦ 配管配线。配管配线是指把供电线路和控制线路由配电箱接到用电器具上的管线安装，分明配和暗配两种。

⑧ 动力安装。动力安装是指高低压电动机及动力配电设备的安装。

⑨ 起重设备电气装置。起重设备电气装置是指桥式起重机、电动葫芦等起重设备的电气装置的安装。

⑩ 电气设备试验调整。安装的电气设备，在送电运行之前，要进行严格的运行试验和调整。一般在安装前进行单体试验，安装后进行系统试验调整。

⑪ 辅助项目。辅助项目中主要包括自制的非标准的盘、箱、板和母线夹具，以及金属支架安装。

（2）电气工程施工图预算书的编制依据和步骤　电气工程施工图预算书的编制依据和步骤与"给排水工程"施工图预算书的编制依据和步骤大体相同，可参考。

另外，对于采暖、通风空调和通信工程等安装工程也可按照类似编制方法编制。

3. 工艺管道工程

（1）工艺管道定额的适用范围　工艺管道定额主要适用于工业与民用建筑的新建和扩建的安装工程项目，不适用于改建和修理工程项目及超高压管道工程，其主要内容和适用范围如下。

① 厂区范围内的车间、装置、站类、罐区及其相互之间输送各种生产用介质的管道。

② 厂区范围外距离在 10km 以内的各种生产用介质输送管道。

③ 厂区内第一个连接点以内的生产用、生产和生活共用的给水、排水、蒸汽、煤气输送管道；民用建筑中的锅炉房、泵房、冷冻机房等的工艺管道。给水以第一个入口水表井为界，排水以厂围墙外第一个污水井为界；蒸汽和煤气以第一个计量表（阀门）为界，锅炉房、泵房、冷冻机房则以墙外 1.5m 为界。

（2）工艺管道工程量的计算　工艺管道工程量的计算主要包括管道安装、管件的连接与制作、阀门安装、法兰安装、板卷管制作、管架、金属构件制作与安装，管道焊缝等内容。

五、环境工程单项工程综合预算

综合预算是确定单项工程全部建设费用的综合性预算文件。它是根据构成该单项工程的各个单位工程预算以及其他工程和费用编制的，因此它包括了单项工程整个建造过程所需要的全部建设费用。

对于编制总预算的建设项目，其单项工程的综合预算，不包括工程建设其他费用、预备费等。

1. 单项工程综合预算的作用

单项工程综合预算的作用主要体现在以下几个方面。

① 综合预算是确定设计方案经济合理性的依据。根据单项工程综合预算价值所确定的技术经济指标，不仅可以表达新建企业的单位生产能力的投资额大小，而且可以据此表达新建工程的单位服务能力的投资额大小。通过这些技术经济指标，就能够对设计方案进行技术经济评价，比较其合理性、先进性和可行性。

② 综合预算是建设单位编制主要材料申请计划和设备订货的依据。

③ 经过批准的单项工程综合预算是建设银行控制其贷款的依据。

④ 综合预算的准确性直接影响单项工程的投资数额及其经济效果。综合预算是以单项工程为对象编制的，编制的准确与否，不仅影响该单项工程的建设费用和投资效果，而且对于编制总预算的建设项目，还将影响整个建设项目的建设费用和投资效果。

2. 综合预算的内容

综合预算的内容，通常包括编制说明、综合预算表及其所附的单位工程预算表。对于编制总预算的建设项目，其单项工程综合预算可以不附编制说明。

（1）编制说明　编制说明，通常列于综合预算表的前面，其内容包括以下三方面。

① 主管机关的批示和规定、单项工程的设计文件、预算定额、材料预算价格、设备预算价格和有关的费用指标等各项编制依据。

② 主要建筑材料的数量，以及主要机械设备和电气设备的数量。

③ 其他有关问题。

（2）综合预算表

① 民用建设项目的单项工程。

a. 建筑工程费用。建筑工程费用包括一般土建工程、采暖工程、给排水工程、通风工程和电气照明工程。

b. 工程建设其他费用。工程建设其他费用包括除了与工业生产项目有关的费用项目以外的一切工程建设其他费用。

c. 预备费。预备费包括与民用建筑项目有关的一些预备费用。

综合预算表内，所列的单位工程与其他工程和费用项目的多少，取决于工程的建设规模、性质、设计要求和建设的条件等各方面因素。

② 工业建设项目的单项工程

a. 建筑工程费用。通常一般包括土建工程、采暖工程、给排水工程、通风工程、工业管道工程、电气照明工程和特殊构筑物工程的费用。

b. 安装工程费用。包括机械设备及其安装工程、电气设备及其安装工程的费用。

c. 工程建设其他费用。工程建设其他费用包括除建筑安装工程费用以外的一些费用，如土地、青苗等的补偿费。

d. 预备费。预备费是指在初步设计和概算中，难以预料的工程和费用，其中包括实行按施工图预算加系数包干的预算包干费用，其主要用途如：在进行技术设计、施工设计和施工过程中，在批准的初步设计和概算范围内所增加的工程和费用；由于一般自然灾害所造成的损失和预防自然灾害所采取的措施费用；设备和材料差价；在上级主管部门组织竣工验收时，验收委员会为鉴定工程质量，必须开挖和修复隐蔽工程的费用。

通常，预备费是以"单项工程费用"总计与工程建设其他费用之和，按照规定的预备费率计算。引进技术和进口设备项目，应按国内配套部分费用计算。

六、施工图预算编制实例

1. 土建工程施工图预算编制实例

（1）××公司办公楼设计说明　结构工程：

① 本工程是根据批准的扩初设计及建设单位提出的使用要求或工艺条件进行设计的，建筑面积为 153.47m²。

② 本工程抗震等级按三级考虑。

③ 本工程挑檐均挑出 450mm，厚度、配筋与楼板相同。

④ 构造柱（GZ-1）240mm×240mm，主筋 4 ϕ 12，箍筋 ϕ 8@200，C25～C40。

工程项目统计见表 4-24～表 4-27，工程设计如图 4-6～图 4-11。

表 4-24　图纸目录

序号	图别	图号	图名	备注
1	首页	1	设计说明　图纸目录　门窗统计表　标准图统计表	
2	建施	1	一层平面图　二层平面图 ①～⑥轴立面图　⑥～①轴立面图	
3	建施	2	1—1剖面图、2—2剖面图、3—3剖面图　屋面排水平面图 Ⓐ～Ⓔ轴立面图	
4	结施	1	基础平面图　一层结构平面布置图	
5	结施	2	楼梯结构图　二层结构平面布置图	

表 4-25　标准图统计表

序　号	类　别	图集号	图集名称	需用页次	备注
1	国标	97G329	建筑物抗震节点详图		
2	省标	辽92J101	室外工程　墙体构造		
3	省标	辽92J301	地面　楼面构造		

续表

序　号	类　别	图集号	图集名称	需用页次	备注
4	省标	辽92G307	钢筋混凝土预制过梁		
5	省标	辽92J601	常用木门		
6	省标	辽92G308	钢筋混凝土雨篷		

表 4-26　门窗统计表

序号	设计编号	规格	数量	图集编号	立面编号	立面页次	节点页次	备注
1	M-1	1300×2400	1					铝合金地弹门
2	M-2	900×2400	1					防盗门
3	M-3	900×2400	5	辽92J602	M1-8	3	23	有亮胶合板门
4	M-4	800×2400	1	辽92J602	M1-5	3	23	胶合板门
5	M-5	1500×2400	1	辽92J602	M5-4	22	29	门连窗
6	M-6	1800×2400	1	辽92J602	M5-6	22	29	门连窗
7	M-7	1800×2400	1	辽92J602	M5-6	22	29	有亮胶合板门
8	C-1	1800×1800	3					塑钢窗
9	C-2	1500×1800	4					塑钢窗
10	C-3	1000×1000	1					塑钢窗
11	C-4	1500×1200	1					塑钢窗
12	C-5	1000×1500	1					塑钢窗
13	C-6	1800×1200	3					塑钢窗
14	C-7	1200×1500	1					塑钢窗

表 4-27　装饰工程

地1	厕所、厨房地面	地2	其他房间地面
	1∶1水泥砂浆粘接地面砖； 1∶3水泥砂浆找平层20mm厚； 素水泥浆一道； C10混凝土80mm		1∶1水泥砂浆粘接花岗石板（白水泥浆缝）； 1∶3水泥砂浆找平层25mm厚；素水泥浆一道； C10混凝土垫层80mm； 碎石灌M2.5混合砂浆100mm厚
楼1	贴花岗石板楼面	栏1	楼梯栏杆做法
	1∶1水泥砂浆粘接花岗石板20mm厚（白水泥浆缝）； 1∶3水泥砂浆找平层25mm厚； 素水泥浆一道		立柱采用φ32不锈钢钢管（直线型）；扶手及弯头均采用φ60不锈钢管
踢1	踢脚线做法（高度均为150mm）	梯1	楼梯做法
	各房间的踢脚线使用的材料与地面相同		楼梯面层为贴花岗石板
墙1	卫生间墙面	墙2	其他房间墙面
	帖白色瓷砖152mm×152mm到顶		抹1∶2∶1混合砂浆，刮腻子，外刷仿瓷涂料
墙3	外墙面做法	棚1	天棚面做法
	设计室外地坪以上至1m高处贴凹凸麻石砖；1m以上高处抹水泥砂浆20mm厚，再刷外墙多彩花纹涂料		抹1∶2∶1混合砂浆，刮腻子，外刷仿瓷涂料
其他1	门窗涂装做法	其他2	屋面平台处的花式水泥瓶立柱制作、安装费计算
	木门刷清漆底油一遍；刮腻子一遍；外刷色醇酸调和漆，三遍成活		参考单价：283.19元/10个；其中人工费单价：69.00元/10个；材料费单价：210.00元/10个；机械费单价：4.19元/10个

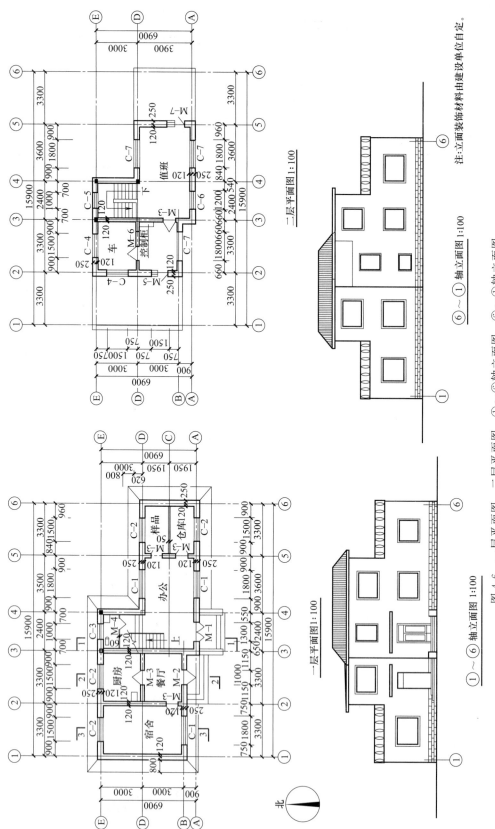

二层平面图 1:100

⑥～① 轴立面图 1:100

①～⑥ 轴立面图、⑥～①轴立面图

注：立面面装饰材料由建设单位自定。

一层平面图 1:100

①～⑥ 轴立面图 1:100

图 4-6 一层平面图、二层平面图、①～⑥ 轴立面图、⑥～①轴立面图

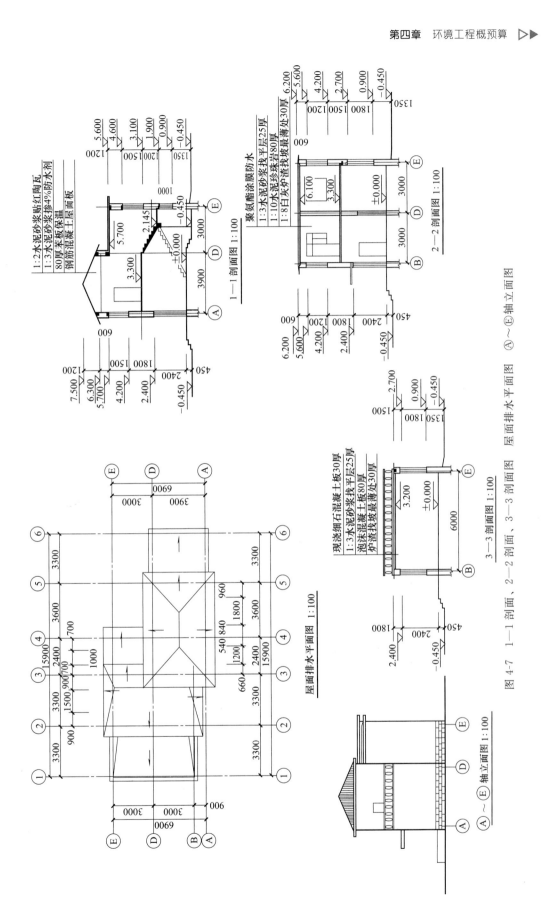

图 4-7 1—1 剖面、2—2 剖面、3—3 剖面图 屋面排水平面图 Ⓐ～Ⓔ轴立面图

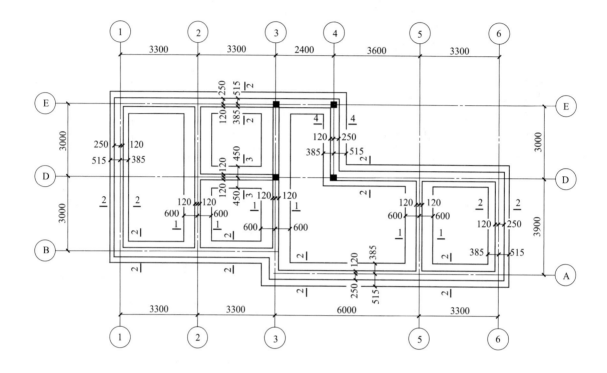

基础平面布置图 1:100

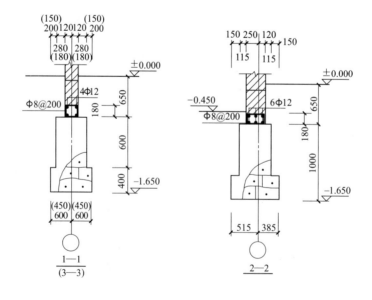

图 4-8　基础平面图

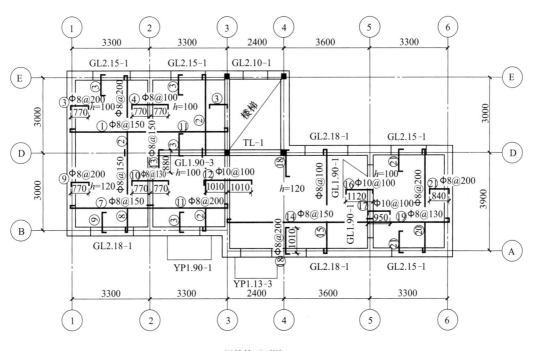

一层结构平面图 1:100

板顶标高 $\underline{3.270}$ ▽

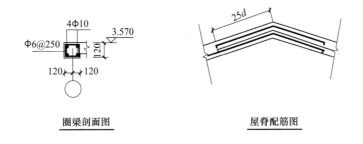

圈梁剖面图   屋脊配筋图

说明:1. 本工程无地质资料,基础开槽后需验槽。
　　　2. 基础采用MU30以上毛石,M5水泥砂浆砌筑。
　　　　 地圈梁采用C20混凝土,HPB235(φ)级钢筋。
　　　3. 现浇梁板采用C25混凝土,HPB235(φ)级钢筋,未标注板厚均为100mm。
　　　　 未标注板分布筋均为φ6@250,未标注板筋均为φ8@200。

图 4-9　一层结构平面布置图

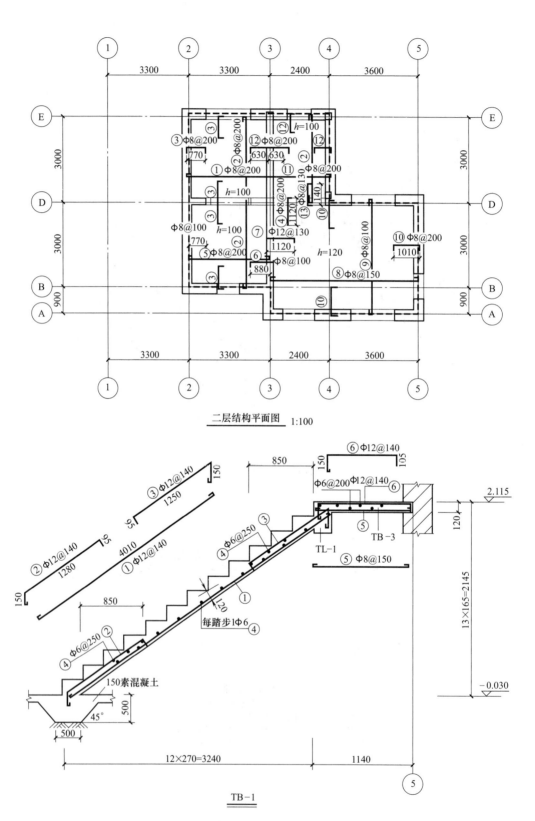

图 4-10　二层结构平面布置图　楼梯结构图

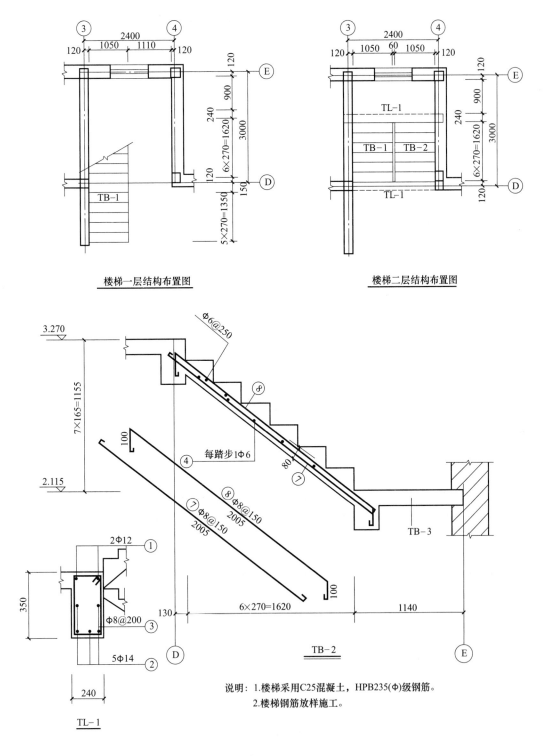

图 4-11 楼梯结构图

（2）施工图预算书　建筑工程预算封面见表4-28，编制说明见表4-29，建筑工程预算费用计算见表4-30，工程预算书见表4-31，工程量计算见表4-32，工料分析见表4-33，材料价差调整见表4-34。

表 4-28　建筑工程预算封面

建 筑 工 程 预 算 书

工程名称：×××办公楼
建筑面积：153.47m²
结构类型：混合结构
预算价值：322994.20元
单位面积造价：2104.61元

建设单位：　　　　　　　　　　施工单位：
负责人：　　　　　　　　　　　负责人：
审核：　　　　　　　　　　　　审核：
经办（编制）：　　　　　　　　经办（编制）：

2016 年 12 月 31 日

表 4-29　编制说明

工程名称：

　　本预算依据××设计院设计的××服装厂办公楼施工图纸及设计说明，施工现场具体情况及现有施工条件，建标[2013]44号《建筑安装工程费用项目组成》的通知，××省2009年建筑工程消耗量定额、建筑工程消耗量定额参考价目表、建筑工程混凝土、砂浆配合比，×市2009年各项费用标准及相关规定编制。采用陕西省营改增后砖混工程过渡性综合系数0.94。
　　图中做法不详的分项工程，本预算均按××相关图集及习惯做法计算。
　　材料价差调整时，材料的市场价格见下表，表中未列材料价格均与定额价格相同。

序号	材料名称	规格型号	单位	单价/元
1	水泥	32.5MPa	t	320.00
2	中砂		m³	28.00
3	砾石		m³	25.00
4	毛石		m³	16.00
5	实心砖	240×115×53	千块	180.00
6	钢筋	φ10以内	t	3200.00
7	钢筋	φ10以外	t	3500.00

表 4-30　建筑工程预算费用计算表

工程名称：　　　　　　　　　　　　　　　　　　　　　　　　　　单价：元

序号	费 用 项 目	计 算 方 法
1	分部分项工程人工、材料、机械费用	268412.22
2	措施项目(人工、材料、机械)费	12471.47
2.1	技术措施项目费	8445.29
2.2	其他措施项目费	4026.18
2.2.1	临时设施费	268412.22×1.5％=4026.18
2.2.2	环境保护费	
2.2.3	文明施工费	
2.2.4	安全施工费	
2.2.5	夜间施工增加费	
2.2.6	二次搬运费	
2.2.7	已完工程及设备保护费	
3	企业管理费	268412.22×7.2％=19325.68
4	利润	268412.22×4.6％=12346.96
5	价差	
5.1	人工价差	
5.2	材料价差	7556.65
5.3	机械价差	
6	其他项目费	0
7	小计(1+2+3+4+5+6)	268412.22+12471.47+19325.68+12346.96 +7556.65=320112.98
8	规费	12260.33
8.1	工程排污费	320112.98×3.83％=12260.33
8.2	社会保险费	
8.2.1	养老保险费	
8.2.2	失业保险费	
8.2.3	医疗保险费	
8.2.4	生育保险费	
8.3.5	工伤保险费	
8.3	住房公积金	
9	合计(营业税不含税工程造价)	320112.98+12260.33=332373.31
10	税前工程造价	332373.31×0.94=312430.91
11	税金	312430.91×3.381％=10563.29
12	含税工程造价	312430.91+10563.29=322994.20

表 4-31　分部分项及措施项目预算表

工程名称：

定额编号	项目名称	单位	工程量	单价/元	合价/元
	一、土石方工程				
25-1-57	人工平整场地	100m²	2.0592	94.50	194.59
15-1-5	人工挖地基槽	100m³	1.4235	979.20	1393.89
25-1-55	回填土	100m³	0.8922	1065.14	950.32
26-1-64	余土外运	100m³	0.2747	925.69	254.29
	小计				2793.09
	二、砌筑工程				
153-3-82	毛石基础	10m³	4.891	950.99	4651.29
132-3-1换	砖基础	10m³	1.008	1243.29	1253.24
133-3-11换	370砖外墙	10m³	7.074	1364.91	9655.37
133-3-10换	240砖外墙	10m³	1.587	1368.98	2172.57
133-3-7	1/4砖内墙	10m³	0.091	1728.87	157.33
151-3-76	零星砌体	10m³	0.204	1575.28	321.36
	小计				18211.16

续表

定额编号	项目名称	单位	工程量	单价/元	合价/元
	三、混凝土及钢筋混凝土工程				
187-4-44	圈梁	10m³	69.20	2170.81	150220.05
191-4-57换	现浇楼板	10m³	1.389	1875.97	2605.72
192-4-60换	挑檐	10m³	0.092	2297.18	211.34
186-4-39	构造柱	10m³	0.207	2196.79	454.74
185-4-33	楼梯素混凝土基础	10m³	0.075	1509.36	114.71
193-4-62换	现浇混凝土楼梯	10m²	0.78	578.18	450.98
192-4-61	现浇雨篷	10m³	0.0278	2184.94	60.74
187-4-45	现浇雨篷梁	10m³	0.024	2263.24	54.32
207-4-108	现场预制混凝土过梁	10m³	0.177	2048.90	362.66
194-4-66	混凝土台阶	10m³	0.283	1993.83	564.25
196-4-71	混凝土散水	100m²	0.3516	1559.23	548.23
178-4-3	粗砂垫层	10m³	1.891	374.58	708.33
180-4-12	碎石灌砂垫层	10m³	0.628	419.39	263.38
182-4-118	混凝土垫层	10m³	0.4323	1644.10	710.74
248-4-296	圆钢筋φ6	kg	351.46	3.44408	1210.46
248-4-297	圆钢筋φ8	kg	4351.44	3.17718	13824.35
248-4-298	圆钢筋φ10	kg	523.29	3.04239	1592.05
248-4-299	圆钢筋φ12	kg	539.52	3.07694	1826.23
248-4-300	圆钢筋φ14	kg	26.10	3.02443	78.94
256-4-300	箍筋φ6	kg	482.97	3.63421	1755.21
256-4-331	箍筋φ8	kg	566.48	3.31626	1878.59
249-4-224	过梁安装	10m³	0.177	336.10	59.90
	小计				179555.52
	四、屋面及防水工程				
346-7-53	屋面改性沥青防水	100m²	0.7843	4082.17	3201.65
334-7-2	坡屋面红陶瓦	100m²	0.4385	1122.15	492.06
估价	苯板保温80厚	m³	3.51	180	63180.00
436-8-196	加气混凝土块保温	10m	0.472	2073.60	978.74
	小计				67852.45
	以上(人工、材料、机械费)小计				268412.22
	五、技术措施项目(人工、材料、机械)				
493-10-109	现浇楼板模板	100m²	1.243	3012.91	3745.05
497-10-121	现浇挑檐、雨篷模板	10m²	1.548	638.00	978.62
497-10-119	楼梯模板	10m²	0.78	746.57	582.32
487-10-77	现浇雨篷梁模板	100m²	0.0198	3699.74	73.25
484-10-59	构造柱模板	100m²	0.103	2643.29	272.26
503-10-141	现场预制混凝土过梁模板	10m²	0.177	1047.60	185.43
553-10-315	综合脚手架	100m²	1.5347	1131.78	1736.94
531-10-225	垂直运输	100m²	1.5347	566.98	870.14
545-10-286	预制过梁吊装机械	10m²	0.177	7.19	1.28
	小计				8445.29
	合计				276857.51

表 4-32　分部分项工程量计算表

工程名称：

序号	项目名称	单位	数量	计算公式
	一、土石方工程			
1	人工平整场地	m²	205.92	$S = S_底 + L_外 \times 2 + 16$ $S = 94.72 + 2 \times 47.6 + 16 = 205.92$

续表

序号	项目名称	单位	数量	计　算　公　式
2	人工挖地基槽 V_{1-1} V_{1-2} V_{1-3}	m³	116.69	$V=L_中×$断面面积$+L_内×$断面面积 $V=(1.2+0.3×2)×1.2×13.59=29.35$ $V=(0.9+0.3×2)×1.2×46.12=83.02$ $V=(0.9+0.3×2)×1.2×2.4=4.32$
3	台阶等零星土方	m³	9.84	$V=2×2.9×0.8+(3.05+0.2)×2×0.8=9.84$
4	散水挖土方	m³	15.82	$V=0.8×0.45×[(47.6-6.85)+4×0.8]=15.82$
5	基础回填土	m³	63.49	$V=$基础挖方量$-$基础埋设量 $V=116.69-(48.91+3.86+0.43)=63.49$
6	室内回填土	m³	25.73	$V=[S_底-(L_中×墙厚+L_内×墙厚)]×$填土厚 $V=[94.72-46.12×0.365-18.42×0.24]×0.35=25.73$
7	余土外运	m³	27.47	$V=$挖方量$-$填方量 $V=116.69-(63.49+25.73)=27.47$
	二、砌筑工程			
1	砖基础	m³	10.08	$V=$断面面积$×$长度 $V=0.47×0.37×46.12+0.47×0.24×18.24=10.08$
2	毛石基础 V_{1-1} V_{1-2} V_{1-3}	m³	48.19	$V=L_中×$基础断面面积 $V=0.96×[(6-0.235×2)×2+(3.9-0.235×2)]=13.91$ $V=0.72×46.12=33.20$ $V=0.72×(3.3-0.4×2)=1.8$
3	墙体 370外墙	m³	70.74	$V=0.365×(3.3×46.12+2.9×13.6+2.5×5.4+3.1×15.9+0.4×2.76+3.5×0.2+2.16×0.6)-(18.12+1.17+1.92+1.51)=70.74$
4	240外墙	m³	15.87	$V=0.24×(18.24×3.3+11.52+6.06+2.5×2.76)-(2.98+0.3+0.56+0.61)=15.87$
5	1/4砖内墙	m³	0.91	$V=(3.06×3.2+2.16×3.2-0.8×2)×0.06=0.91$
6	零星砖砌体	m³	2.04	$V=1.65×0.365×1.16×2+0.24×0.4×2.16+0.24×0.4×(1.8+2.81)=2.04$
	三、混凝土及钢筋 混凝土工程			
1	基础圈梁 V_{1-1} V_{202} 一层、二层圈梁	m³	6.92	$V=$圈梁断面积$×$长度 $V_{1-1}=0.24×0.18×18.24=0.787$ $V_{2-2}=0.37×0.18×46.12=3.07$ $V=(46.12+8.24)×0.24×0.12+(32.92+18.82)×0.24×0.12=3.06$
2	现浇楼板	m³	8.63	$V=$板的净面积$×$板厚 $V=3.06×2.76×0.12+5.76×3.66×0.12+3.06×2.76×0.1×2+3.06×3.66×0.1+3.06×2.76×0.1×2+2.16×2.76×0.1=8.63$
3	斜面屋板	m³	5.26	$V=V_平×$延尺系数 $V=(6.5+0.9)×(4.4+0.9)×1.118×0.12=5.26$
4	挑檐	m³	0.92	$V=$挑檐中心线$×$板宽$×$板厚 $V=(3.3×2+6.5+3×0.45+2.9×3)×0.45×0.1=0.92$

序号	项目名称	单位	数量	计 算 公 式
5	构造柱	m³	2.07	$V=$断面积×高 $V=0.27×0.27×(5.8+0.47)+0.3×0.27×(6.2+0.47)+0.3×0.27×(6.5+0.47)+0.27×0.27×(6.5+0.47)=2.07$
6	楼梯混凝土基础	m³	0.76	$V=(0.9×0.4+1.3×0.1)×(1.05+0.5)=0.76$
7	现浇混凝土楼梯	m³	7.80	$V=$长×宽 $V=2.16×3+1.26×1.05=7.80$
8	现浇雨篷	m³	0.27	$V=$面积×厚度 $V=1.78×1.22×0.085+0.82×1.48×0.07=0.270$
9	现浇雨篷梁	m³	0.24	$V=0.35×0.18×2.04+1.74×0.35×0.18=0.24$
10	现场预制混凝土过梁	m³	1.77	$V=0.112×3+0.068×4+0.05+0.068×2+0.05+0.057+0.336+0.086+0.099+0.149+0.04×5=1.77$
11	混凝土台阶	m³	2.83	$V=[(0.19+0.33+0.46)×0.3-0.5×0.46×0.66]×2.16+0.44×(3.3-0.25-0.3+1.5)=2.83$
12	混凝土散水	m³	35.16	$V=[(47.6-6.85)+4×0.8]×0.8=35.16$
13	粗砂垫层	m³	18.91	$V=2×1.16×2.16-(0.2×0.41+0.27×0.3+0.13×0.3)×14.06-0.29-0.16-0.96+3.4÷2.16×3.05+0.9×0.08×2.16+0.3×[(47.6-6.85)+4×0.8]=18.91$
14	碎石灌砂垫层	m³	6.28	$V=(0.9+0.76)×0.08×2.16+(0.9+0.76)×0.08×4.25+0.9×0.08×2.16+0.15×0.8×[(47.6-6.85)+4×0.8]=6.28$
15	混凝土垫层	m³	4.323	$V=(6.02×3.06+3.92×3.06)×0.061+(3.3+0.45)×(6.5+0.9)×0.0646+(2.4+0.45)×(3+0.45)×0.067+0.9×0.24×0.08=4.323$
16	钢筋			
(1)	基础圈梁钢筋			
	1—1 剖面φ12	m m	50.16 33.36	$(6-0.265×2+0.4×2)×4×2=50.16$ $(3.9-0.265×2+0.4×2)×4×2=33.36$
	箍筋φ8	m	202.06	$\{2×[(6-0.265×2)÷0.2+1]+(3.9-0.265×2)÷0.2+1\}×[(1.08+0.24)×2]-8×0.015+11.9×0.008×2=202.06$
	2—2 剖面φ12	m	304.74	$[(6.6-0.265-0.12+2×0.4)+(9.9-0.265-0.12+2×0.4+0.48)+(6-0.265×2+2×0.4)+(0.9-0.365-0.12+2×0.4)]×2×6=(7.015+10.795+6.27+1.315)×2×6=304.74$
	箍筋φ8	m	364.42	$(7.015÷0.2+1+70.795÷0.2+1+6.27÷0.2+1+1.315÷0.2+1)×2×[(1.08+0.37)×2-8×0.015×2-4.9×0.008×2]=364.42$
(2)	构造柱			
	D轴φ12	m	59.54	$2×4×[6.3+0.47+0.336×2(锚固)]=59.54$
	E轴φ12	m	56.18	$4×(5.8-0.12+0.47+0.336×2)+4×(6.2-0.12+0.47+0.336×2)=56.18$
	箍筋φ6D轴	m	69.30	$[(0.24+0.24)×2-8×0.015+0.075×2]×[(6.3+0.47)÷0.2+1]×2=0.99×35×2=69.30$
	箍筋φ6E轴	m	57.42	$0.87×[(5.8-0.12+0.47)÷0.2+1]+0.87×[(6.2-0.12+0.47)÷0.2+1]=57.42$

续表

序号	项目名称	单位	数量	计 算 公 式
（3）	圈梁			
	Φ10	m	470.19	$4 \times (48.12+18.48+0.336 \times 8)+4 \times (32.92+1+0.4 \times 2+0.336 \times 6+11.52)=470.19$
	箍筋Φ6	m	356.25	$[(0.24+0.12) \times 2-8 \times 0.045+0.075 \times 2] \times [48.12 \div 0.25+8+18.48 \div 0.25+4]+0.75 \times [(32.92+1+0.8) \div 0.25+8+11.52 \div 0.25+2]=356.25$
（4）	楼板及屋面板			
	一层板 1#房间Φ8	m	272.01	（1）$[(6+0.12 \times 2) \div 0.15+1] \times (3.3+0.12+6.25 \times 0.008 \times 2)=151.36$ （2）$[(3.3+0.12 \times 2) \div 0.2+1] \times (6+0.24+6.25 \times 0.008 \times 2)=120.65$
	2#、3#房间Φ8	m	235.24	（11）$[(3+0.12) \div 0.2+1] \times (3.3+6.25 \times 0.008 \times 2) \times 2=112.88$ ② $2 \times 19 \times (3+0.12+0.1)=122.36$
	4#房间Φ8	m	437.43	（14）$[(3.9+0.12 \times 2) \div 0.15+1] \times (6+0.1)=176.46$ （15）$[(6+0.1) \div 0.1+1] \times (3.9+0.12 \times 2+0.1)=262.88$
	5#房间Φ8	m	195.45	（19）$[(3.9+0.12 \times 2) \div 0.13+1] \times (3.3+0.12+0.1)=116.16$ （20）$[(3.3+0.12 \times 2) \div 0.2+1] \times (3.9+0.12 \times 2+0.1)=79.29$
	负弯矩筋 2#房间Φ8	m	121.70	（3）$[0.77+(0.1-0.015 \times 2) \times 2] \times [(3.3+3+0.12) \div 0.2+1]=30.94$ （4）$(1.54+0.17) \times [(3+0.12) \div 0.1+1]=55.06$ （5）$(0.88+0.17) \times (3.3 \div 0.1+1)=35.7$
	3#房间Φ8	m	151.79	（3）$0.94 \times [(3.3+0.12) \div 0.2+1]=16.07$ （10）$1.71 \times [(3+0.12) \div 0.13+1]=42.75$ （12）$(1.01 \times 2+0.085+0.105) \times [(3.9+0.12) \div 0.1+1]=91.05$
	4#房间Φ8	m	118.69	（16）$[1.12+(0.12-0.015 \times 2) \times 2] \times [(3.9+0.12 \times 2) \div 0.1+1]=55.12$ （18）$(1.016+0.21) \times [(3.6+0.12) \div 0.2+1+(6+0.25) \div 0.2+1]=63.57$
	5#房间Φ8	m	47.49	（17）$(0.95+0.17) \times [(3.9+0.12 \times 2) \div 0.1+1]=47.49$
	屋面板 1#房间Φ8	m	184.86	（1）$[(3+0.12) \div 0.2+1] \times (3.3+0.12+6.25 \times 0.008 \times 2)=59.84$ （2）$[(3.3+0.12) \div 0.2+1] \times (3+0.12 \times 2+6.25 \times 0.008 \times 2)=63.46$ （3）并入挑檐内计算 （4）$(0.77 \times 2+0.17) \times [(3.3+0.12) \div 0.1+1]=61.56$
	2#房间Φ8	m	157.95	（5）$[(3+0.12) \div 0.2+1] \times (3.3+0.12+6.25 \times 0.008 \times 2)=59.84$ （2）$[(3.3+0.12) \div 0.2+1] \times (3+0.12 \times 2+0.1)=63.46$ （3）并入挑檐内计算 （6）$(0.88+0.17) \times [(3+0.12) \div 0.1+1]=34.65$

序号	项目名称	单位	数量	计 算 公 式
	3#房间φ8	m	124.73	(2)[(2.4+0.12)÷0.2+1]×(3+0.12+0.1)=45.08 (3)并入挑檐内计算 (11)[(3+0.12)÷0.2+1]×(2.4+0.1+0.12)=44.54 (12)[(3+0.12+0.24+0.12)÷0.2+2]×(0.63+0.17)=16.00 (13)[(2.4+0.12)÷0.13+1]×(0.74+0.17)=19.11
	4#房间φ8 (斜屋面)	m	1280.24	(8)(2.65×1.18÷0.15+1)×2×[6+0.45×2+6.25×0.008×2+(6−4.4)+0.9+0.5+0.2×2+0.1]=22×2×11.4=501.6 (8)2×22×[(4.4+0.45×2)÷2+2×25×0.008+6.25×0.008×2]=138.6 (9){[(2.2+0.45×2)÷0.1+1]×2×(2.65×1.18+25×0.008+6.25×0.008×2)÷2+[6−2.2×2÷0.1×(3.127+0.2+0.1)]}×2=328.98 (9)2×(5.3÷0.1+1)×(3.127÷2+25×0.008+2×6.25×0.008)=201.26 屋脊扣筋{[1.6+(2.2+0.45)×1.5×4]÷0.1+5}×[50×0.008+(0.12−0.015)×2]=109.8
(5)	挑檐			
	一层1#房间φ8	m	130.24	(3)[(3+0.25+0.45+3.3+0.25+0.45)÷0.2+2]×(0.77+0.17+0.25+0.45)=41×1.64=67.42 (9)[(3+0.7+3.3+0.7)÷0.2+2]×1.64=67.42 分布筋[(0.45+0.12)÷0.2+1]×(3+3+0.25×2+0.45×2+6.25×0.008×2)+2×[(0.12+0.45)÷0.2+1]×(3.3+0.25+0.45+0.1)=62.8
	5#房间	m	171.31	(21)[(3.3+0.25+0.45)×2+(3+0.25×2+0.45×2)]÷0.2×(0.84+60.25+0.45+0.17)=119.70 分布筋[(0.45+0.12)÷0.2+1]×(3.9+0.25×2+0.45×2+0.1)+2×[(0.12+0.45)÷0.2+1]×(3.3+0.25+0.45+0.1)=51.6
	二层1#、2#房间φ8	m	208.52	(3){[3+3+0.25×2+0.45×2+(3.3+0.25×2+0.45×2)×2]÷0.2+3}×(0.77+0.17+0.25+0.45)=142.68 分布筋[(0.45+0.12)÷0.2+1]×(6+0.25×2+0.45×2+0.1)+2×[(0.12+0.45)÷0.2+1]×(3.3+0.25×2+0.45×2+0.1)=65.84
	3#房间φ8	m	116.55	(3)[(2.4+0.25+0.45+3+0.25+0.45)÷0.13+2]×(0.74+0.17+0.25+0.45)=88.55 分布筋[(0.45+0.12)÷0.2+1]×(2.4+0.25+0.45+0.1)+[(0.12+0.45)÷0.2+1]×(3+0.25+0.45+0.1)=28.00
	4#房间φ8(斜屋面)	m	268.77	(7)[(3+0.12+0.45)÷0.13+1]×(1.12+0.21+0.7)=58.87 (10)[(6+0.5+0.9+3.9+0.5+0.9+3.6+0.25+0.45+0.9+0.25+0.45)÷0.2+3]×[1.01+(0.12−0.015)×2+0.25+0.45]=184.32 (14)[(2.4+0.12)÷0.2]×[1.12+(0.12−0.015)×2+0.25+0.45]=25.58

续表

序号	项目名称	单位	数量	计 算 公 式
(6)	楼梯 TB-1、TB-3 Φ12 Φ8 Φ6	m	78.21 9.68 34.88	Φ12①（4.01+6.25×0.012×2）×（1.05÷0.14+1）=35.36 Φ12②（1.28+0.15+0.095+0.15）×9=15.08 Φ12③（1.25+0.15+0.095+0.15）×9=14.81 Φ6④（1.05+6.25×0.006×2）×[12+1.25÷0.25+1+（1.14÷0.2+1）×2]=34.88 Φ8⑤（1.14-0.015×2+6.25×0.008×2）×（1.05÷0.15+1）=9.68 Φ12⑥（1.14-0.03+0.15+0.105+6.25×0.012）×（1.05÷0.14+1）=12.96
	TB-2 Φ6 Φ8	m	16.88 35.28	Φ6④1.125×（6+2.005÷0.25+1）=16.88 Φ6⑦（2.005+6.25×0.008×2）×（1.05÷0.15+1）=16.84 Φ8⑧（2.005+0.1+0.1×2）×8=18.44
	TL-1 Φ12 Φ14 Φ8	m	11.33 26.10 30.01	Φ12①2×（2.40-0.12×2+28×0.012×2）×2=11.33 Φ14②×5×（2.40-0.24+28×0.008×2）=26.10 Φ8③[（0.24+0.35）×2-8×0.015+11.9×0.008×2]×（2.4-0.12×2÷0.2+1）×2=30.01
(7)	构造柱拉结筋Φ6	m	261.50	｛[2×（6.3+0.47）+（5.8-0.12+0.47）+（6.2-0.12+0.47）]÷0.5+4｝×（2.24+6.25×0.006×2）×2=261.50
(8)	过梁			数据取自标准图集
	窗过梁 Φ6 Φ8	kg	26.18 31.74	1.02×3+1.04+1.04+1.18+1.02×3+1.75×3+0.75×4+0.57+0.75×2+0.57+0.66+1.75×3=26.18 2.82×3+2.47×4+2.47×2+2.82×3=31.74
	门过梁 Φ6 Φ8	kg	8.50 14.44	0.2×5+0.41+1.49+1.15+2.47+1.01+1.01=8.50 1.76×5+2.82+2.82=14.44
(9)	现浇雨篷梁 Φ6 Φ8 Φ10	kg	3.52 8.95 5.31	数据取自标准图集
17	过梁安装	m³	1.77	同过梁制作
	四、屋面及防水工程			
(1)	屋面改性沥青防水	m²	78.43	S=6.02×3.06+3.92×3.06+（6.02+3.92）×0.5+3.75×7.40+3.72×3.45+9.80×0.25=78.43
(2)	坡屋面红陶瓦	m²	43.85	S=（6.5+0.9）×（4.4+0.9）×1.118=43.85
(3)	苯板保温80厚	m³	3.51	V=43.85×0.08=3.51
(4)	加气混凝土块保温	m³	4.72	V=20.42×0.08+（3.3×6.5+5.72×3）×0.08=4.72
	五、措施项目			
1	混凝土模板及支架			
(1)	现浇楼板模板	m²	80.47	S=3.06×2.76+5.76×3.66+3.06×2.76×4+3.06×3.66+2.16×2.76=80.47
(2)	现浇斜面模板	m²	43.83	S=（6.5+0.9）×（4.4+0.9）×1.118=43.83
(3)	挑檐模板	m²	11.52	S=9.2+2.32=11.52
(4)	楼梯模板	m²	7.80	S=7.80
(5)	现浇雨篷模板	m²	3.96	S=1.22×1.78+（1.22×2+1.78）×0.085+0.82×1.48+（0.82×2+1.48）×0.07=3.96

续表

序号	项目名称	单位	数量	计 算 公 式
(6)	现浇雨篷梁模板	m²	1.98	$S=(0.18+0.07)\times2.04+0.35\times1.3+(0.18+0.1)\times1.74+0.35\times1.48=1.98$
(7)	现场预制混凝土过梁模板	m²	1.77	$S=0.112\times3+0.068\times4+0.05+0.068\times2+0.05+0.057+0.336+0.04\times5+0.086+0.099+0.149=1.77$
(8)	构造柱模板	m²	10.29	$S=0.12\times6.27+0.24\times6.67+(0.24+0.24)\times6.97+(0.27\times2+0.12)\times6.97=10.29$
2	综合脚手架	m²	153.47	同建筑面积
3	垂直运输	m²	153.47	同建筑面积
4	预制过梁吊装机械	m³	1.77	同过梁工程量
	计算系数			
	$L_外$	m	47.60	$L_外=(16.4+7.4)\times2=47.6$
	$L_中$	m	46.12	$L_中=47.6-0.37\times4=46.12$
	$L_内$	m	18.24	$L_内=(6-0.24)\times2+(3.3-0.24)+(3.9-0.24)=18.24$
	$S_底$	m²	94.72	$S_底=16.4\times7.4-6.9\times3-6.6\times0.9=94.72$
	建筑面积	m²	153.47	$S=(6.9+0.5)\times(9+0.5)-6.6\times0.9+6.9\times(3.9+0.5)+(5.7+0.5)\times(6.9+0.5)-3.3\times0.9+3.6\times(3.9+0.5)=94.72+58.75=153.47$

表 4-33　工料分析表（汇总）

工程名称：

序号	定额编号	分部分项工程（材料）名称	计量单位	单价/元	工程量	单位定额	数量
		土建					
		综合工日	工日	40			590.52
		水泥 32.5MPa	kg	0.28			25608.86
		中粗砂	m³	17.00			6.11
		水	m³	2.40			95.87
		镀锌铁丝 22♯	kg	5.00			24.95
		镀锌铁丝 8♯	kg	3.75			40.43
		钢管 $\phi48\times3.5$	kg	3.00			116.58
		钢筋管 Φ10 以内	t	2600.00			2.53
		钢筋管 Φ10 以上	t	2600.00			0.56
		零星卡具	kg	3.40			29.72
		垫木 $60\times60\times60$	块	0.30			3.82
		复合木模板	m²	25.00			2.39
		模板板方材	m³	850.00			0.83
		木材	kg	0.31			0.14
		木脚手板	m³	1400.00			0.17
		支撑方木	m³	1200.00			1.54
		砖地膜	m²	20.86			0.28
		泡沫混凝土块	m³	180.00			2.60

续表

序号	定额编号	分部分项工程(材料)名称	计量单位	单价/元	工程量	单位定额	数量
		碎石	m³	11.00			6.81
		砾石 10mm	m³	11.00			0.74
		砾石 20mm	m³	11.00			4.13
		砾石 40mm	m³	11.00			23.00
		炉渣	m³	21.00			3.04
		毛石	m³	22.00			54.88
		普通黏土砖	千块	120.00			63.56
		生石灰	kg	0.12			223.55
		石渣	m³	46.00			0.12
		石灰炉渣 1∶4	m³	46.86			2.55
		中砂(干净)	m³	18.00			47.32
		石灰膏	m³	120.00			3.23
		珍珠岩	m³	45.00			2.93
		电焊条	kg	5.00			3.95
		防锈漆	kg	10.00			10.05
		黏土脊瓦	块	1.20			12.48
		黏土瓦 380mm×240mm	千块	520.00			0.73
		嵌缝料	kg	2.30			6.76
		银龟防水粉(剂)	kg	6.90			35.89
		二甲苯	kg	3.30			4.87
		隔离剂	kg	3.30			21.53
		聚氨酯甲料	kg	25.00			40.74
		聚氨酯乙料	kg	25.00			63.32
		石油沥青 30#	kg	1.50			0.39
		油漆溶剂油	kg	6.60			1.14
		对接扣件	个	5.60			3.27
		回转扣件	个	5.60			0.94
		钢丝绳 8	kg	4.20			0.45
		铁钉	kg	3.50			53.98
		铁件	kg	4.10			4.67
		直角扣件	个	6.60			23.22
		组合钢模板	kg	3.60			1.07
		安全网	m²	8.00			6.60
		草板纸 80#	张	1.10			34.92
		草袋子	m²	2.37			40.90
		底座	个	5.00			0.48
		尼龙编织布	m²	4.20			37.12
		石浆搅拌机 200L	台班	60.65			8.70
		电动打夯机	台班	22.95			7.70
		汽车式起重机 5t	台班	342.54			0.10
		机动翻斗车 1t	台班	95.46			0.11
		载重汽车 6t	台班	297.71			1.03
		电动卷扬机单筒快速 50kN 以内	台班	81.93			0.95
		混凝土搅拌机 400L	台班	169.22			2.24
		混凝土振捣器(插入式)	台班	12.12			3.76
		混凝土振捣器(平板式)	台班	14.17			1.00

续表

序号	定额编号	分部分项工程(材料)名称	计量单位	单价/元	工程量	单位定额	数量
		钢筋切断机φ40	台班	37.60			0.36
		钢筋弯曲机φ40	台班	22.09			1.09
		木工压刨床刨削宽度600mm	台班	33.23			0.01
		对焊机容量75kV·A	台班	102.08			0.05
		直流弧焊机功率32kW	台班	84.50			0.25
		手扶式拖拉机	台班	104.48			6.98
		电动卷扬机单筒快速10kN以内	台班	67.82			12.83

表4-34 材料价差调整表

工程名称:

序号	材料名称	型号	单位	数量	预算价格/元	信息价格/元	单价差/元	合价/元
1	水泥	32.5MPa	t	25.61	280.00	320.00	40.00	1024.40
2	中砂		m³	6.11	17.00	28.00	11.00	67.21
3	砾石		m³	34.68	11.00	25.00	14.00	485.52
4	毛石		m³	54.88	22.00	16.00	−6.00	−329.28
5	实心砖		千块	63.56	120.00	180.00	60.00	3813.60
6	钢筋	φ10以内	t	2.53	2600.00	3200.00	600.00	1518.00
	钢筋	φ10以外	t	0.56	2600.00	3500.00	900.00	504.00
7	中砂	干净	m³	47.32	18.00	28.00	10.00	473.20
	合计							7556.65

2. 某单位宿舍卫生间给水排水工程预算编制实例

(1) 工程内容 建筑物内卫生间给水排水管道工程。该建筑物共有五层,给水由市政管网直接供水,采用下行上给方式。排水系统采用合流制。每层卫生间内有蹲便器3个,小便器2个,洗面盆3个,污水池1个。

图4-12为一层给水管道平面图,图4-13为二～五层给水管道平面图,图4-14为给水管道系统图,图4-15为一层排水管道平面图,图4-16为二～五层排水管道平面图,图4-17为排水管道系统图。

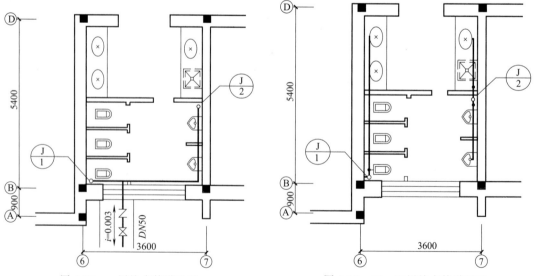

图4-12 一层给水管道平面   图4-13 二～五层给水管道平面

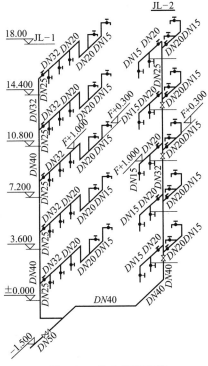

图 4-14　给水管道系统

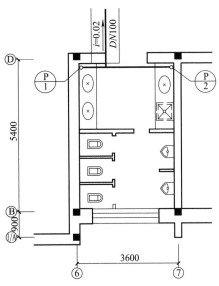

图 4-15　一层排水管道平面

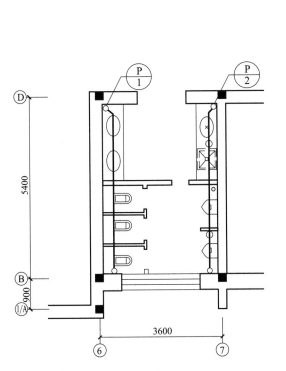

图 4-16　二～五层排水管道平面

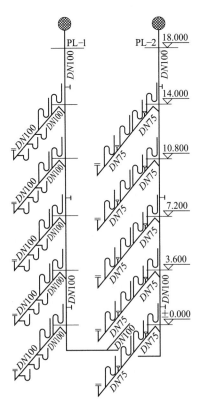

图 4-17　排水管道系统

（2）编制要求

① 计算工程量。各种管道均以施工图所示为中心长度，以"m"为计量单位，不扣除阀门、管间所占的长度；各种阀门安装均以"个"为计量单位；卫生器具组成安装以"组"为计量单位。

② 计算定额直接工程费。

（3）采用定额　2000 年《全国统一安装工程预算定额》第八册"给水排水、采暖、煤气工程 CYD-208—2000"。价格采用 2000 年《全国统一安装工程预算定额》第六册"××省地区基价"。

（4）编制步骤　第一步，按上述规则计算工程量如表 4-35 所示。

表 4-35　主要工程数量表

序号	分项工程	工程说明及格式	单位	数量
	一、管道敷设			
1	给水管 DN50	4.0	m	4.0
	给水管 DN40	3.6×3+2.5×2+3.6+3.2+2.7	m	25.3
	给水管 DN32	2.7×5+3.6+3.6×2	m	24.3
	给水管 DN25	0.9×3×5+3.6	m	17.1
	给水管 DN20	(0.5+0.7+0.7+0.8+0.1)×5	m	18.5
	给水管 DN15	(0.8+2×0.7+0.8+0.7+1.5+0.5×2)×5	m	31
	闸阀 DN40		个	2
	截止阀 DN32		个	5
	截止阀 DN20	2×5	个	10
2	排水管 DN50	0.3×6×5	m	9
	排水管 DN75	5.0×5	m	25
	排水管 DN100	5.0×5+3.0+4.0	m	32
	二、卫生器具			
1	水龙头 DN15	4×5	组	20
2	坐式大便器	3×5	组	15
3	洗脸盆	3×5	组	15
4	小便器	2×5	组	10
5	污水池	1×5	组	5
6	自闭式冲洗阀 DN25	3×5	个	15
7	自闭式冲洗阀 DN15	2×5	个	10
8	P 形存水弯 DN100	3×5	个	15
9	S 形存水弯 DN50	6.0×5	个	30
10	检查口 DN100	3×2	个	6
11	清扫口 DN100	2×5	个	10
12	地漏	2×5	个	10

第二步，计算施工图预算见表 4-36。

表 4-36　工程预算表

工程名称：某单位宿舍

工程项目：卫生间管道及卫生器具安装

单位：元

定额编号	名称及规格	单位	数量	设备费 单价	设备费 合计	主材费 单价	主材费 合计	安装费 单价	安装费 合计	其中：人工费 单价	其中：人工费 合计
	管道安装										
8-92	给水管 DN50	m	4			18.48	73.92	12.57	50.28	5.74	22.96
8-91	给水管 DN40	m	25.3			13.76	384.13	13.12	331.94	5.61	141.93
8-90	给水管 DN32	m	24.3			11.33	275.32	12.52	304.24	4.71	114.45
8-89	给水管 DN25	m	17.1			8.73	149.28	12.49	213.58	4.71	80.54

续表

定额编号	名称及规格	单位	数量	设备费		主材费		安装费		其中:人工费	
				单价	合计	单价	合计	单价	合计	单价	合计
8-88	给水管 DN20	m	18.5			6.03	111.56	12.49	231.07	3.92	72.52
8-87	给水管 DN15	m	31.0			4.34	134.54	13.08	405.48	3.92	121.52
8-155	排水管 DN50	m	9.0			15.18	136.62	6.03	54.27	3.28	29.52
8-156	排水管 DN75	m	25.0			27.90	697.50	10.33	258.25	4.45	111.25
8-157	排水管 DN100	m	32			41.25	1320	17.06	545.92	4.97	159.04
8-245	闸阀 DN40	个	2			38.41	76.82	15.07	30.14	5.35	10.70
8-244	截止阀 DN32	个	5			39.34	196.70	9.90	49.50	3.21	16.05
8-242	截止阀 DN20	个	10			18.63	186.30	6.01	60.10	2.14	21.40
	卫生器具安装										
8-243	自闭式冲洗阀 DN25	个	15			95.81	1437.15	7.66	114.90	2.57	38.55
8-242	自闭式冲洗阀 DN15	个	10			75.20	752.00	5.03	50.30	2.14	21.40
8-438	水龙头 DN15	组	20			9.47	189.40	0.70	14.00	0.60	12.00
8-391	污水池	组	5			69.10	345.5	86.34	431.70	9.27	46.35
8-443	P形存水弯 DN100	个	15			18.63	279.45	10.21	153.15	4.07	61.05
8-443	S形存水弯 DN50	个	30			5.59	167.70	10.21	306.30	4.07	122.10
8-414	坐式大便器	组	15			308.26	4623.9	45.82	687.30	17.19	257.85
8-384	洗脸盆	组	15			92.71	1390.65	172.48	2587.20	13.94	209.10
8-447	地漏 DN50	个	10			12.42	124.2	5.38	53.80	3.43	34.30
8-453	检查口 DN100	个	6			19.67	118.02	2.24	13.44	2.08	12.48
8-451	清扫口	个	10			16.56	165.60	1.74	17.40	1.61	16.10
8-447	地漏	个	10			12.42	124.20	5.38	53.80	3.43	34.30
8-418	小便器	组	10			138.45	1384.5	39.59	396	7.19	71.90
	其他及零星工程费	元	3%			444.27		222.42		55.18	
	小计					15289		7636		1895	
	措施费							1322			
1	技术措施费							681			
	临时设施费		15.00%					284			
	现场施工管理费		21.00%					397			
2	其他措施费		33.81%					641			
(一)	人工材料机械费					15289		8958			
(二)	价差调整							0.00			
1	人工费调整		0.00%								
2	机械费调整		0.00%								
3	材料价差							0.00			
3.1	其中:一类材差										
3.2	二类材差		0.00%					0.00			
(三)	企业管理费		31.00%					587			
(四)	施工利润		43.00%					815			
(五)	规费							266			
1	劳动保险基金		12.54%					238			
2	工程定额测定费		1.50%					28			
(六)	税金		3.41%					362			
(七)	工程造价					15289		10988			

注:以"人工费"为计算基数。

3. 某单位办公楼室内消防系统安装工程预算实例

(1) 工程内容 建筑物室内消防系统安装工程。该建筑物共有九层,消防给水由室外消防水池及消防水泵供水,消防管道布置成环状。建筑物每层设有 3 套消火栓装置。

图 4-18 为一层消防平面图，图 4-19 为二～八层消防平面图，图 4-20 为九层消防平面图，图 4-21 为消火栓系统图。

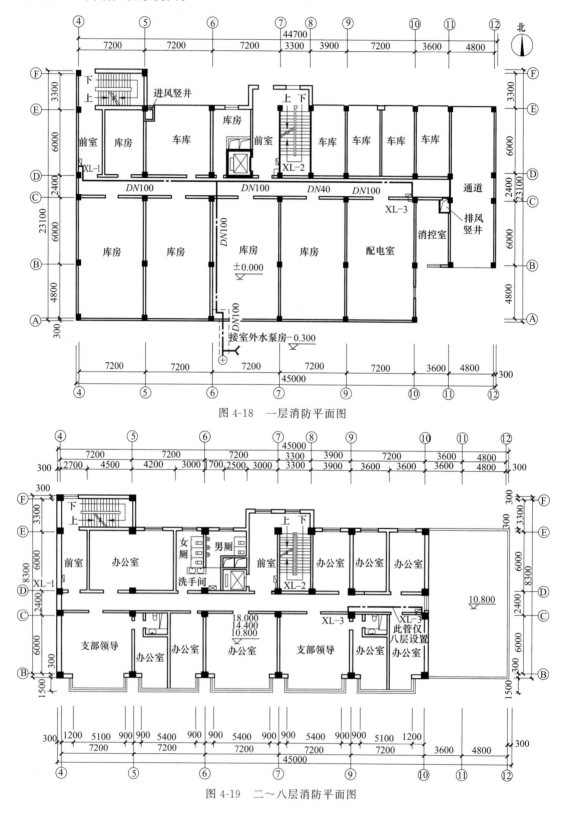

图 4-18　一层消防平面图

图 4-19　二～八层消防平面图

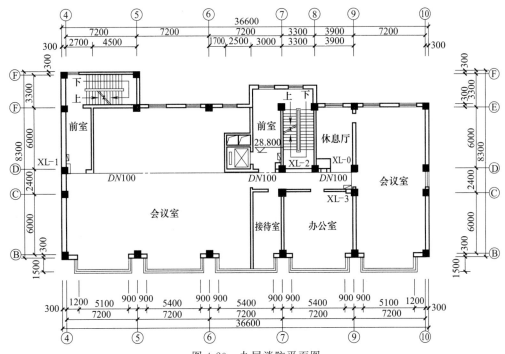

图 4-20　九层消防平面图

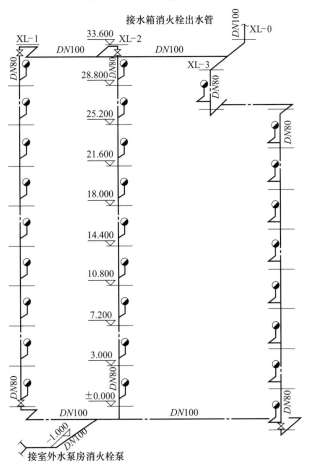

图 4-21　消火栓系统图

（2）编制要求

① 计算工程量。管道安装按设计管道中心长度，以"m"为计量单位，不扣除阀门、管件及各种组件所占长度；室内消火栓安装，区分单栓和双栓，以"套"为计量单位；消防水泵结合器安装，区分不同安装方式和规格，以"套"为计量单位。如设计要求用短管时，其本身价值可另行计算，其余不变。

② 计算定额直接工程费。

（3）采用定额　《全国统一安装工程预算定额》第七册"消防及安全防范设备安装工程"。价格采用《全国统一安装工程预算定额》第七册"××省地区基价"。

（4）编制步骤　第一步，按上述规则计算工程量见表4-37。

表4-37　工程量计算表

序号	分项工程	工程说明及算式	单位	数量
	一、管道敷设			
1	消防管 $DN100$	$28.8+1.5+2.4+36.0+3.4+16.2$	m	88.3
2	消防管 $DN80$	$34.6×3+7.2$	m	111.0
	二、消防器具			
1	消防栓 $DN65$	$3×9$	套	27
2	消防栓箱	$3×9$	套	27
3	试验消防栓 $DN65$		个	1
4	$15m^3$组合水箱		套	1
5	蝶阀 $DN80$	$2×3$	个	6
6	水泵结合器 $DN100$		套	1

第二步，计算施工图预算见表4-38。

表4-38　工程预算表

工程名称：某单位办公楼

工程项目：室内消防管道及安装

单位：元

定额编号	名称及规格	单位	数量	设备费		主材费		安装费		其中：人工费	
				单价	合计	单价	合计	单价	合计	单价	合计
	管道安装										
7-73	消防管 $DN100$	m	88.3			35.52	3136.416	10.78	951.87	7.05	622.52
7-72	消防管 $DN80$	m	111.0			26.38	2928.18	10.89	1208.79	6.25	693.75
	消防器具安装										
7-105	消防栓 $DN65$	套	28			409.06	11453.68	29.63	829.64	20.13	563.64
	消防栓箱	套	27			556.27	15019.29				
8-555	$15m^3$组合水箱	套	1			8590.47	8590.47	174.21	174.21	118.18	118.18
8-248	蝶阀 $DN80$	个	6			669.58	4017.48	47.35	284.10	10.71	64.26
7-121	水泵结合器 $DN100$	套	1			3002.82	3002.82	143.85	143.85	37.90	37.90
	其他及零星工程费	元	3%				1444.45		107.77		63.01

续表

定额编号	名称及规格	单位	数量	设备费		主材费		安装费		其中：人工费	
				单价	合计	单价	合计	单价	合计	单价	合计
	小计						49593		3700		2163
	措施费								1509		
1	技术措施费								778		
	临时设施费		15.00%						324		
	现场管理费		21.00%						454		
2	其他措施费		33.81%						731		
（一）	人工材料机械费						49593		5209		
（二）	价差调整								0.00		
1	人工费调整		0.00%								
2	机械费调整		0.00%								
3	材料价差								0.00		
3.1	其中：一类材差										
3.2	二类材差		0.00%						0.00		
（三）	企业管理费		31.00%						671		
（四）	施工利润		43.00%						930		
（五）	规费								303		
1	劳动保险基金		12.54%						271		
2	工程定额测定费		1.5%						32		
（六）	税金		3.41%						243		
（七）	工程造价						49593		7356		

注：以"人工费"为计算基数。

4. 某建筑室外给水排水工程预算实例

（1）工程内容　建筑物室外给水排水工程。该设计新增房屋给水排水管就近接入既有给水排水系统。给水铸铁管采用胶圈接口，给水钢管采用焊接；排水钢筋混凝土管采用石棉水泥接口，排水铸铁管采用胶圈接口。

给水排水总平面见图4-22，给水系统见图4-23，排水系统见图4-24。

（2）编制要求

① 计算工程量。各种管道均以施工图所示为中心长度，以"m"为计量单位，不扣除阀门、管件所占的长度；各种阀门安装均以"个"为计量单位；管道附属构筑物以"座"为计量单位。

② 计算定额直接工程费。

（3）采用定额　建筑工程采用《××省建筑工程预算定额地区基价》和《全国统一市政工程预算定额××省地区基价》；安装工程采用《全国统一安装工程预算定额甘肃省地区基价》。

（4）编制步骤

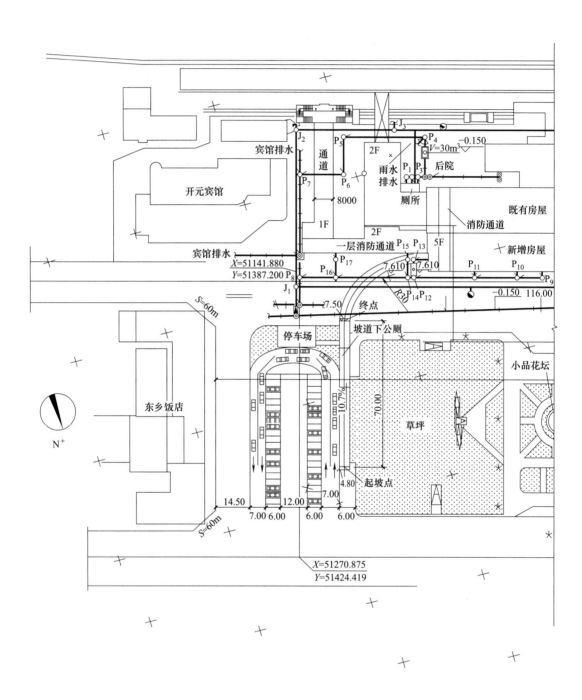

图 4-22 给水排水

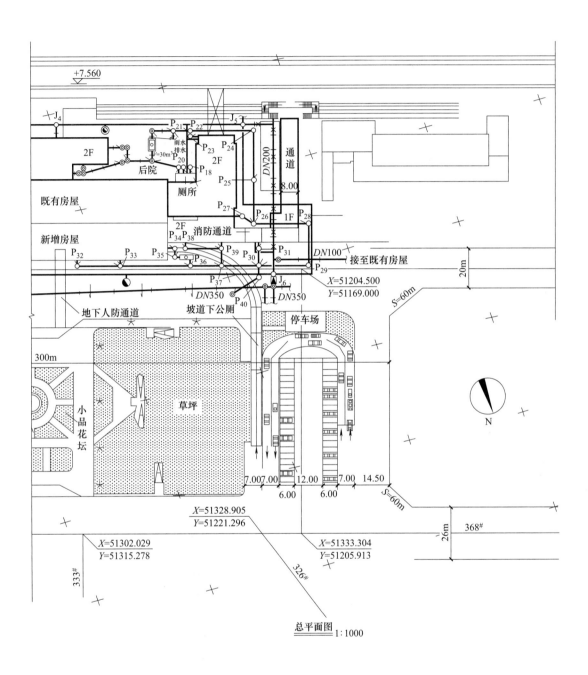

总平面图 1:1000

图例

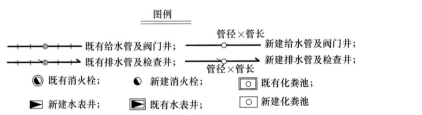

─┼┼─◎─┼┼─ 既有给水管及阀门井;	管径×管长 ─────●───── 新建给水管及阀门井;	
─┼┼─◎─┼┼─▶ 既有排水管及检查井;	管径×管长 ─────●───▶ 新建排水管及检查井;	
◉ 既有消火栓;	● 新建消火栓;	☐ 既有化粪池;
▶ 新建水表井;	▶ 既有水表井;	☐ 新建化粪池

总平面图

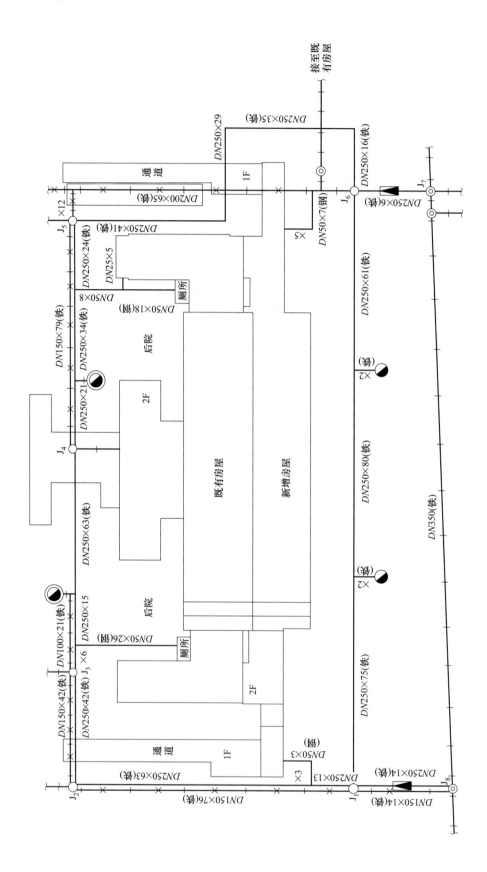

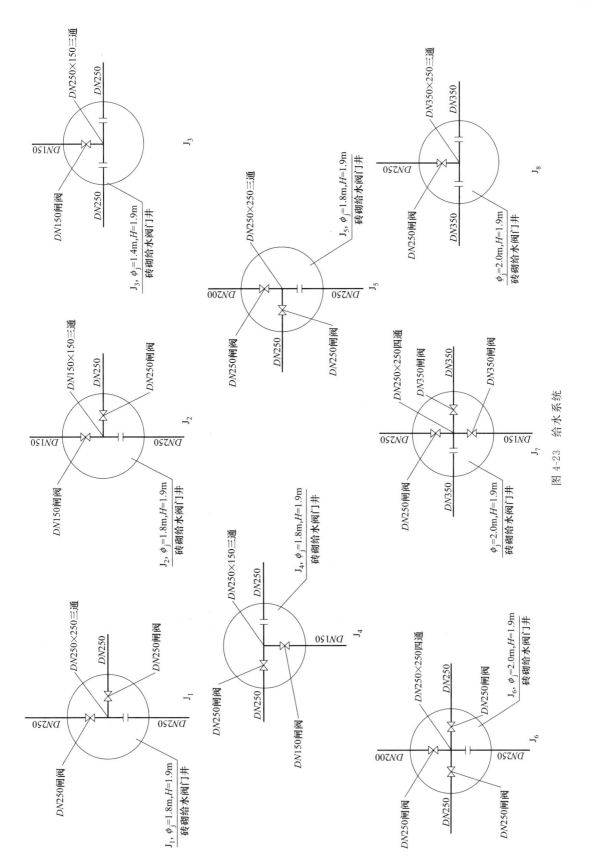

图 4-23 给水系统

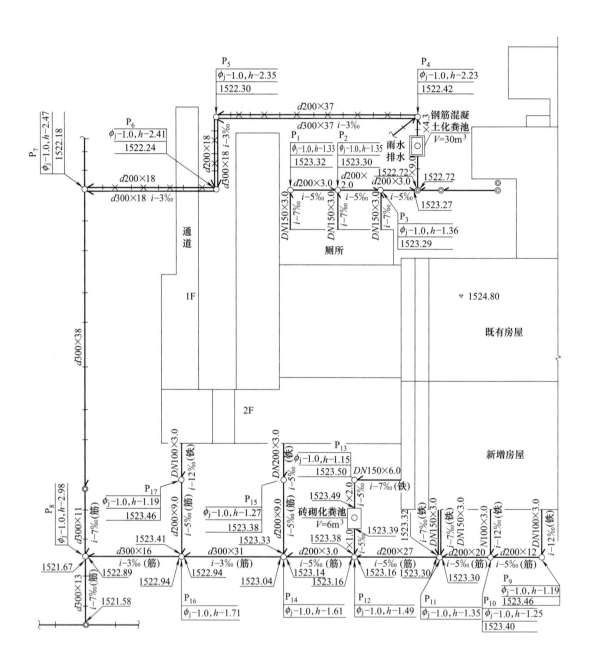

图 4-24 排

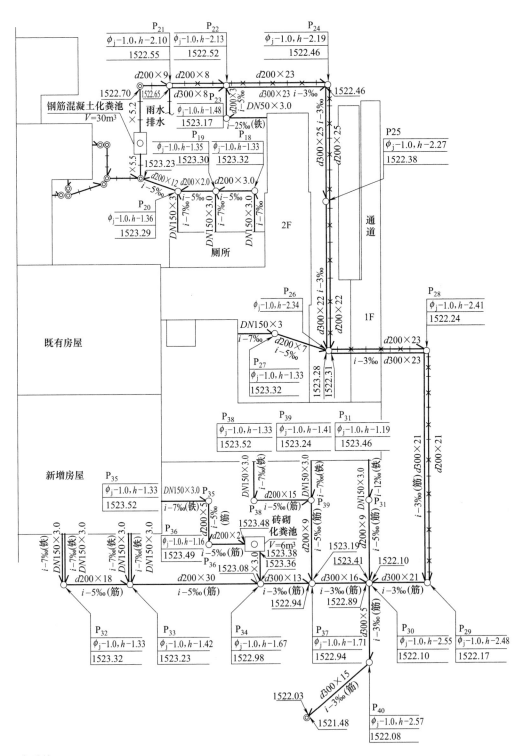

水系统

第一步，按上述规则计算工程量见表 4-39。

表 4-39 工程量计算表

编号	名称	规格	单位	数量	附注
1	铺设给水铸铁管	$DN250$ 胶圈接口	m	638	
2	铺设给水铸铁管	$DN200$ 胶圈接口	m	20	
3	铺设给水钢管	$DN50$ 焊接口	m	74	
4	铺设给水钢管	$DN25$ 丝接口	m	7	
5	建砖砌给水阀门井	$\phi_j=2.0\mathrm{m}, H_p=1.9\mathrm{m}$	座	1	
6	建砖砌给水阀门井	$\phi_j=1.8\mathrm{m}, H_p=1.9\mathrm{m}$	座	4	
7	建砖砌给水阀门井	$\phi_j=1.4\mathrm{m}, H_p=1.9\mathrm{m}$	座	1	
8	建矩形水表井	$A \times B \times H=2.75\mathrm{m} \times 1.25\mathrm{m} \times 1.9\mathrm{m}$	座	2	
9	建消防栓及室	$\phi_j=1.2\mathrm{m}, H_p=1.23\mathrm{m}$	座	2	
10	安装闸阀	$DN250/DN150$	个	9/3	
11	改造给水阀门井	$\phi_j=2.0\mathrm{m}, H_p=1.9\mathrm{m}$	座	2	
12	拆除给水铸铁管	$DN200$	m	89	
13	拆除给水铸铁管	$DN150$	m	223	
14	拆除给水铸铁管	$DN100$	m	137	
15	拆除水表井		座	1	
16	拆除消防栓		座	2	
17	铺设排水钢筋混凝土管	$d300$ 石棉水泥接口	m	312	
18	铺设排水钢筋混凝土管	$d200$ 石棉水泥接口	m	210	
19	铺设排水铸铁管	$DN200$ 胶圈接口	m	3	
20	铺设排水铸铁管	$DN150$ 胶圈接口	m	54	
21	铺设排水铸铁管	$DN100$ 胶圈接口	m	12	
22	铺设排水钢管	$DN50$ 焊接口	m	3	
23	建圆形排水检查井	$\phi_j=1.0\mathrm{m}, H_p=2.2\mathrm{m}$	座	15	
24	建砖砌化粪池	3-6B11 型, $V=6\mathrm{m}^3$	座	2	
25	拆除排水钢筋混凝土管	$d200$	m	318	
26	拆除排水铸铁管	$DN150$	m	6	
27	拆除排水双联井		座	3	
28	拆除排水检查井		座	3	
29	建圆形雨水检查井	$\phi_j=1.0\mathrm{m}, H_p=2.2\mathrm{m}$	座	25	雨水、雨污合流
30	拆除给水阀门井		座	3	
31	拆除排水检查井		座	6	

第二步，计算施工图预算见表 4-40～表 4-44。

表 4-40 安装工程预算表

单位：元

定额编号	工程名称	工程量		预算价		人工费		材料费		机械费	
		单位	数量	单价	金额	单价	金额	单价	金额	单价	金额
	一、给水										
8-69	铺设给水铸铁管 $DN250$	m	638	16.05	10239.90	5.48	3496.24	7.54	4810.52	3.03	1933.14
8-68	铺设给水铸铁管 $DN200$	m	20	13.76	275.20	4.32	86.40	6.40	128.00	3.03	60.60
8-25	铺设给水钢管 $DN50$	m	74	3.37	249.38	1.84	136.16	1.32	97.68	0.21	15.54
8-3	铺设给水钢管 $DN25$	m	7	2.59	18.13	1.39	9.73	1.10	7.70	0.09	0.63
8-285	安装蝶阀 $DN350$	个	1	1168.90	1168.90	85.00	85.00	1058.75	1058.75	25.15	25.15
8-283	安装蝶阀 $DN250$	个	9	791.28	7121.52	54.81	493.29	712.86	6415.74	23.61	212.49

续表

定额编号	工程名称	工程量		预算价		人工费		材料费		机械费	
		单位	数量	单价	金额	单价	金额	单价	金额	单价	金额
8-281	安装蝶阀 DN150	个	3	370.20	1110.60	32.76	98.28	337.44	1012.32	0.00	0.00
8-372	安装水表 DN250	组	2	11118.2	22236.4	324.36	648.72	10143.1	20286.20	650.75	1301.50
7-111	安装消防栓	套	2	91.05	182.10	20.13	40.26	64.62	129.24	6.30	12.60
8-215	安装伸缩器 DN350	个	1	1216.58	1216.58	93.35	93.35	997.16	997.16	126.07	126.07
8-214	安装伸缩器 DN250	个	9	857.26	7715.34	62.73	546.57	693.84	6244.56	100.69	906.21
8-212	安装伸缩器 DN150	个	3	310.36	931.08	30.40	91.20	254.58	736.74	25.38	76.14
8-283 代	安装减压阀 DN250	个	2	791.28	1582.56	54.81	109.62	712.86	1425.72	23.61	47.22
49	拆除给水铸铁管 DN250	m	89	7.07	629.23	2.69	239.41	0.80	71.2	3.58	318.62
48	拆除给水铸铁管 DN150	m	223	3.65	813.95	2.35	524.05	0.75	167.25	0.55	122.65
47	拆除给水铸铁管 DN100	m	137	2.75	376.75	1.99	272.63	0.48	65.76	0.27	36.99
137	拆除水表 DN200	组	1	141.43	141.43	139.56	139.56	1.87	1.87	0.00	0.00
144	拆除消防栓	组	2	12.51	25.02	10.61	21.22	1.90	3.8	0.00	0.00
120	拆除闸阀 DN150	个	4	17.27	69.08	16.12	64.48	1.15	4.6	0.00	0.00
	以上小计				56101.63		7214.17		43691.81		5195.55
	定额基价中未计列的材料费										
	给水铸铁管 DN250	m	638					195.96	125022.48		
	给水铸铁管 DN200	m	20					143.92	2878.40		
	给水钢管 DN50	m	74					13.65	1010.10		
	给水钢管 DN25	m	7					6.77	47.39		
	蝶阀 DN350	个	1					3223	3223		
	蝶阀 DN250	个	9					1901	17109		
	蝶阀 DN150	个	3					1061	3183		
	水表 DN250	个	2					3914	7828		
	消防栓	个	2					1040	2080		
	伸缩器 DN350	个	1					1610	1610		
	伸缩器 DN250	个	9					1073	9657		
	伸缩器 DN150	个	3					939	2817		
	减压阀 DN250	个	2					1689	3378		
	以上小计								179843.37		
	给水定额直接费合计				235945		7214.17		223535.2		5195.55
	二、排水										
分析价	铺设排水钢筋混凝土管 d300	m	312	196.79	61398.48	86.71	27053.52	110.08	34344.96	0.00	0.00
参 8-80	铺设排水钢筋混凝土管 d200	m	234	109.33	25583.22	48.17	11271.78	61.16	14311.44	0.00	0.00
8-80	铺设排水铸铁管 d200	m	3	109.33	327.99	48.17	144.51	61.16	183.48	0.00	0.00
8-79	铺设排水铸铁管 d150	m	54	75.71	4088.34	40.46	2184.84	35.25	1903.5	0.00	0.00
8-77	铺设排水铸铁管 d100	m	12	58.41	700.72	35.54	426.48	22.87	274.44	0.00	0.00
8-25 代	铺设排水钢管 DN50	m	3	3.37	10.11	1.84	5.52	1.32	3.96	0.21	0.63

续表

定额编号	工程名称	工程量 单位	工程量 数量	预算价 单价	预算价 金额	人工费 单价	人工费 金额	材料费 单价	材料费 金额	机械费 单价	机械费 金额
49代	拆除排水钢筋混凝土管 d200	m	342	7.07	2417.94	2.69	919.98	0.80	273.60	3.58	1224.36
48	铺设排水铸铁管 d150	m	6	3.65	21.90	2.35	14.10	0.75	4.50	0.55	3.30
	以上小计				94548.90		42020.73		51299.88		1228.29
	定额基价中未计列的材料费										
	排水钢筋混凝土管 d300	m	312					84.14	26251.68		
	排水钢筋混凝土管 d200	m	234					45.47	10639.98		
	排水铸铁管 DN200	m	3					103.34	310.02		
	排水铸铁管 DN150	m	54					63.91	3451.14		
	排水铸铁管 DN100	m	12					38.00	456.00		
	排水钢管 DN50	m	3					16.64	49.92		
	以上小计								41158.74		
	排水定额直接费合计				135707.64		42020.73		92458.62		1228.29
	安装定额直接费合计				371652.64		49234.90		315993.82		6423.84

表 4-41 建筑工程预算表

单位：元

定额编号	工程名称	工程量 单位	工程量 数量	预算价 单价	预算价 金额	人工费 单价	人工费 金额	材料费 单价	材料费 金额	机械费 单价	机械费 金额
	一、给水										
5-388	建砖砌给水阀门井 $\phi_j=2.0m, H=2.7m$	座	3	1575.05	4725.15	368.40	1105.2	1191.41	3574.23	15.24	45.72
5-386	建砖砌给水阀门井 $\phi_j=1.8m, H=2.3m$	座	4	1325.17	5300.68	293.61	1174.44	1018.73	4074.92	12.83	51.32
5-382 + 5-383	建砖砌给水阀门井 $\phi_j=1.4m, H=1.9m$	座	1	999.39	999.39	195.81	195.81	797.04	797.04	6.54	6.54
5-408	建水表井 $A\times B\times H=2.75m\times1.25m\times1.9m$	座	2	1640.11	3280.22	347.48	694.96	1262.16	2524.32	30.47	60.94
5-419	建消火栓室 $\phi_j=1.2m, H=1.23m$	座	2	584.24	1168.48	93.62	187.24	490.40	980.80	0.22	0.44
5-386 代	建减压阀井	座	2	1325.17	2650.34	293.61	587.22	1018.73	2037.46	12.83	25.66
1-607	拆除水表井	m³	9	22.62	203.58	22.62	203.58	0.00	0.00	0.00	0.00
1-607	拆除给水阀门井	m³	9	22.62	203.58	22.62	203.58	0.00	0.00	0.00	0.00
1-8	人工挖土方	m³	1510	8.15	12306.5	8.15	12306.5	0.00	0.00	0.00	0.00
1-91	夯填土	m³	1480	8.11	12002.8	6.31	9338.80	0.01	14.8	1.79	2649.20
	小计				42840.72		25997.33		14003.57		2839.82

续表

定额编号	工程名称	工程量		预算价		人工费		材料费		机械费	
		单位	数量	单价	金额	单价	金额	单价	金额	单价	金额
	二、排水										
6-407	建排水检查井 $\phi_j=$ 1.0m, $H=2.2$m	座	15	1042.83	15642.45	165.15	2477.25	874.26	13113.9	3.42	51.30
6-401	建雨水检查井 $\phi_j=$ 1.0m, $H=2.2$m	座	25	909.90	22747.5	171.25	4281.25	735.13	18378.25	3.52	88.00
10-150	建钢筋混凝土化粪池 $V=6$m^3	座	2	8494.42	16988.84	2946.90	5893.80	5014.40	10028.80	533.12	1066.24
10-154	建钢筋混凝土化粪池 $V=30$m^3	座	2	20562.05	41124.10	6686.74	13373.48	12457.18	24914.36	1418.13	2836.26
26代	拆除排水双联井	m^3	12	16.54	198.48	16.54	198.48	0.00	0.00	0.00	0.00
26代	拆除排水检漏井	m^3	24	16.54	198.48	16.54	198.48	0.00	0.00	0.00	0.00
26	拆除排水检查井	m^3	24	16.54	396.96	16.54	396.96	0.00	0.00	0.00	0.00
52	拆除钢筋混凝土化粪池	m^3	60	14.39	863.40	14.36	861.60	0.02	1.20	0.00	0.00
1-8	人工挖土方	m^3	2970	8.15	24205.50	8015	24205.5	0.00	0.00	0.00	0.00
1-91	夯填土	m^3	2920	8.11	23681.2	6.31	18425.20	0.01	29.2	1.79	5226.80
	小计				146046.91		70312.00		66465.71		9268.60
	定额直接费合计				188887.63		96309.33		80469.28		12108.42

表 4-42 安装工程预算汇总表

序号	费用项目名称	计算基数	费率/%	合计/元
一	人工、材料、机械费	(一)+(二)		411439.37
(一)	直接工程费			371652.64
1	人工费			49234.90
2	材料费			315993.82
3	机械费			6423.84
(二)	措施费			39786.73
1	技术措施费			23140.41
	临时设施费	人工费	22.00	10831.68
	现场施工管理费	人工费	25.00	12308.73
2	其他措施费	人工费	33.81	16646.32
二	价差调整			0.00
1	人工费调整			0.00
2	材料调整			0.00
	其中:一类材差			0.00
	二类材差			0.00
3	机械费调整			0.00
三	企业管理费	人工费	38.00	18709.26
四	施工利润	人工费	79.00	38895.57
五	规费			15755.16
1	劳动保险基金	人工费	30.50	15016.64
2	工程定额测定费	人工费	1.50	738.52
六	税金	(一+二+三+四)	3.41	16531.66
七	工程造价			501331.02

表 4-43　建筑工程预算汇总表

序号	费用项目名称	计算基数	费率/%	合计/元
一	人工、材料、机械费	（一）+（二）		250467.82
（一）	直接工程费			188887.63
1	人工费			96309.33
2	材料费			80469.28
3	机械费			12108.42
（二）	措施费			61580.19
1	技术措施费			26966.62
	临时设施费	人工费	8.00	7704.75
	现场管理费	人工费	20.00	19261.87
2	其他措施费	人工费	35.94	34613.57
二	价差调整			0.00
1	人工费调整			0.00
2	材料调整			0.00
	其中:一类材差			0.00
	二类材差			0.00
3	机械费调整			0.00
三	企业管理费	人工费	27.00	26003.52
四	施工利润	人工费	46.00	44302.29
五	规费			12048.30
1	劳动保险基金	人工费	11.01	10603.66
2	工程定额测定费	人工费	1.50	1444.64
六	税金	（一+二+三+四）	3.41	11349.22
七	工程造价			344171.15

表 4-44　预算汇总表

序号	费用项目名称	数量	指标	合计/元
一	土建			344171.15
二	安装			501331.01
	合计			845502.16

思 考 题

1. 设计概算的作用是什么？

2. 建筑工程设计概算一般有几种编制方法？各种方法的特点是什么？

3. 单项工程概算是如何编制的？

4. 什么是施工图预算？施工图预算作用？

5. 什么是单位估价法？什么是实物法？二者区别是什么？

6. 常见的价差调整方法有哪几种？

7. 为什么编制施工图预算的关键是工程量的计算？

8. 建设项目概预算书由哪几部分组成？

第五章 ▶▶ 工程量清单计价

改革开放以来，为适应社会主义市场经济发展的需要，我国工程造价管理领域推行了一系列的改革。为规范建设工程造价计价行为，统一建设工程计价文件的编制原则和计价方法，根据《中华人民共和国建筑法》《中华人民共和国合同法》《中华人民共和国招标投标法》等法律法规，修订颁布了《建设工程工程量清单计价规范》（GB 50500—2013）。"计价规范"规定使用国有资金投资的建设工程施工发承包，必须采用工程量清单计价。该计价办法的实施，推动了建筑业更进一步的改革，加快了建筑业与国际接轨的步伐。

第一节 工程量清单计价的概述

一、工程量清单及工程量清单计价

工程量清单由具有编制招标文件能力的招标人，或受其委托具有相应资质的工程造价咨询机构、招标代理机构，依据最新颁布的《建设工程工程量清单计价规范》（GB 50500—2013）（以下简称"计价规范"）及招标文件的有关要求，结合设计文件及有关说明和施工现场实际情况，将拟建招标工程的全部项目和内容，依据统一的工程量计算规则、统一的工程量清单项目编制规则要求，计算拟建招标工程的分部分项工程数量的表格。简单来说，工程量清单就是表现拟建工程的分部分项工程项目、措施项目、其他项目的名称和相应数量以及规费、税金项目等内容的明细清单。

工程量清单是由招标人发出的一套注有拟建工程各实物工程名称、性质、特征、单位、数量及开办项目、税费等相关表格组成的文件。在了解工程量清单概念时，首先工程量清单是一份由招标人提供的文件，编制人是招标人或其委托的工程造价咨询单位。其次在性质上说，工程量清单是招标文件的组成部分，已经中标且签订合同，即成为合同的组成部分。因此，无论是招标人还是投标人都应该慎重对待。再次工程量清单的描述对象是拟建工程，其内容涉及清单项目的性质、数量等，并以表格为表现形式。

工程量清单体现了招标人要求投标人完成的工程及相应的工程数量，全面反映了投标报价的要求，是投标人进行报价的依据，是招标文件不可分割的一部分。它作为招标文件的组成部分，一个最基本的功能是作为信息载体，以便投标人对工程有全面充分的了解。从这个意义上讲，工程量清单的内容要全面、准确。

合理的清单项目设置和准确的工程数量是清单计价的前提和基础。对于招标人来讲，工程量清单是进行投资控制的前提和基础，工程量清单编制的质量直接关系和影响到工程建设的最终结果。

工程量清单计价是建设工程招投标中，招标人或招标人委托具有资质的中介机构按照国家统一的工程量清单"计价规范"，由招标人列出工程数量作为招标文件的一部分提供给投标人，投标人自主标价经评审后确定中标的一种主要工程计价模式。

工程量清单计价是改革和完善工程价格管理体制的一个重要组成部分。工程量清单计价方法相对于传统的定额计价方法是一种新的计价模式，或者说是一种市场定价模式，它是由建设产品的买方和卖方在建设市场上根据供求状况、信息状况进行自由竞价，从而最终能够签订工程合同价格的方法。在工程量清单的计价过程中，工程量清单为建设市场的交易双方提供了一个平等的平台，其内容和编制原则的确定是整个计价方式改革中的重要工作。

工程量清单计价真实反映了工程实际，为把定价自主权交给市场参与方提供了可能。在工程招标投标过程中，投标企业在投标报价时必须考虑工程本身的内容、范围、技术特点要求以及招标文件的有关规定、工程现场情况等因素。同时还必须充分考虑到许多其他方面的因素，如投标单位自己制定的工程总进度计划、施工方案、分包计划、资源安排计划等。这些因素对投标报价有着直接而重大的影响，而且对每一项招标工程来讲都具有其特殊性的一面，所以应该允许投标单位针对这些方面灵活机动地调整报价，以使报价能够比较准确的与工程实际相吻合。而只有这样才能把投标定价自主权真正交给招标和投标单位，投标单位才会对自己的报价承担相应的风险与责任，从而建立起真正的风险制约和竞争机制，避免合同实施过程中的推诿和扯皮现象的发生，为工程管理提供方便。

我国目前大力推行工程量清单计价，其目的就是由招标人提供工程量清单，由投标人对工程量清单复核，结合企业管理水平、技术装备、施工组织措施等，依照市场价格水平、行业成本水平及所掌握的价格信息，由企业自主报价。通过工程量清单的统一提供，使构成工程造价的各项要素如人工费、材料费、机械费、管理费、措施费、利润等的最终定价权交给了企业。同时，也向企业提出了更高的要求，企业要获得最佳效益，就必须不断改进施工技术，资源合理调配，降低各种消耗，更新观念，不断提高企业的经营水平，并且要求企业不断挖掘潜力，积极采用新技术、新工艺、新材料，通过科学技术不断创新，努力降低成本，保证企业在激烈的市场竞争中立于不败之地。

二、工程量清单计价的作用

实行工程量清单计价主要有以下作用。

1. 实行工程量清单计价，是规范建设市场秩序，适应社会主义经济发展的需要。工程量清单计价是市场形成工程造价的主要形式，有利于发挥企业自主报价的能力，实现由政府定价向市场定价的转变；有利于规范业主在招标中的行为，有效避免招标单位在招标中盲目压价的行为，从而真正体现公开、公平、公正的原则，适应市场经济规律。

2. 实行工程量清单计价，是促进建设市场有序竞争和健康发展的需要。工程量清单招标投标，对招标人来说由于工程量清单是招标文件的组成部分，招标人必须编制出准确的工程量清单，并承担相应的风险，促进招标人提高管理水平。由于工程量清单是公开的，将避免工程招标中弄虚作假、暗箱操作等不规范的行为。对投标人来说，要正确进行工程量清单报价，必须对单位工程成本、利润进行分析，精心选择施工方案，合理组织施工，合理控制现场费用和施工技术措施费用。此外，工程量清单对保证工程款的支付、结算都起到重要作用。

3. 实行工程量清单计价，有利于我国工程造价政府管理职能的转变。实行工程量清单计价，将过去由政府控制的指令性定额计价转变为制定适宜市场经济规律需要的工程量清单计价方法，从过去政府直接干预转变为对工程造价依法监督，有效地加强政府对工程造价的宏观控制。

4. 实行工程量清单计价，是适应我国加入世界贸易组织（WTO），融入世界大市场的需要。随着我国改革开放的进一步加快，中国经济日益融入全球市场，特别是我国加入世界贸易组织后，建设市场将进一步对外开放，国外的企业以及投资的项目越来越多的进入国内市场，我国企业走出国门海外投资和经营的项目也在增加。为了适应这种对外开放建设市场的形式，就必须与国际通行的计价方法相适应，为建设市场主体创造一个与国际管理接轨的市场竞争环境，有利于提高国内建设各方主体参与国际化竞争的能力。

三、工程量清单计价特点

与招投标过程中采用定额计价法相比，采用工程量清单计价方法具有如下一些特点。

1. 统一计价规则

通过制定统一的建设工程量清单计价方法、统一的工程量计量规则、统一的工程量清单项目设置规则，达到规范计价行为的目的。这些规则和办法是强制性的，建设各方面都应该遵守，这是工程造价管理部门首次在文件中明确政府应管什么、不应管什么。

2. 有效控制消耗量

通过由政府发布统一的社会平均消耗量指导标准，为企业提供一个社会平均尺度，避免企业盲目或随意大幅度减少或扩大消耗量，从而达到保证工程质量的目的。

3. 彻底放开价格

将工程消耗量定额中的工、料、机价格和利润，管理费全面放开，由市场的供求关系自行确定价格。

4. 企业自主报价

投标企业根据自身的技术专长、材料采购渠道和管理水平等，制定企业自己的报价定额，自主报价。企业尚无报价定额的，可参考使用造价管理部门颁布的《建设工程消耗量定额》。

5. 市场有序竞争形成价格

通过建立与国际惯例接轨的工程量清单计价模式，引入充分竞争形成价格的机制，制定衡量投标报价合理性的基础标准，在投标过程中，有效引入竞争机制，淡化标底的作用，在保证质量、工期的前提下，按国家《招标投标法》及有关条款规定，最终以"不低于成本"的合理低价者中标。

四、工程量清单计价方式下建筑安装工程造价

建筑安装工程费按照工程造价形成由分部分项工程费、措施项目费、其他项目费、规费、税金组成。分部分项工程费、措施项目费、其他项目费包含人工费、材料费、施工机械使用费、企业管理费和利润以及一定范围内的风险费用。建筑安装工程造价根据其计算方法的不同，费用组成也略有不同（详见第二章部分）。

第二节　工程量清单计价程序

工程量清单计价是在统一的工程量清单项目设置的基础上，制定工程量清单计量规则，根据具体工程的施工图纸计算出各个清单项目的工程量，再根据各种渠道所获得的工程造价

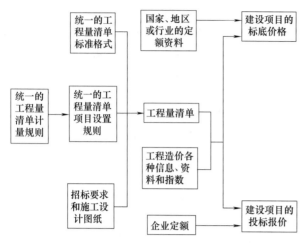

图 5-1　工程量清单计价过程示意

信息和经验数据计算得到工程造价。这一计算过程如图 5-1 所示。

从工程量清单计价的过程可以看出，其编制过程可以分为两个阶段。工程量清单的编制和利用工程量清单编制投标报价（或标底）。投标报价是在招标单位提供的工程量计算的基础上，投标单位根据企业自身所掌握的各种信息、资料，结合企业定额编制得出的。

具体的步骤如下。

1. 研究招标文件，熟悉图纸

① 熟悉工程量清单。工程量清单是计算工程造价最重要的依据，在计价时必须全面了解每一个清单项目的特征描述，熟悉其所包括的工程内容，以便在计价时不漏项，不重复计算。

② 研究招标文件。工程招标文件及合同条件的有关条款和要求是计算工程造价的重要依据。在招标文件及合同条件中对有关承发包工程范围、内容、期限、工程材料、设备采购、供应办法等都有具体规定，只有在计价时按规定进行，才能保证计价的有效性。因此，投标单位拿到招标文件后，根据招标文件的要求，要对照图纸，对招标文件提供的工程量清单进行复查或复核，其内容主要有以下几部分。

a. 分专业对施工图进行工程量的数量审查。一般招标文件上要求投标单位核查工程量清单，如果投标单位不审查，则不能发现清单编制中存在的问题，也就不能充分利用招标单位给予投标单位澄清问题的机会，则由此产生的后果由投标单位自行负责。

b. 根据图纸说明和选用的技术规范对工程量清单项目进行审查。这主要是指根据规范和技术要求，审查清单项目是否漏项。

c. 根据技术要求和招标文件的具体要求，对工程需要增加的内容进行审查。认真研究招标文件是投标单位争取中标的第一要素。表面上看，各招标文件基本相同，但每个项目都有自己的特殊要求，这些要求一定会在招标文件中反映出来，这需要投标人仔细研究。有的工程量清单上要求增加的内容与技术要求和招标文件上的要求不统一，只有通过审查和澄清才能统一起来。

③ 熟悉施工图纸。全面、系统地阅读图纸，是准确计算工程造价的重要工作。阅读图纸时应注意以下几点。

a. 按设计要求，收集图纸选用的标准图、大样图。

b. 认真阅读设计说明，建筑安装施工要求及特点。

c. 了解本专业施工与其他专业施工工序之间的关系。

d. 对图纸中的错、漏以及表示不清楚的地方予以记录，以便在招标答疑会上询问解决。

④ 熟悉工程量计算规则。当分部分项工程的综合单价采用定额进行单价分析时，对定额工程量计算规则的熟悉和掌握是快速、准确地进行单价分析的重要保证。

⑤ 了解施工组织设计。施工组织设计或施工方案是施工单位的技术部门针对具体工程

编制的施工作业的指导性文件，其中对施工技术措施、安全措施、施工机械配置、是否增加辅助项目等，都应在工程计价的过程中予以注意。施工组织设计所涉及的图纸以外的费用主要属于措施项目费。

⑥ 熟悉加工订货的有关情况。明确建设、施工单位双方在加工订货方面的分工。对需要进行委托加工订货的设备、材料生产厂或供应商询价，并落实厂家或供应商对产品交货期及产品到工地交货价格的承诺。

⑦ 明确主材和设备的来源情况。主材和设备的型号、规格、质量、材质、品牌等对工程造价影响很大，因此主材和设备的范围及有关内容需要发包人予以明确，必要时注明产地和厂家。对于大宗材料和设备价格，必须考虑交货期和从交通运输线至工地现场的运输条件。

2. 计算清单工程量

清单工程量计算主要有两部分内容，一是核算工程量清单所提供的清单项目工程量是否准确，二是计算每一个清单项目所组合的工程项目（子项）的工程量，以便进行单价分析。在计算工程量时，应注意清单计价和定额计价的计算方法不同。清单计价时，是辅助项目随主项计算，将不同的工程内容组合在一起，计算出清单项目的综合单价；而定额计价时，是按相同的工程内容合并汇总，然后套用定额，计算出该项目的分部分项工程费。

3. 分部分项工程量清单计价

分部分项工程量清单计价分两个步骤。第一步是按招标文件给定的工程量清单项目逐个进行综合单价分析。在分析计算依据采用方面，可采用企业定额，也可采用各地现行的建筑安装工程综合定额。第二步按分部分项工程量清单计价格式，将每个清单项目的工程数量分别乘以对应的综合单价计算出各项合价，再将各项合价汇总。

分部分项工程费＝∑（分部分项清单工程量×分部分项工程综合单价）

其中分部分项工程综合单价由人工费、材料费、机械使用费、管理费、利润等组成，并考虑风险费用。

4. 措施项目清单计价

措施项目清单是完成项目施工必须采取的措施所需的工程内容，一般在招标文件中提供。如提供的项目与拟建工程情况不完全相符时，投标人可做增减。费用的计算可参照计价办法中措施项目指引的计算方法进行，也可按施工方案和施工组织设计中相应项目要求进行人工、材料、机械使用、管理费和利润分析计算。

措施项目费属于竞争性的费用，投标报价时由编制人根据企业的情况自行计算，可高可低。编制人没有计算或少计算费用，视为此费用已包括在其他费用内，额外的费用除招标文件和合同约定外，不予支付。

施工技术措施项目费＝∑（施工技术措施项目工程量×相应技术措施项目综合单价）

其中技术措施项目综合单价的构成与分部分项工程单价的构成类似。

施工组织措施项目费＝∑（费用计算基数×相应组织措施项目费率）

施工措施项目费＝施工技术措施项目费＋施工组织措施项目费

5. 其他项目费、规费、税金的计算

工程量清单计价的价款应包括按招标文件规定，完成工程量清单所列项目的全部费用，包括分部分项工程费、措施项目费、其他项目费和规费、税金。其他项目费、规费、税金可按各地规定计算。

单位工程报价＝分部分项工程费＋措施项目费＋其他项目费＋规费＋税金

单项工程报价＝∑单位工程报价

建设项目总报价＝∑单项工程报价

第三节　工程量清单格式与工程量清单计价格式

工程量清单计价是指投标人根据招标人公开提供的工程量清单进行自主报价或招标人编制标底以及承发包双方确定合同价款、调整工程竣工结算等活动。工程量清单计价应采用统一表格。

一、工程量清单格式

工程量清单是招标文件的组成部分，主要由分部分项工程量清单、措施项目清单和其他项目清单等组成，它是编制标底和投标报价的依据，是签订工程合同、调整工程量和办理竣工结算的基础。工程量清单由有编制招标文件能力的招标人或受其委托具有相应资质的工程造价咨询机构、招标代理机构依据有关计价办法、招标文件的有关要求、设计文件和施工现场实际情况进行编制。

编制工程量清单时，主要应以《建设工程工程量清单计价规范》（GB 50500—2013）为依据。"计价规范"包括正文和附录两大部分，两者具有同等效力。正文共16章（见附录二），分别就"计价规范"适用遵循的原则、编制工程量清单应遵循的规则、工程量清单计价活动的规则、工程量清单及其计价格式做了明确规定。附录按现行国家计量规范划分为9类工程（《市政工程计量规范》见附录三）。附录中包括项目编码、项目名称、项目特征、计量单位、工程量计算规则和工程内容，其中项目编码、项目名称、计量单位、工程量计算规则作为"四统一"的内容，要求招标人在编制工程清单时必须执行。

工程量清单应以单位（项）工程为单位编制，由分部分项工程量清单、措施项目清单、其他项目清单、规费、税金五个清单组成。

1. 分部分项工程量清单

（1）分部分项工程量清单设置　分部分项工程量清单是由招标人按照"计价规范"中统一的项目编码、统一的项目名称、统一的计量单位和统一的工程量计算规则（即四个统一）进行编制的，清单项目的内容是以表格的形式体现的。招标人必须按规范规定执行，不得因情况不同而变动。在设置清单项目时，以规范附录中项目名称为主体，考虑该项目的规格、型号、材质等特征要求，结合拟建工程的实际情况，在清单中详细地反映出影响工程造价的主要因素。

分部分项工程清单项目的设置以形成工程实体为原则，它是计量的前提。清单项目名称均以工程实体命名。所谓实体是指形成生产或工艺作用的主要实体部分，对附属或次要部分不设置项目。项目必须包括完成或形成实体部分的全部内容。

工程量清单的项目设置规则是为了统一工程量清单项目名称、项目编码、计量单位和工程量计算而制定的，是编制工程量清单的依据。《市政工程计量规范》（GB 50857—2013）附录D中市政垃圾卫生填埋工程工程量清单的项目设置如表5-1。

表 5-1　垃圾卫生填埋（编号：040701）

项目编码	项目名称	项目特征	计量单位	工程量计算规则	工作内容
040701001	场地平整	1. 部位 2. 坡度 3. 压实度	m²	按设计图示尺寸以面积计算	1. 找坡、平整 2. 压实
040701002	垃圾坝	1. 结构类型 2. 土石种类、密实度 3. 砌筑形式、砂浆强度等级 4. 混凝土强度等级 5. 断面尺寸	m³	按设计图示尺寸以体积计算	1. 模板制作、安装、拆除 2. 地基处理 3. 摊铺、夯实、碾压、整形、修坡 4. 砌筑、填缝、铺浆 5. 浇筑混凝土 6. 沉降缝 7. 养护

① 项目编码。工程量清单的项目编码是分部分项工程和措施项目清单名称的阿拉伯数字标识，项目编码以五级编码设置，用十二位阿拉伯数字表示。一、二、三、四级编码统一，第五级编码由工程量清单编制人区分具体工程的清单项目特征而分别编码。工程量清单的项目编码结构如图 5-2 所示，各级编码代表的含义如下。

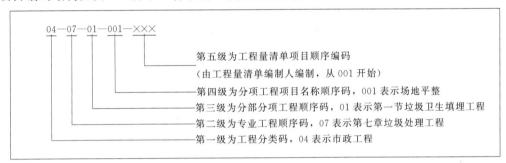

图 5-2　工程量清单的项目编码结构

第一级表示分类码（分二位）：建筑工程为 01、装饰装修工程为 02、安装工程为 03、市政工程为 04、园林绿化工程为 05、矿山工程 06、构筑物工程 07、城市轨道交通工程 08、爆破工程 09。

第二级表示专业工程顺序码（分二位），如 0407 为"市政工程"的"垃圾处理工程"。

第三级表示分部分项工程顺序码（分二位）。

第四级表示分项工程项目名称顺序码（分三位）。

第五级表示具体工程量清单项目顺序编码（分三位），主要区别同一分部分项工程具有不同特征的项目，由工程量清单编制人编制，从 001 开始。

例：040701001 表示"市政工程"的"垃圾处理工程"的"垃圾卫生填埋"的第一项工程"场地平整"项目。

② 项目名称。项目名称原则上以形成工程实体而命名。项目名称如有缺项，招标人可按相应的原则进行补充，并报当地工程造价管理部门备案。

③ 项目特征。项目特征是构成分部分项工程项目、措施项目自身价值的本质特征，是对项目的准确描述，是影响价格的因素，是设置具体清单项目及确定清单项目综合单价的依据。项目特征按不同的工程部位、施工工艺或材料品种、规格等分别列项。凡项目特征中未描述到的其他独有特征，由清单编制人视项目具体情况而定，以准确描述清单项目为准。清单项目清晰、准确，才能使投标人全面、准确地理解招标人的工程内容和要求，做到计价有

效。招标人编制工程量清单时,对项目特征的描述是非常关键的内容,必须予以足够的重视。

④ 工程量及计量单位。清单项目的工程量计算应严格执行"计价规范"所规定的工程量计算规则,不能同定额工程量计算相混淆。计量单位应采用基本单位。

a. 以"t"为单位,应保留小数点后三位数字,第四位小数四舍五入。

b. 以"m、m²、m³、kg"为单位,应保留小数点后两位数字,第三位小数四舍五入。

c. 以"个、件、根、组、系统"为单位,应取整数。

d. 没有具体数量的项目——宗、项……

各专业有特殊计量单位的,再另外加以说明,当计量单位有两个或两个以上时,应根据所编工程量清单项目的特征要求,选择一个最适宜表现该项目特征并方便计量的单位。

工程量的计算主要通过工程量计算规则计算得到。工程量计算规则是指对清单项目工程量的计算规定。除另有说明外,所有清单项目的工程量应以实体工程量为准,投标人投标报价时,应在单价中考虑施工中的各种损耗和需要增加的工程量。附录三列出《市政工程计量规范》(GB 50857—2013)可供参考。

⑤ 工程内容。工程内容是指完成该清单项目可能发生的具体工程,可供招标人确定清单项目和投标人投标报价参考。凡工程内容中未列全的其他具体工程,由投标人按招标文件或图纸要求编制,以完成清单项目为准,综合考虑到报价中。

由于清单项目是按实体设置的,而实体是由多个工程综合而成的,在清单项目的表现形式上是由主体项目和辅助项目(或称组合项目、子项)构成,主体项目即"计价规范"中的项目名称,组合项目即"计价规范"中的工程内容。"计价规范"对各清单项目可能发生的组合项目均做了提示并列在"工程内容"一栏内,供清单编制人根据具体工程有选择地对项目描述时进行参考。

(2)分部分项工程量清单格式 分部分项工程量清单的标准格式如表 5-2 所示。在分部分项工程量清单的编制过程中,由招标人负责前六项内容填列,金额部分在编制招标控制价或投标报价时填列。

表 5-2 分部分项工程量清单与计价表

工程名称			标段			第 页共 页		
序号	项目编码	项目名称	项目特征描述	计量单位	工程量	金额/元		
						综合单价	合价	暂估价

在编制工程量清单时,对于"计价规范"附录中的缺项,编制人可做补充,并报省级或行业工程造价管理机构备案,省级或行业工程造价管理机构应汇总报住房和城乡建设部标准定额研究所。补充项目的编码应由附录顺序码与 B 和三位阿拉伯数字组成,并应从 XB001 起按顺序编码,不得重号。工程量清单中须附有补充项目的名称、项目特征、计量单位、工程量计算规则、工作内容,见表 5-3。

2. 措施项目清单

措施项目是完成工程项目施工,发生于该工程施工准备前和施工过程中的技术、生活、安全、环境保护等方面的项目,措施项目分两类。

表 5-3 补充项目清单内容表

项目编码	项目名称	项目特征	计量单位	工程量计算规则	工作内容
工程名称			标段		第 页共 页
01B001	钢管柱	1. 地层描述 2. 送桩长度/单桩长度 3. 钢管材质、管径、管厚 4. 管桩填充材料的种类 5. 桩倾斜度 6. 防护材料种类	m/根	按图示设计尺寸以桩长（包括桩尖）或根数计算	1. 桩制作、运输 2. 打桩、试验桩、斜桩 3. 送桩 4. 管桩填充材料、刷防护材料

① 可以计算工程量的技术措施项目。可以精确计量的项目，如混凝土浇筑的模板工程，用分部分项工程量清单的方式采用综合单价，更有利于措施费的确定和调整。

② 难以计算工程量的一般措施项目。以"项"为计量单位进行编制。措施项目费用的发生与使用时间、施工方法或者两个以上的工序相关，与实际完成的实体工程量的大小关系不大，如大中型机械进出场及安拆、安全文明施工和安全防护、临时设施等。

措施项目清单的编制应考虑多种因素，除工程本身的因素外，还涉及水文、气象、环境、安全等和施工企业的实际情况。规范提供了措施项目作为列项的参考，对于表中未列的措施项目，工程量清单编制人可做补充，补充项目应列在清单项目最后，并在序号栏中以"补"字示之。

措施项目费为一次性报价，通常不调整。结算需要调整的，必须在招标文件和合同中明确。

措施项目清单必须根据相关工程现行国家"计价规范"的规定编制，按拟建工程的实际情况列项，格式见表 5-4、表 5-5。

表 5-4 措施项目清单与计价表

序号	项目编码	项目名称	项目特征描述	计量单位	工程量	综合单价	合价
工程名称		标段				第 页共 页	
						金额/元	

表 5-5 一般措施项目（041101）清单与计价表

序号	项目编码	项目名称	计算基础	费率/%	金额/元
工程名称		标段		第 页共	页
	041101001	安全文明施工			
	041101002	夜间施工			
	041101003	二次搬运			
	041101004	冬雨季施工			
	041101005	大型机械设备进出场及安拆费			
	041101006	施工排水			
	041101007	施工降水			
	041101008	地上、地下设施、建筑物临时保护设施			
	041101009	已完工程及设备保护			

续表

序号	项目编码	项目名称	计算基础	费率/%	金额/元
	041101010	打桩场地硬化及泥浆池、泥浆沟			
	041101011	地下管线交叉处理			
	041101012	行车、行人干扰增加费			
	041101013	隧道工程施工监测、监控			
		各专业工程的措施项目			

3. 其他项目清单

其他项目清单指分部分项工程量清单、措施项目清单所包含的内容以外，因招标人的特殊要求而发生的与拟建工程有关的其他费用项目和相应数量的清单。其他项目清单包括招标人部分和投标人部分，应根据拟建工程的具体情况列项，见表 5-6。

表 5-6　其他项目清单与计价汇总表

工程名称　　　　　　　　　　标段　　　　　　　　　　　　　　　第　　页共　　页

序号	项目名称	计量单位	金额/元	备　注
1	暂列金额	项		明细详见表
2	暂估价			
2.1	材料/工程设备暂估价			明细详见表
2.2	专业工程暂估价			明细详见表
3	计日工			明细详见表
4	总承包服务费			明细详见表

（1）招标人部分

① 暂列金额。暂列金额是招标人在工程量清单中暂定并包括在合同价款中的一笔款项。用于施工合同签订时尚未确定或者不可预见的所需材料、设备、服务的采购，施工中可能发生的工程变更、合同约定调整因素出现时的工程价款调整以及发生的索赔、现场签证确认等的费用。暂列金额明细见表 5-7。暂列金额应根据工程特点，按有关计价规定估算，通常为分部分项工程清单和措施清单的 10%～15%。

表 5-7　暂列金额明细

工程名称　　　　　　　　　　标段　　　　　　　　　　　　　　　第　　页共　　页

序号	项目名称	计量单位	暂定金额/元	备注
1				
2				
3				
	合计			

② 暂估价。暂估价是招标人在工程量清单中提供的用于支付必然发生但暂时不能确定价格的材料、工程设备的单价以及专业工程的金额。暂估价是指招标阶段至签订合同协议过程中，由于资料不齐全或标准不明而无法准确计算的工程量或者无法准确计算的单价。

a. 材料/工程设备暂估价。规范规定暂估价中的材料、工程设备暂估价应根据工程造价信息或参照市场价格估算，并列出明细表。

b. 专业工程的暂估价。专业工程暂估价应分不同专业，按有关计价规定估算。一般应是综合暂估价，包括除规费和税金以外的管理费、利润、措施费等取费。

（2）投标人部分

① 计日工。计日工是施工过程中，承包人完成发包人提出的合同范围以外的零星项目或工作，按合同中约定的综合单价计价的一种方式。所谓零星工作一般是指合同约定之外的或者因变更而产生的、工程量清单中没有相应项目的额外工作，尤其是那些时间不允许的事先商定价格的额外工作。计日工应列出项目名称、计量单位和暂定数量，见表 5-8。

表 5-8　计日工表

工程名称　　　　　　　　　　　　　标段　　　　　　　　　　　　第　　页共　　页

序号	项目名称	计量单位	暂定数量	综合单价	合价
一	人工				
1					
...					
人工小计					
二	材料				
...					
材料小计					
三	施工机械				
...					
施工机械小计					
总计					

计日工为额外工作和变更的计价提供了一个方便快捷的途径。为了获得合理的计日工单价，计日工表中一定要给出暂定数量，并且需要根据经验尽可能估算一个比较贴近实际的数量，同时尽可能把项目列全。

计日工暂定数量的确定方法主要有两种，第一种是经验法，第二种是百分比法。经验法，即通过委托专业咨询机构，凭借其专业技术能力与相关数据资料预估计日工的人工、材料、施工机械等使用数量。百分比法，即首先对分部分项工程的人、材、机进行分析，得出其相应的消耗量；其次，以人、材、机消耗量为基准按一定百分比取定计日工人工、材料与施工机械的暂定数量。如一般工程的计日工，人工暂定数量可取分部分项人工消耗总量的1%；材料消耗主要是辅助材料的消耗，按不同专业人工消耗材料类别列项，按人工日消耗量计算材料暂定数量；施工机械的列项和计量，除考虑人工因素外，还要考虑各种机械消耗的种类，可按分部分项工程各种施工机械消耗量1%取值。最后，按照招标工程的实际情况，对上述百分比取值进行一定的调整。

计日工数量确定的主要影响因素包括工程的复杂程度、工程设计质量及设计深度等。一般而言，工程较复杂、设计质量较低、设计深度不够（如招标时未完成施工图设计），则计日工所包括的人工、材料、施工机械等暂定数量应较多，反之则少。

② 总承包服务费。总承包人为配合协调发包人进行的专业工程分包，对发包人自行采购的设备、材料等进行保管以及施工现场管理、竣工资料汇总整理等服务所需的费用，总承包服务费计价见表 5-9。

表 5-9　总承包服务费计价表

工程名称　　　　　　　　　　　　　标段　　　　　　　　　　　　第　　页共　　页

序号	项目名称	项目价值/元	服务内容	费率/%	金额/元
1	发包人发包专业工程				
2	发包人供应材料				
合计					

4. 规费与税金

规费是根据省级政府或省级有关权力部门规定必须缴纳的、应计入建筑安装工程造价的费用。规费项目清单包括①工程排污费；②社会保险费，包括养老保险费、失业保险费、医疗保险费、工伤保险费、生育保险费；③住房公积金。出现规范未列的项目，应根据省级政府或省级有关权力部门的规定列项，见表 5-10。

现行国家税法规定的应计入建筑安装工程造价内的增值税、城市维护建设税、教育费附加及地方教育费附加。出现本规范未列的项目，应根据税务部门的规定列项。

表 5-10　规费、税金项目清单与计价表

工程名称　　　　　　　　　　标段　　　　　　　　　　　　　　第　　页共　　页

序号	项目名称	计算基础	费率/%	金额/元
1	规费			
1.1	工程排污费			
1.2	社会保险费			
1.2.1	养老保险费		按规定费率计算	
1.2.2	失业保险费			
1.2.3	医疗保险费			
1.2.4	工伤保险费			
1.2.5	生育保险费			
1.3	住房公积金			
2	税金 增值税 城市维护建设税 教育费附加 地方教育费附加	分部分项工程费+措施项目费+其他项目费+规费	按纳税地点现行税率计算	

注：根据住建部、财政部，关于（建标〔2013〕44号）《建筑安装工程费用项目组成》规定，社会保险费和住房公积金应以定额人工费为计算基础。

二、工程量清单计价格式

工程量清单计价应采用统一格式。工程量清单计价格式应随招标文件发至投标人，由投标人填写。其组成内容如下。

① 封面格式如图 5-3 所示。

> ＿＿＿＿＿＿＿＿工程
>
> **工程量清单报价**
>
> 投　标　人：＿＿＿＿＿＿＿＿＿＿＿　（单位签字盖章）
>
> 法定代表人：＿＿＿＿＿＿＿＿＿＿＿　（签字盖章）
>
> 造价工程师
>
> 及注册证号：＿＿＿＿＿＿＿＿＿＿＿　（签字盖执业专用章）
>
> 编制时间：＿＿＿＿＿＿＿＿＿＿＿

图 5-3　封面格式

② 投标总价格式如图 5-4 所示。

```
                投标总价
    建 设 单 位：_____
    工 程 名 称：_____
    投标总价(小写)：_____
         (大写)：_____
    投 标 人：_____　(单位签字盖章)
    法 定 代 表 人：_____　(签字盖章)
    编 制 时 间：_____
```

图 5-4　投标总价格式

③ 工程项目总价格式见表 5-11。

表 5-11　工程项目总价

工程名称　　　　　　　　　　　　　　　　　　　　　　　　　第　　页共　　页

序号	单项工程名称	金额/元
合计		

注：1. 单项工程名称按照单项工程费汇总的工程名称填写。

2. 金额按照单项工程费汇总的合计金额填写。

④ 单项工程费汇总。格式见表 5-12。

表 5-12　单项工程费汇总

工程名称　　　　　　　　　　　　　　　　　　　　　　　　　第　　页共　　页

序号	单项工程名称	金额/元
合计		

注：1. 单位工程名称按照单位工程费汇总的工程名称填写。

2. 金额按照单位工程费汇总的合计金额填写。

⑤ 单位工程费汇总。格式见表 5-13。

表 5-13　单位工程费汇总

工程名称　　　　　　　　　　　　　　　　　　　　　　　　　第　　页共　　页

序号	项目名称	金额/元
1	分部分项工程费合计	
2	措施项目费合计	
3	其他项目费合计	
4	规费	
5	税金	
合计		

注：单位工程费汇总中的金额应分别按照分部分项工程量清单计价、措施项目清单计价和其他项目清单计价的合计金额和按有关规定计算的规费、税金填写。

⑥ 分部分项工程量清单计价格式见表 5-2。

⑦ 措施项目清单计价格式见表 5-4、表 5-5。

⑧ 其他项目清单计价格式见表 5-6。

⑨ 零星工程费格式见表 5-14。

表 5-14 零星工程费

工程名称   第   页共   页

序号	名称	计量单位	数量	金额/元	
				综合单价	合价
1	人工小计				
2	材料小计				
3	机械小计				
	合计				

注：1. 招标人提供的零星工程费应包括详细的人工、材料、机械名称、计量单位和相应数量。

2. 综合单价应参照《建设工程工程量计价规范》规定的综合单价组成，根据零星工程的特点填写。

3. 工程竣工、零星工程费应按实际完成的工程量所需费用结算。

⑩ 分部分项工程量清单综合单价分析格式见表 5-15。

表 5-15 分部分项工程量清单综合单价分析

工程名称   第   页共   页

序号	项目编码	项目名称	工作内容	综合单价组成/元					综合单价
				人工费	材料费	机械使用费	管理费	利润	

⑪ 措施项目费分析格式见表 5-16。

表 5-16 措施项目费分析

工程名称   第   页共   页

序号	措施项目名称	单位	数量	金额/元					
				人工费	材料费	机械使用费	管理费	利润	小计

⑫ 主要材料价格格式见表 5-17。

表 5-17 主要材料价格

工程名称   第   页共   页

序号	材料编号	材料名称	规格、型号等特殊要求	单位	单价/元

第四节 清单工程量的计算及综合单价确定

工程量清单计价的主要内容是清单工程量计算和清单费用的确定。清单工程量计算及清单计价时，应根据相关工程现行国家计量规范规定编制，清单费用是采用清单综合单价计算的。

一、清单工程量的计算

清单工程量是按照现行国家计量规范规定的工程量计算规则计算的，下面列举清单工程量计算实例。

【例 5-1】　在某排水工程中，常用到水池，如图 5-5 所示，为一个现浇混凝土池壁的水池（有隔墙），计算其工程量（图中尺寸：mm）。

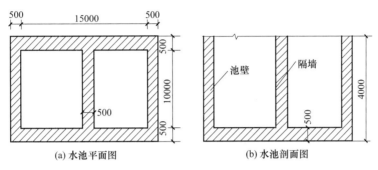

(a) 水池平面图　　　　　　　(b) 水池剖面图

图 5-5　现浇混凝土池壁的水池

解：

池壁指池内构筑物的内墙壁，具有不同的形状、不同类型。根据不同作用的池类型，池壁制作样式也有不同，现根据图示计算工程量。

混凝土浇筑：

$(15+0.5\times2)\times11\times4-(15-0.5)\times10\times(4.0-0.5)=196.5$（$m^3$）

分部分项工程量清单见表 5-18。

表 5-18　分部分项工程量清单

项目编码	项目名称	项目特征描述	单位	工程量
040506008001	现浇混凝土池壁（隔墙）	水池、现浇混凝土	m^3	196.5

【例 5-2】　某市政道路整修工程工程量清单编制

某市政道路整修工程，全长为 600m，路面修筑宽度为 14m，路肩各宽 1m，土质为四类，余方运至 5km 处弃置点，填方要求密实度达到 95%。道路工程土方工程量计算见表 5-19。

施工方案如下。

(1) 挖土数量不大，拟用人工挖土。

(2) 场内运输考虑用手推车运土，从道路工程土方工程量计算表中可看出运距在 200m 内。

(3) 余方弃置拟用人工装车，自卸汽车运输。

(4) 路基填土压实拟用路基碾压，碾压厚度每层不超过 30cm，并分层检验密实度，达到要求的密实度后再填筑上一层。

(5) 路床碾压为保证质量按路面宽度每边加宽 30cm。

试计算其工程量，并编制土石方工程分部分项工程工程量清单表。

表 5-19　道路工程土石方工程量计算表

工程名称：某市道路工程　　　　　　　　　　标段：k0＋000～k0＋600　　　第　页　共　页

桩号	距离/m	挖土			填土		
		断面面积/m²	平均断面面积/m²	体积/m³	断面面积/m²	平均断面面积/m²	体积/m³
0＋000		0			3.00		
	50		1.5	75		3.2	160
0＋050		3.00			3.40		
	50		3.0	150		4.0	200
0＋100		3.00			4.60		
	50		3.4	170		4.5	225
0＋150		3.80			4.40		
	50		3.6	180		5.2	260
0＋200		3.40			6.00		
	50		4.0	200		5.2	260
0＋250		3.60			4.40		
	50		4.4	220		6.2	310
0＋300		4.20			8.00		
	50		4.6	230		6.6	330
0＋350		5.00			5.20		
	50		5.1	255		8.1	405
0＋400		5.20			11.00		
	50		6.0	300			
0＋450		6.80					
	50		4.8	240			
0＋500		2.80					
	50		2.4	120			
0＋550		2.00					
	50		6.8	340			
0＋600		11.60					
合计				2480			2150

解：

清单工程量计算。

（1）挖一般土方体积：2480m³

（2）回填土体积：2150m³

（3）余方弃置体积：330m³

（4）路床碾压面积：（14＋0.6）×600＝8760（m²）

（5）路肩整形碾压面积：2×600＝1200（m²）

工程量清单计算见表 5-20。

表 5-20　工程量清单计算表

序号	项目编码	项目名称	项目特征描述	计量单位	工程量
1	040101001001	挖一般土方	土壤类别：四类土	m³	2480
2	040103001001	回填方	密实度：95％	m³	2150
3	040103002001	余方弃置	运距：5km	m³	330

二、综合单价的确定

工程量清单计价采用综合单价计价。综合单价是完成一个规定计量单位的分部分项工程、措施项目和其他项目清单所需的人工费、材料和工程设备费、施工机械使用费和企业管理费、利润以及一定范围内的风险费用。风险费用为隐含于已标价工程量清单综合单价中，用于化解发承包双方在工程合同中约定内容和范围内的市场价格波动风险的费用。指投标企业在确定综合单价时，客观上产生的不可避免误差以及在施工过程中遇到的施工现场条件复杂、恶劣的自然条件、施工以外事故、物价暴涨以及其他风险因素所发生的费用。

　　在进行分部分项工程综合单价的分析计算时，工程量应按实际的施工量计算。若采用定额进行单价分析时，工程量应按定额工程量计算规则进行计算。因此，计价的工程数量就与清单的工程数量不同，但在报价时，将其价值按清单工程量分摊，计入综合单价中。

　　综合单价的计算依据是招标文件（包括招标用图）、合同条件、工程量清单和定额。特别要注意清单对项目内容的描述，必须按描述的内容计算。综合单价的计算应从分部分项工程综合单价分析开始（表5-15），表中为一个清单项目，项目编码、项目名称、工程内容与分部分项工程量清单相同，人工费、材料费、机械使用费、管理费、利润均为单位价值。表5-15反映了清单项目的综合单价构成。

　　即

$$分部分项工程清单综合单价＝人工费＋材料费＋机械费＋管理费＋利润$$

　　其中：

$$人工费＝\sum_{i=1}^{n}（定额人工×人工单价）$$

$$材料费＝\sum_{i=1}^{n}（各材料的定额消耗量×材料单价）$$

$$机械费＝\sum_{i=1}^{n}（各机械定额消耗量×机械单价）$$

$$管理费＝直接工程费或人工费或（人工费＋机械费）×管理费费率$$

$$利润＝定额人工费或（定额人工费＋定额机械费）×利润率$$

$$分部分项清单费＝\sum_{i=1}^{n}（清单工程量×综合单价）$$

【例5-3】 已知某多层砖混住宅基础工程，带形基础总长度为160m，基础上部为370实心砖墙，带形基础结构尺寸如图5-6（室外地坪标高－0.600m），其分部分项工程量清单如表5-21，某承包商拟对此项目进行投标，根据本企业管理水平确定管理费费率为12%，利润率与风险系数为4.5%（以工料机与管理费之和为计算基数）。施工方案确定如下：基础土方采用人工放坡开挖，工作面每边为300mm，自垫层上表面开始放坡，坡度系数为0.33，余土全部采用翻斗车外运，运距为200m。企业定额的消耗量见表5-22，市场价格信息资料见表5-23，试计算挖基础土方工程量清单的综合单价。

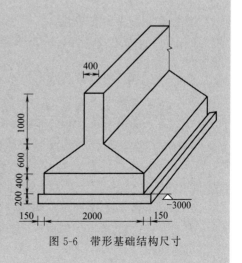

图5-6　带形基础结构尺寸

表 5-21　带形分部分项工程量清单

序号	项目编码	项目名称	项目特征	计量单位	工程数量
1	010101003001	挖基础土方	三类土,挖土深度 4m 以内,弃土运距 200m	m³	956.80

表 5-22　企业定额消耗量（部分）　　　　　　　　　单位：m³

企业定额编号			1-9	1-10	1-12
项目	资源名称	单位	人工挖三类土	回填土夯实	翻斗车运土
人工	综合工日	工日	0.661	0.294	0.100
材料	现浇混凝土 草袋 水	m³ m³ m³			
机械	混凝土搅拌机 插入式振捣机 平板式振捣机 机动翻斗车 电动打夯机	台班		0.008	0.069

表 5-23　市场信息价格资料

序号	资源名称	单位	价格/元	序号	资源名称	单位	价格/元
1	综合工日	工日	35.00	7	草袋	m³	2.20
2	325♯水泥	kg	320.00	8	混凝土搅拌机	台班	96.85
3	粗砂	m³	90.00		插入式振捣机	台班	10.74
4	砾石 40	m³	52.00		平板式振捣机	台班	12.89
5	砾石 20	m³	52.00		机动翻斗车	台班	83.31
6	水	m³	3.90		电动打夯机	台班	25.61

解：

（1）计算基础土方工程量

① 人工挖基础土方工程量。

$$V_{挖} = \{(2.3+2\times0.3)\times0.2+[2.3+2\times0.3+0.33\times(3-0.6)]\times(3-0.6)\}\times160$$
$$= 1510.40 \ (m^3)$$

② 基础回填土的工程量。

$$V_{回填} = V_{挖} - 室外地坪标高以下埋设物的体积$$

$$= 1510.40 - 2.3\times0.2\times160 - \{(2.0\times0.4)+\frac{(0.4+2)\times0.6}{2}+0.4\times1\}\times160 - $$
$$0.37\times(3-0.6-2)\times160$$

$$= 1510.40 - 73.6 - 307.2 - 23.68$$

$$= 1105.92 \ (m^3)$$

③ 余土运输工程量。

$$V_{运} = V_{挖} - V_{回填} = 1510.40 - 1105.92 = 404.48 \ (m^3)$$

（2）依据表 5-22 企业定额消耗量，计算挖基础土方（含余土运输）的工料机消耗量

人工工日：$1510.40\times0.661+1105.92\times0.294+404.48\times0.100=1363.96$（工日）

材料消耗：无

机动翻斗车：$1105.92\times0.008+404.48\times0.069=36.76$（台班）

（3）根据表 5-23，分析计算人工、翻斗车的单价

人工工日单价 35 元/工日

机动翻斗车的台班单价为 83.31 元/台班

（4）计算工料机费＝1363.96×35＋36.76×83.31＝50801.08（元）

（5）计算管理费＝50801.08×12％＝6096.13（元）

（6）计算利润与风险费用＝（50801.08＋6096.13）×4.5％＝2560.37（元）

（7）计算挖基础土方总费用＝（50801.08＋6096.13＋2560.37）＝59457.58（元）

（8）计算挖基础土方工程量清单

综合单价＝59457.58÷956.80＝62.14（元/m³）

分部分项工程量清单与计价和工程量清单综合单价分析见表 5-24、表 5-25。

表 5-24 分部分项工程量清单与计价表

工程名称　　　　　　　　　标段　　　　　　　　　　　　　　　　第　　页共　　页

序号	项目编码	项目名称	项目特征描述	计量单位	工程量	金额/元		
						综合单价	合价	其中暂估价
1	010101003001	挖基础土方	三类土、挖土深度 4m 以内，弃土运距 200m	m³	956.80	62.14	59457.58	0
			本页小计					
			合计					

表 5-25 工程量清单综合单价分析表

工程名称　　　　　　　　　标段　　　　　　　　　　　　　　　　第　　页共　　页

项目编码	010101003001		项目名称	挖基础土方	计量单位	m³

清单综合单价组成明细

定额编号	定额名称	定额单位	数量	单价					合价				
				人工费	材料费	机械费	管理费	利润	人工费	材料费	机械费	管理费	利润
1-9	人工挖三类土	m³	1510.40	23.14	0	0	2.78	1.17	34950.66	0	0	4198.9	1767.2
1-10	回填土夯实	m³	1105.92	10.29	0	0.67	1.32	0.55	11379.7	0	740.97	1459.8	608.3
1-12	翻斗车运土	m³	404.48	3.5	0	5.75	1.11	0.47	1415.68	0	2325.76	448.97	190.11
小计									47746.04		3066.73	6107.67	2565.61
清单项目综合单价									62.17				

第五节　投标报价编制实例

　　工程量清单计价按造价的形成过程分为两个阶段。第一阶段是招标人编制工程量清单，作为招标文件的组成部分；第二阶段由标底编制人或投标人根据工程量清单进行计价或报价。

　　现以某市道路改造工程为例介绍投标报价编制实例（由委托工程造价咨询人编制）。

1. 封面

封 1　投标总价封面

某市道路改造工程

投标总价

投标人：　——————————————————
　　　　　　　　　　××建筑公司
　　　　　　　　　　（单位盖章）

××年×月×日

2. 扉页

扉1 投标总价扉页

投标总价

招　标　人：　　　　某市委办公室

工　程　名　称：　　　某市道路改造工程

投标总价(小写)：　　　54265793.41 元

　　　(大写)：　伍仟肆佰贰拾陆万伍仟柒佰玖拾叁元肆角壹分

投　标　人：　　　　　××建筑公司
　　　　　　　　　　　　（单位盖章）

法 定 代 表 人：　　　　　×××
　　　　　　　　　　　　（签字或盖章）

编　制　人：　　　　　　×××
　　　　　　　　（造价人员签字盖专用章）

编制时间：××年×月×日

3. 总说明（见表 5-26）

表 5-26　总说明

工程名称：某市道路改造工程　　　　　　　　　　　　　　　　　　　　　　第 1 页共 1 页

1. 工程概况：某市道路全长 6km，路宽 70m。8 车道，其中有大桥，上部结构为预应力混凝土 T 形梁，梁高为 1.2m，跨径为 1m×22m+6m×20m，桥梁全长 164m。下部结构，中墩为桩接柱，柱顶盖梁；边墩为重力桥台。墩柱直径为 1.2m，转孔桩直径为 1.3m。招标工期为 1 年，投标工期为 280d。

2. 投标范围：道路工程、桥梁工程和排水工程。

3. 清单编制依据：本工程依据《建设工程工程量清单计价规范》(GB 50500—2013)中规定的工程量清单计价的办法，依据××单位设计的施工设计图样、施工组织设计等计算实物工程量。

4. 考虑施工中可能发生的设计变更或清单有误，预留金 1500000 万元。

5. 投标人的投标文件应按《建设工程工程量清单计价规范》规定的统一格式，提供"分部分项工程和单价""措施项目清单与计价表"。

6. 投标依据：

(1)招标文件及其提供的工程量清单和有关报价要求，招标文件的补充通知和答疑纪要。

(2)依据××单位设计的施工设计图样、施工组织设计。

(3)有关的技术标准、规定和安全管理规定。

(4)省建设主管部门颁发的计价定额和计价管理办法及相关计价文件。

(5)材料价格根据本公司掌握的价格情况并参照工程所在地的工程造价管理机构××年××月工程造价信息发布的价格。

7. 其他略。

4. 投标报价汇总表（表 5-27～表 5-29）

表 5-27　建设项目投标报价汇总表

工程名称：某市道路改造工程　　　　　　　　　　　　　　　　　　　　　　第 1 页共 1 页

序号	单项工程名称	金额/元	其中:/元		
			暂估价	安全文明施工费	规费
1	某市道路改造工程	54265793.41	6000000.00	1587692.21	2115774.62
	合计	54265793.41	6000000.00	1587692.21	2115774.62

说明：本工程为单项工程，故单项工程即为建设项目。

表 5-28　单项工程投标报价汇总表

工程名称：某市道路改造工程　　　　　　　　　　　　　　　　　　　　　　第 1 页共 1 页

序号	单项工程名称	金额/元	其中:/元		
			暂估价	安全文明施工费	规费
1	某市道路改造工程	54265793.41	6000000.00	1587692.21	2115774.62
	合计	54265793.41	6000000.00	1587692.21	2115774.62

注：暂估价包括分部分项工程中的暂估价和专业工程暂估价。

表 5-29　单位工程投标报价汇总表

工程名称：某市道路改造工程　　　　　　　　　　　　　　　　　　　　　　第 1 页共 1 页

序号	汇总内容	金额/元	其中:暂估价/元
1	分部分项工程	46896862.32	6000000.00
0401	土石方工程	2246212.27	
0402	道路工程	24942271.99	
0403	桥涵护岸工程	11227288.04	
0405	市政管网工程	1322520.84	
0409	钢筋工程	7158569.18	6000000.00
2	措施项目	1674169.61	
0411	其中:安全文明施工费	1587692.21	
3	其他项目	1788021.00	

续表

序号	汇总内容	金额/元	其中:暂估价/元
3.1	其中:暂列金额	1500000.00	
3.2	其中:专业工程暂估价	200000.00	
3.3	其中:计日工	63021.00	
3.4	其中:总承包服务费	25000.00	
4	规费	2115774.62	
5	税金	1790965.86	
投标报价合计=1+2+3+4+5		54265793.41	6000000.00

5. 分部分项工程和措施项目清单与计价表（表5-30～表5-34）

表5-30　分部分项工程和措施项目清单与计价表（一）

工程名称：某市道路改造工程　　　　　　　　　　　　　　　　第1页共5页

序号	项目编码	项目名称	项目特征描述	计量单位	工程量	综合单价	合价	其中暂估价
		0401 土石方工程						
1	040101001001	挖一般土方	1. 土壤类别:一、二类土 2. 挖土深度:4m以内	m³	142100.00	10.20	1449420.00	
2	040101002001	挖沟槽土方	1. 土壤类别:三、四类土 2. 挖土深度:4m以内	m³	2493.00	11.60	28918.80	
3	040101002002	挖沟槽土方	1. 土壤类别:三、四类土 2. 挖土深度:3m以内	m³	837.00	155.71	130329.27	
4	040101002003	挖沟槽土方	1. 土壤类别:三、四类土 2. 挖土深度:6m以内	m³	2837.00	16.88	47888.56	
5	040103001001	回填方	密实度:90%以上	m³	8500.00	8.10	68850.00	
6	040103001002	回填方	1. 密实度:90%以上 2. 填方材料品种:二灰土12∶35∶53	m³	7700.00	6.95	53515.00	
7	040103001003	回填方	填方材料品种:砂砾石	m³	208.00	61.25	12740.00	
8	040103001004	回填方	1. 密实度:≥96% 2. 填方粒径:5～80cm 3. 填方材料品种:砂砾石	m³	3631.00	28.24	102539.44	
9	040103002001	余方弃置	1. 废弃料品种:松土 2. 运距:100mm	m³	46000.00	7.34	337640.00	
10	040103002002	余方弃置	运距:10km	m³	1497.00	9.60	14371.20	
		分部小计					2246212.27	
		0402 道路工程						
11	040201004001	掺石灰	含灰量:10%	m³	1800.00	56.42	101556.00	
12	040202002001	石灰稳定土	1. 含灰量:10% 2. 厚度:15cm	m²	84060.00	15.98	1343278.80	
13	040202002002	石灰稳定土	1. 含灰量:11% 2. 厚度:30cm	m²	57320.00	15.64	896484.80	
14	040202006001	石灰、粉煤灰、碎(砾)石	1. 配合比:10∶20∶70 2. 二灰碎石厚度:12cm	m²	84060.00	30.55	2568033.00	
15	040202006002	石灰、粉煤灰、碎(砾)石	1. 配合比:10∶20∶71 2. 二灰碎石厚度:20cm	m²	57320.00	24.56	1407779.20	
16	040204002001	人行道块料铺设	1. 材料品种:普通人行道板 2. 块料规格:25cm×2cm	m²	5850.00	0.61	3568.50	
		分部小计					6320700.30	
		本页小计					8566912.57	
		合计					8566912.57	

表 5-31　分部分项工程和措施项目清单与计价表（二）

工程名称：某市道路改造工程　　　　　　　　　　　　　　　　　　　第 2 页共 5 页

序号	项目编码	项目名称	项目特征描述	计量单位	工程量	综合单价	合价	其中 暂估价
		0402 道路工程						
17	040204002002	人行道块料铺设	1. 材料品种：异型彩色花砖，D 型砖 2. 垫层材料：1：3 石灰砂浆	m²	20590.00	13.01	267875.90	
18	040205005001	人(手)孔径	1. 材料品种：接线井 2. 规格尺寸：100cm×100cm×100cm	座	5	706.43	3532.15	
19	040205005002	人(手)孔径	1. 材料品种：接线井 2. 规格尺寸：50cm×50cm×100cm	座	55	492.10	27065.50	
20	040205012001	隔离护栏	材料品种：钢制人行道护栏	m	1440.00	14.24	20505.60	
21	040205012002	隔离护栏	材料品种：钢制机非分隔栏	m	200.00	15.06	3012.00	
22	040203005001	黑色碎石	1. 材料品种：石油沥青 2. 厚度：6cm	m²	91360.00	48.44	4425478.40	
23	040203006001	沥青混凝土	厚度：5cm	m²	3383.00	113.24	383090.92	
24	040203006002	沥青混凝土	厚度：4cm	m²	91360.00	103.67	9471291.20	
25	040203006003	沥青混凝土	厚度：3cm	m²	125190.00	30.45	3812035.50	
26	040202015001	水泥稳定碎(砾)石	1. 石料规格：d7，≥2.0MPa 2. 厚度：18cm	m²	793.00	21.30	16890.90	
27	040202015002	水泥稳定碎(砾)石	1. 石料规格：d7，≥3.0MPa 2. 厚度：17cm	m²	793.00	20.21	16026.53	
28	040202015003	水泥稳定碎(砾)石	1. 石料规格：d7，≥3.0MPa 2. 厚度：18cm	m²	793.00	20.11	15947.23	
29	040202015004	水泥稳定碎(砾)石	1. 石料规格：d7，≥2.0MPa 2. 厚度：21cm	m²	728.00	16.24	11822.72	
30	040202015005	水泥稳定碎(砾)石	1. 石料规格：d7，≥2.0MPa 2. 厚度：22cm	m²	364.00	16.20	5896.80	
31	040204004001	安砌侧(平、缘)石	1. 材料品种：花岗石剁斧平石 2. 材料规格：12cm×25cm×49.5cm	m²	673.00	52.23	35150.79	
32	040204004002	安砌侧(平、缘)石	1. 材料品种：甲 B 型机切花岗石路缘石 2. 材料规格：15cm×32cm×99.5cm	m²	1015.00	83.21	84458.15	
33	040204004003	安砌侧(平、缘)石	1. 材料品种：甲 B 型机切花岗石路缘石 2. 材料规格：15cm×25cm×74.5cm	m²	340.00	63.21	21491.40	
			分部小计				24942271.99	
			本页小计				18621571.69	
			合计				27188484.26	

表 5-32 分部分项工程和措施项目清单与计价表（三）

工程名称：某市道路改造工程　　　　　　　　　　　　　　　　　第 3 页共 5 页

序号	项目编码	项目名称	项目特征描述	计量单位	工程量	金额/元		其中
						综合单价	合价	暂估价
		0403 桥涵护岸工程						
34	040301006001	千作业成孔灌注桩	1. 桩径:直径 1.3cm 2. 混凝土强度等级:C25	m	1036.00	1251.03	1296067.08	
35	040301006002	千作业成孔灌注桩	1. 桩径:直径 1cm 2. 混凝土强度等级:C25	m	1680.00	1593.21	2676592.80	
36	040303003001	混凝土承台	混凝土强度等级:C10	m³	1015.00	288.36	292685.40	
37	040303005001	混凝土墩（台）身	1. 部位:墩柱 2. 混凝土强度等级:C35	m³	384.00	435.21	167120.64	
38	040303005002	混凝土墩（台）身	1. 部位:墩柱 2. 混凝土强度等级:C30	m³	1210.00	308.25	372982.50	
39	040303006001	混凝土支撑梁及横梁	1. 部位:简支梁湿接头 2. 混凝土强度等级:C30	m³	937.00	385.21	360941.77	
40	040303007001	混凝土墩（台）盖梁	混凝土强度等级:C35	m³	748.00	346.25	258995.00	
41	040303019001	桥面铺装	1. 沥青品种:改性沥青、玛琋脂、玄武石、碎石混合料 2. 厚度:4cm	m²	7550.00	35.21	265835.50	
42	040303019002	桥面铺装	1. 沥青品种:改性沥青、玛琋脂、玄武石、碎石混合料 2. 厚度:5cm	m²	7560.00	42.22	319183.20	
43	040303019003	桥面铺装	混凝土强度等级:C30	m²	281.00	621.20	174557.20	
44	040304001001	预制混凝土梁	1. 部位:墩柱连系梁 2. 混凝土强度等级:C30	m²	205.00	225.12	46149.60	
45	040304001002	预制混凝土梁	1. 部位:预应力混凝土简支梁 2. 混凝土强度等级:C30	m²	781.00	1244.23	971743.63	
46	040304001003	预制混凝土梁	1. 部位:预应力混凝土简支梁 2. 混凝土强度等级:C45	m²	2472.00	1244.23	3075736.56	
47	040305003001	浆切块石	1. 部位:河道浸水挡墙、墙身 2. 材料品种:M10 浆砌片石 3. 泄水孔品种、规格:塑料管、φ100	m³	593.00	158.32	93883.76	
48	040303002001	混凝土基础	1. 部位:河道浸水挡墙基础 2. 混凝土强度等级:C25	m³	1027.00	81.22	83412.94	
49	040303016001	混凝土挡墙压顶	混凝土强度等级:C25	m³	32.00	171.23	5479.36	
		分部小计					10461366.94	
		本页小计					10461366.94	
		合计					37649851.20	

表 5-33　分部分项工程和措施项目清单与计价表 （四）

工程名称：某市道路改造工程　　　　　　　　　　　　　　　　第 4 页共 5 页

序号	项目编码	项目名称	项目特征描述	计量单位	工程量	综合单价	合价	其中暂估价
			0403 桥涵护岸工程					
50	040309004001	橡胶支座	规格：20cm×35cm×4.9cm	m³	32.00	172.13	5508.16	
51	040309008001	桥梁伸缩装置	材料品种：毛勒伸缩缝	m	180.00	2066.22	371919.60	
52	040309010001	防水层	材料品种：APP 防水层	m²	10194.00	38.11	388493.34	
		分部小计					11227288.04	
			0405 市政管网工程					
53	040504001001	砌筑井	1. 规格：1.4×1.0 2. 埋深：3m	座	32	1758.21	56262.72	
54	040504001002	砌筑井	1. 规格：1.2×1.0 2. 埋深：2m	座	82	1653.58	135593.56	
55	040504001003	砌筑井	1. 规格：$\phi 900$ 2. 埋深：1.5m	座	42	1048.23	44025.66	
56	040504001004	砌筑井	1. 规格：0.6×0.6 2. 埋深：1.5m	座	52	688.12	35782.24	
57	040504001005	砌筑井	1. 规格：0.48×0.48 2. 埋深：1.5m	座	104	672.56	69946.24	
58	040504009001	雨水口	1. 类型：单平箅 2. 埋深：3m	座	11	456.90	5025.90	
59	040504009002	雨水口	1. 类型：单双平箅 2. 埋深：3m	座	300	772.33	231699.00	
60	040501001001	混凝土管	1. 规格：$DN1650$ 2. 埋深：3.5m	m	456.00	384.25	175218.00	
61	040501001002	混凝土管	1. 规格：$DN1000$ 2. 埋深：3.5m	m	430.00	124.02	53328.60	
62	040501001003	混凝土管	1. 规格：$DN1000$ 2. 埋深：2.5m	m	1746.00	84.32	147222.72	
63	040501001004	混凝土管	1. 规格：$DN1000$ 2. 埋深：2m	m	1196.00	84.32	100846.72	
64	040501001005	混凝土管	1. 规格：$DN800$ 2. 埋深：1.5m	m	766.00	36.20	27729.20	
65	040501001006	混凝土管	1. 规格：$DN600$ 2. 埋深：1.5m	m	2904.00	26.22	76142.88	
66	040501001007	混凝土管	1. 规格：$DN600$ 2. 埋深：3.5m	m	457.00	358.20	163697.40	
		分部小计					1322520.84	
		本页小计					2088441.94	
		合计					39738293.14	

表 5-34　分部分项工程和措施项目清单与计价表 （五）

工程名称：某市道路改造工程　　　　　　　　　　　　　　　　第 5 页共 5 页

序号	项目编码	项目名称	项目特征描述	计量单位	工程量	综合单价	合价	其中暂估价
			0409 钢筋工程					
67	040901001001	现浇混凝土钢筋	钢筋规格：$\phi 10$ 以内	t	283.00	3476.00	983708.00	700000

续表

序号	项目编码	项目名称	项目特征描述	计量单位	工程量	综合单价	合价	其中暂估价
						金额/元		
		0409 钢筋工程						
68	040901001002	现浇混凝土钢筋	钢筋规格：φ11 以内	t	1195.00	3799.02	4539828.90	4300000
69	040901006001	后张法预应力钢筋	1. 钢筋种类：钢绞线（高清低松弛）$R=1860$MPa 2. 锚具种类：预应力锚具 3. 压浆管材质、规格：金属波纹管，内径 6.2cm，长 17108m 4. 砂浆轻度等级：C40	t	138.00	11848.06	1635032.28	1000000
			分部小计				7158569.18	6000000
			本页小计				7158569.18	6000000
			合计				46896862.32	6000000

6. 综合单价分析表（表 5-35、表 5-36）

以某市道路改造工程石灰、粉煤灰、碎（砾）石，人行道块料铺设工程量综合单价分析表介绍投标报价中综合单价分析表的编制。

表 5-35 综合单价分析表（一）

工程名称：某市道路改造工程　　　　　　　　　　　　　　　　第 1 页共 2 页

项目编码	040202006001		项目名称	石灰、粉煤灰、碎（砾）石		计量单位	m²	工程量	84060.00

清单综合单价组成明细

| 定额编号 | 定额项目名称 | 定额单位 | 数量 | 单价 | | | | 合价 | | | |
				人工费	材料费	机械费	管理费和利润	人工费	材料费	机械费	管理费和利润
2-62	石灰：粉煤灰：碎石=10：20：70	100m²	0.01	315	2086.42	86.58	566.50	3.15	20.86	0.87	5.67
人工单价		小计						3.15	20.86	0.87	5.67
22.47 元/工日		未计价材料费					—				
清单项目综合单价							30.55				

	主要材料名称、规格、型号	单位	数量	单价/元	合价/元	暂估单价/元	暂估合价/元
材料费明细	生石灰	t	0.0396	120.00	4.75		
	粉煤灰	m³	0.1056	80.00	8.45		
	碎石 25～40mm	m³	0.1891	40.36	7.63		
	水	m³	0.063	0.45	0.03		
	其他材料			—		—	
	材料费小计			—	20.86	—	

表 5-36　综合单价分析表（二）

工程名称：某市道路改造工程　　　　　　　　　　　　　　　　　　　第 2 页共 2 页

项目编码	040202006002	项目名称	人行道块料铺设	计量单位	m²	工程量	20590.00

清单综合单价组成明细

定额编号	定额项目名称	定额单位	数量	单价				合价			
				人工费	材料费	机械费	管理费和利润	人工费	材料费	机械费	管理费和利润
2-322	D 型砖	10m²	0.1	62.15	48.32	—	19.63	6.22	4.83	—	1.96
人工单价		小计						6.22	4.83	—	1.96
22.47 元/工日		未计价材料费									
清单项目综合单价								13.01			

	主要材料名称、规格、型号	单位	数量	单价/元	合价/元	暂估单价/元	暂估合价/元
材料费明细	生石灰	t	0.006	120.00	0.72		
	粗砂	m³	0.024	45.22	1.09		
	水	m³	0.111	0.45	0.05		
	D 型砖	m³	29.70	0.10	2.97		
	其他材料				—		—
	材料费小计				4.83		—

（其他分部分项工程的清单综合单价分析表略）

7. 总价措施项目清单与计价表（表 5-37）

表 5-37　总价措施项目清单与计价表

工程名称：某市道路改造工程　　　　　　　　　　　　　　　　　　　第 1 页共 1 页

序号	项目编码	项目名称	计算基础	费率/%	金额/元	调整费率/%	调整后金额/元	备注
1	041104001001	安全义明施工费	定额人工费	38	1587692.21			
2	041101002001	夜间施工增加费	定额人工费	1.5	52898.56			
3	041101003001	二次搬运费	定额人工费	1.0	10287.98			
4	041101004001	冬雨季施工增加费	定额人工费	0.6	10287.98			
5	041101009001	已完工程及设备保护费			13002.88			
合计					1674169.61			

编制人（造价人员）：　　　　　　　　　　　　　　　　复核人（造价工程师）：

　　注：1. "计算基础"中安全文明施工费可为"定额基价"、"定额人工费"或"定额人工费＋定额机械费"，其他项目可为"定额人工费"或"定额人工费＋定额机械费"。

　　2. 按施工方案计算的措施费，若无"计算基础"和"费率"的数值，也可只填"金额"数值，但应在备注栏说明施工方案出处或计算方法。

8. 其他项目清单与计价汇总表（表 5-38）

表 5-38　其他项目清单与计价汇总表

工程名称：某市道路改造工程　　　　　　　　　　　　　　　　　　　第 1 页共 1 页

序号	项目名称	金额/元	结算金额/元	备注
1	暂列金额	1500000.00		明细详见表 5-38-1
2	暂估价	200000.00		
2.1	材料暂估价	—		明细详见表 5-38-2
2.2	专业工程暂估价	200000.00		明细详见表 5-38-3

续表

序号	项目名称	金额/元	结算金额/元	备　注
3	计日工	63021.00		明细详见表 5-38-4
4	总承包服务费	25000.00		明细详见表 5-38-5
	合计	1788021.00		

注：材料（工程设备）暂估价进入清单项目综合单价，此处不汇总。

（1）暂列金额明细表（表 5-38-1）

表 5-38-1　暂列金额明细表

工程名称：某市道路改造工程　　　　　　　　　　　　　　　　　　第 1 页共 1 页

序号	项目名称	计量单位	暂定金额/元	备注
1	政策性调整和材料价格波动	项	1000000.00	
2	其他	项	500000.00	
合计			1500000.00	—

注：此表由招标人填写，如不能详列，也可只列暂列金额总额，投标人应将上述暂列金额计入投标总价中。

（2）材料（工程设备）暂估单价及调整表（表 5-38-2）

表 5-38-2　材料（工程设备）暂估单价及调整表

工程名称：某市道路改造工程　　　　　　　　　　　　　　　　　　第 1 页共 1 页

序号	材料（工程设备）名称、规格、型号	计量单位	数量	暂估/元	确认/元	差额±/元	备注
1	钢筋（规格、型号综合）	t	100	4000	400000		用于现浇钢筋混凝土项目
	合计				400000		

注：此表由招标人填写"暂估单价"，并在备注栏说明暂估价的材料、工程设备拟用在哪些清单项目上，投标人应将上述材料、工程设备暂估单价计入工程量清单综合单价中。

（3）专业工程暂估价及结算价表（表 5-38-3）

表 5-38-3　专业工程暂估价及结算价表

工程名称：某市道路改造工程　　　　　　　　　　　　　　　　　　第 1 页共 1 页

序号	工程名称	工程内容	暂估金额/元	结算金额/元	差额±/元	备注
1	消防工程	合同、图样中标明的以及消防工程规范和技术说明中规定的各系统中的设备、管道、阀门、线缆等的供应、安装和调试工作	200000			
	合计		200000			

注：此表"暂估金额"由招标人填写，投标人应将"暂估金额"计入投标总价中，结算时按合同约定结算金额填写。

（4）计日工表（表 5-38-4）

表 5-38-4　计日工表

工程名称：某市道路改造工程

编号	项目名称	单位	暂定数量	实际数量	综合单价/元	合价/元	
						暂定	实际
一	人工						
1	技工	工日	100	93	49.00	4557.00	
2	壮工	工日	80	88	41.00	3608.00	
	人工小计					8165.00	
二	材料						
1	水泥	t	30.00	32.00	298.00	9536.00	
2	钢筋	t	10.00	10.00	3500.00	35000.00	
	材料小计					44536.00	
三	施工机械						
1	履带式推土机 105kW	台班	3	3	990.00	2970.00	
2	汽车起重机 25t	台班	3	3	2450.00	7350.00	
	施工机械小计					10320.00	
四	企业管理费和利润　按人工费 20% 计						
	总　计					63021.00	

注：此表项目名称、暂定数量由招标人填写。招标时，单价由招标人自主报价，按暂定数量计算合价计入投标总价中。

（5）总承包服务费计价表（表 5-38-5）

表 5-38-5　总承包服务费计价表

工程名称：某市道路改造工程

序号	项目名称	项目价值/元	服务内容	计算基础	费率/%	金额/元
1	发包人发包专业工程	500000	1. 按专业工程承包人的要求提供施工工作面并对施工现场进行统一整理汇总 2. 为专业工程承包人提供垂直运输机械和焊接电源接入点，并承担垂直运输费和电费	项目价值	5	25000
	合计	—			—	25000

注：此表项目名称、服务内容由招标人填写，编制招标控制价时，费率及金额由招标人按有关计价规定确定；投标时，费率及金额由投标人自主报价，计入投标总价中。

9. 规费、税金项目计价表（表 5-39）

表 5-39　规费、税金项目计价

工程名称：某市道路改造工程

序号	项目名称	计算基础	计算基数	计算费率/%	金额/元
1	规费	定额人工费			2115774.62
1.1	社会保险费	定额人工费	(1)+…+(5)		1552819.07
(1)	养老保险费	定额人工费		4	750607.41
(2)	失业保险费	定额人工费		2	187651.85
(3)	医疗保险费	定额人工费		3	562955.55
(4)	工伤保险费	定额人工费		0.1	18765.19
(5)	生育保险费	定额人工费		0.25	32839.07

续表

序号	项目名称	计算基础	计算基数	计算费率/%	金额/元
1.2	住房公积金	定额人工费		3	562955.55
1.3	工程排污费	按工程所在地环境保护部门收取标准,按实计入			—
2	税金	分部分项工程费＋措施项目费＋其他项目费＋规费－按规定不计税的工程设备金额		3.413	1790965.86
		合计			3906740.48

编制人（造价人员）：　　　　　　　　　　　　　　复核人（造价工程师）：

10. 总价项目进度款支付分解表（表5-40）

表5-40　总价项目进度款支付分解

工程名称：某市道路改造工程　　　　　　　　　　　　　　第1页共1页

序号	项目名称	总价金额	首次支付	二次支付	三次支付	四次支付	五次支付
1	安全文明施工费	1587692.21	476307.66	476307.66	317538.44	317538.44	
2	夜间施工增加费	52898.56	10579.71	10579.71	10579.71	10579.71	10579.71
3	二次搬运	10287.98	2057.59	2057.59	2057.59	2057.59	2057.59
	略						
	社会保险费	1552819.07	310563.81	310563.81	310563.81	310563.81	310563.83
	住房公积金	562955.55	112591.11	112591.11	112591.11	112591.11	112591.11
	合　计						

编制人（造价人员）：　　　　　　复核人（造价工程师）：

注：1. 本表应由承包人在投标报价时根据发包人在招标文件中明确的进度款支付周期与报价填写，签订合同时，发承包双方可就支付分解协商调整后作为合同附件。

2. 单价合同使用本表，"支付"栏时间应与单价项目进度款支付周期相同。

3. 总价合同使用本表，"支付"栏时间应与约定的工程计量周期相同。

11. 主要材料和工程设备一览表（表5-41）

表5-41　主要材料和工程设备一览表

（适用于造价信息差额调整法）

工程名称：某市道路改造工程　　　标段：　　　　　　　　第1页共1页

序号	名称、规格、型号	单位	数量	风险系数/%	基准单价/元	投标单价/元	发承包人确认单价/元	备注
1	预拌混凝土 C20	m³	25	≤5	310	308		
2	预拌混凝土 C25	m³	560	≤5	323	325		
3	预拌混凝土 C30	m³	3120	≤5	340	340		

注：1. 此表由招标人填写，除"投标单价"栏的内容，投标人在投标时自主确定投标单价。

2. 投标人应优先采用工程造价管理机构发布的单价作为基准单价，未发布的，通过市场调查确定其基准单价。

思　考　题

1. 什么是工程量清单与工程量清单计价？

2. 工程量清单计价的作用是什么?

3. 工程量清单计价有哪些特点?

4. 工程量清单计价程序是什么?

5. 分部分项工程量清单是如何设置的? 工程量清单项目编码分哪五级?

6. 工程量清单计价模式下建筑安装工程造价由几部分组成?

7. 清单计价的标准格式是什么?

8. 什么是清单综合单价? 综合单价如何确定?

第六章 ▶▶ 工程决算

建设工程决算是指在竣工验收交付使用阶段，由建设单位编制的建设项目从筹建到竣工投产或使用全过程的全部实际支出费用的经济文件。它是建设单位反映建设项目实际造价、投资效果和正确核定新增资产价值的文件。

第一节 竣 工 验 收

一、建设项目竣工验收的概念

建设项目竣工验收是指由建设单位、施工单位和项目验收委员会，以项目批准的设计任务书和设计文件，以及国家或部门颁发的施工验收规范和质量检验标准为依据，按照一定的程序和手续，在项目建成并试生产合格后（工业生产性项目），对工程项目的总体进行检验和认证、综合评价和鉴定的活动。竣工验收是建设工程的最后阶段。一个单位工程或一个建设项目在全部竣工后进行检查验收及交工，是建设、施工、生产准备工作进行检查评定的重要环节，也是对建设成果和投资效果的总检验。竣工验收是严格按照国家的有关规定组成验收组进行的。建设项目和单项工程要按照设计文件所规定的内容全部建成最终建筑产品，根据国家有关规定评定质量等级，进行竣工验收。

建设项目竣工验收按被验收的对象划分为单项工程、单位工程验收（称为"交工验收"）及工程整体验收（称为"动用验收"）。通常所说的建设项目竣工验收，指的是"动用验收"，它是指建设单位在建设项目按批准的设计文件所规定的内容全部建成后，向使用单位（国有资金建设的工程向国家）交工的过程。其验收程序是整个建设项目按设计要求全部建成，经过第一阶段的交工验收，符合设计要求，并具备竣工图、竣工结算等必要的文件资料后，由建设项目主管部门或建设单位，按照国家有关部门关于《建设项目竣工验收办法》的规定，及时向负责验收的单位提出竣工验收申请报告，按现行验收组织规定，接受由银行、物资、环保、劳动、统计、消防及其他有关部门组成的验收委员会或验收组进行验收，办理固定资产移交手续。验收委员会或验收组负责建设的各个环节，听取有关单位的工作报告，审阅工程技术档案资料，并实地查验建筑工程和设备安装情况，对工程设计、施工和设备质量等方面做出全面的评价。

通过竣工验收工作，可以全面考核建设成果，检查设计、工程质量是否符合要求，确保项目按设计要求的各项经济技术指标正常使用。同时，通过竣工验收办理固定资产使用手续，可以总结工程建设经验，为提高建设项目的经济效益和管理水平提供重要依据。

二、建设项目竣工验收的内容

建设项目竣工验收的内容依据建设项目的不同而不同，一般包括以下两部分。

1. 工程资料验收

工程资料验收包括工程技术资料、工程综合资料和工程财务资料。

（1）工程技术资料验收内容

① 工程地质、水文、气象、地形、地貌、建筑物、构筑物及重要设备安装位置勘察报告、记录。

② 初步设计、技术设计或扩大初步设计、关键的技术试验、总体规划设计。

③ 土质试验报告、基础处理。

④ 建筑工程施工记录、单位工程质量检验记录、管线强度、密封性试验报告、设备及管线安装施工记录及质量检查、仪表安装施工记录。

⑤ 设备试车、验收运转、维修记录。

⑥ 产品的技术参数、性能、图纸、工艺说明、工艺规程、技术总结、产品检验、包装、工艺图。

⑦ 设备的图纸、说明书。

⑧ 涉外合同、谈判协议、意向书。

⑨ 各单项工程及全部管网竣工图等资料。

（2）工程综合资料验收内容　项目建议书及批件，可行性研究报告及批件，项目评估报告，环境影响评估报告书，设计任务书。土地征用申报及批准的文件，承包合同，招标投标文件，施工执照，项目竣工验收报告，验收鉴定书。

（3）工程财务资料验收内容

① 历年建设资金供应（拨、贷）情况和应用情况。

② 历年批准的年度财务决算。

③ 历年年度投资计划、财务收支计划。

④ 建设成本资料。

⑤ 支付使用的财务资料。

⑥ 设计概算、预算资料。

⑦ 施工结算资料。

2. 工程内容验收

工程内容验收包括建筑工程验收、安装工程验收。对于设备安装工程（这里指民用建筑物中的上下水管道、暖气、煤气、通风、电气照明等安装工程），主要验收内容包括检查设备的规格、型号、数量、质量是否符合设计要求，检查安装时的材料、材质、材种，检查试压、闭水试验、照明工程等。

三、建设项目竣工验收的条件和依据

1. 竣工验收的条件

国务院发布现行的《建设工程质量管理条例》规定工程验收应当具备以下条件。

① 完成建设工程设计和合同约定的各项内容。

② 有完整的技术档案和施工管理资料。

③ 有工程使用的主要建筑材料、建筑构配件和设备的进场试验报告。

④ 有勘察、设计、施工、工程监理等单位分别签署的质量合格文件。

⑤ 有施工单位签署的工程保修书。

2. 竣工验收的标准

根据国家规定，建设项目竣工验收、交付生产使用，必须满足以下要求。

① 生产性项目和辅助性公用设施，已按设计要求完成，能满足生产使用。

② 主要工艺设备配套经联动负荷试车合格，形成生产能力，能够生产出设计文件所规定的产品。

③ 必要的生产设施，已按设计要求建成。

④ 生产准备工作能适应投产的需要。

⑤ 环境保护设施、劳动安全卫生设施、消防设施已按设计要求与主体工程同时建成使用。

⑥ 生产性投资项目，如工业项目的土建工程、安装工程、人防工程、管道工程和通信工程等的施工和竣工验收，必须按照国家和行业施工及验收规范执行。

3. 竣工验收的范围

① 国家颁布的建设法规规定，凡新建、扩建、改建的基本建设项目和技术改造项目（所有列入固定资产投资计划的建设项目或单项工程），已按国家批准的设计文件所规定的内容建成，符合验收标准，即工业投资项目经负荷试车考核，试生产期间能够正常生产出合格产品，形成生产能力的；非工业投资项目符合设计要求，能够正常使用的，不论是属于哪种建设性质，都应及时组织验收，办理固定资产移交手续。有的工期较长、建设设备装置较多的大型工程，为了及时发挥其经济效益，对其能够独立生产的单项工程，也可以根据建成时间的先后顺序，分期分批地组织竣工验收；对能生产中间产品的一些单项工程，不能提前投料试车，可按生产要求与生产最终产品的工程同步建成竣工后，再进行全部验收。此外对于某些特殊情况，工程施工虽未全部按设计要求完成，也应进行验收，这些特殊情况主要有因少数非主要设备或某些特殊材料短期内不能解决，虽然工程内容尚未全部完成，但已可以投产或使用的工程项目。

② 按规定要求的内容已完成，但因外部条件的制约，如流动资金不足、生产所需原材料不能满足等，而使已建工程不能投入使用的项目。

③ 有些建设项目或单项工程，已形成部分生产能力，但近期内不能按原设计规模续建，应从实际情况出发，经主管部门批准后，可缩小规模对已完成的工程和设备组织竣工验收，移交固定资产。

4. 竣工验收的依据

① 上级主管部门对该项目批准的各种文件。

② 可行性研究报告。

③ 施工图设计文件及设计变更洽商记录。

④ 国家颁布的各种标准和现行的施工验收规范。

⑤ 工程承包合同文件。

⑥ 技术设备说明书。

⑦ 建筑安装工程统一规定及主管部门关于工程竣工的规定。

⑧ 从国外引进的新技术和成套设备的项目，以及中外合资建设项目，要按照签订的合同和进口国提供的设计文件等进行验收。

⑨ 利用世界银行等国际金融机构贷款的建设项目，应按世界银行规定，按时编制《项目完成报告》。

四、建设项目竣工验收的质量核定

建设项目竣工验收的质量核定是政府对竣工工程进行质量监督的一种带有法律性的手段，是竣工验收交付使用必须办理的手续。质量核定的范围包括新建、扩建、改建的工业与民用建筑，设备安装工程，市政工程等。

1. 申报竣工质量核定的工程条件

① 必须符合国家或地区规定的竣工条件和合同规定的内容。委托工程监理须提供监理单位对工程质量进行监理的有关资料。

② 必须具备各方签认的验收记录。对验收各方提出的质量问题，施工单位进行返修的，应具备建设单位和监理单位的复验记录。

③ 提供按照规定齐全有效的施工技术资料。

④ 保证竣工质量核定所需的水、电供应及其他必备的条件。

2. 核定的方法和步骤

① 单位工程完成之后，施工单位应按照国家检验评定标准的规定进行自验有关规范、设计文件和合同，达到要求的质量标准后，提交建设单位。

② 建设单位组织设计、监理、施工等单位对工程质量评出等级，并向有关的监督机构提出申报竣工工程质量核定。

③ 监督机构在受理了竣工工程质量核定后，按照国家的《工程质量检验评定标准》进行核定，经核定合格或优良的工程，发给《合格证书》，并说明其质量等级。工程交付使用后，如工程质量出现永久缺陷等严重问题，监督机构将收回《合格证书》，并予以公布。

④ 经监督机构核定不合格的单位工程，不发给《合格证书》，不准投入使用，责任单位在规定期限返修后，再重新进行申报、核定。

⑤ 在核定中，如施工单位资料不能说明结构安全或不能保证使用功能的，由施工单位委托法定监测单位进行监测，并由监督机构对隐瞒事故者进行依法处理。

五、建设项目竣工验收的形式与程序

1. 建设项目竣工验收的形式

根据工程的性质及规模，分为以下三种形式。

① 事后报告验收形式。对一些小型项目或单纯的设备安装项目适用。

② 委托验收形式。对一般工程项目，委托某个有资质的机构为建设单位验收。

③ 成立竣工验收委员会验收。

2. 建设项目竣工验收的程序

建设项目全部建成，经过各单项工程的验收符合设计的要求，并具备竣工图表、竣工结算、工程总结等必要文件资料，由建设项目主管部门或建设单位向负责验收的单位提出竣工验收申请报告，按程序验收。竣工验收的一般程序如下。

（1）承包商申请交工验收　承包商在完成了合同工程或按合同约定可分步移交工程的，可申请交工验收。竣工验收一般为单项工程，但在某些特殊情况下也可以是单位工程的施工内容，诸如特殊基础处理工程、发电站单机机组完成后的移交等。承包商施工的工程达到竣工条件后，应先进行预检验，对不符合要求的部位和项目，确定修补措施和标准，修补有缺陷的工程部位；对于设备安装工程，要与甲方和监理工程师共同进行无负荷的单机和联动试

车。承包商在完成了上述工作和准备好竣工资料后，即可向甲方提交竣工验收申请报告，一般由基层施工单位先进行自验、项目经理自验、公司级预验这三个层次进行竣工预验收，亦称竣工预验，为正式验收做好准备。

（2）监理工程师现场初验　施工单位通过竣工预验收，对发现的问题进行处理后，决定正式提请验收，应向监理工程师提交验收申请报告，监理工程师审查验收申请报告，如认为可以验收，则由监理工程师组成验收组，对竣工的工程项目进行初验。在初验中发现的质量问题，要及时书面通知施工单位，令其修理甚至返工。

（3）正式验收　正式验收是由业主、监理单位、设计单位、施工单位、工程质量监督站等参加的验收。工作程序如下。

① 参加工程项目竣工验收的各方对已竣工的工程进行目测检查和逐一核对工程资料所列内容是否齐备和完整。

② 举行各方参加的现场验收会议，由项目经理对工程施工情况、自验情况和竣工情况进行介绍，并出示竣工资料，包括竣工图和各种原始资料及记录；由项目总监理工程师通报工程监理中的主要内容，发表竣工验收的监理意见；业主根据在竣工项目目测中发现的问题，按照合同规定对施工单位提出限期处理的意见；然后暂时休会，由质检部门会同业主及监理工程师讨论正式验收是否合格；最后复会，由业主或总监理工程师宣布验收结果，质检站人员宣布工程质量等级。

③ 办理竣工验收签证书，三方签字盖章。

（4）单项工程验收　单项工程验收又称交工验收，即验收合格后业主方可投入使用。由业主组织的交工验收，主要依据国家颁布的有关技术规范和施工承包合同，对以下几方面进行检查或检验。

① 检查、核实竣工项目，准备移交给业主的所有技术资料的完整性、准确性。

② 按照设计文件和合同，检查已完工程是否有漏项。

③ 检查工程质量、隐蔽工程验收资料，关键部位的施工记录等，考察施工质量是否达到合同要求。

④ 检查试车记录及试车中所发现的问题是否得到改正。

⑤ 在交工验收中发现需要返工、修补的工程，明确规定完成期限。

⑥ 其他涉及的有关问题。

经验收合格后，业主和承包商共同签署"交工验收证书"。然后由业主将有关技术资料和试车记录、试车报告及交工验收报告一并上报主管部门，经批准后该部分工程即可投入使用。验收合格的单项工程，在全部工程验收时，原则上不再办理验收手续。

（5）全部工程的竣工验收　全部施工完成后由国家主管部门组织的竣工验收，又称为动用验收。业主参与全部工程竣工验收分为验收准备、预验收和正式验收三个阶段。正式验收在自验的基础上，确认工程全部符合验收标准，具备了交付使用的条件后，即可开始正式竣工验收工作。

① 发出《竣工验收通知书》。施工单位应于正式竣工验收之日的前 10 天，向建设单位发送《竣工验收通知书》。

② 组织验收工作。工程竣工验收工作由建设单位邀请设计单位及有关方面参加，同施工单位一起进行检查验收。国家重点工程的大型建设项目，由国家有关部门邀请有关方面参加，组成工程验收委员会，进行验收。

③ 签发《竣工验收证明书》并办理移交。在建设单位验收完毕并确认工程符合竣工标准和合同条款规定要求以后，向施工单位签发《竣工验收证明书》。

④ 进行工程质量评定。建筑工程按设计要求和建筑安装工程施工的验收规范和质量标准进行质量评定验收。验收委员会或验收组在确认工程符合竣工标准和合同条款规定后，签发竣工验收合格证书。

⑤ 整理各种技术文件材料，办理工程档案资料移交。建设项目竣工验收前，各有关单位应将所有技术文件进行系统整理，由建设单位分类立卷。在竣工验收时，交生产单位统一保管，同时将与所在地区有关的文件交当地档案管理部门，以适应生产、维修的需要。

⑥ 办理固定资产移交手续。在对工程检查验收完毕后，施工单位要向建设单位逐项办理工程移交和其他固定资产移交手续，加强固定资产的管理，并应签认交接验收证书，办理工程结算手续。工程结算由施工单位提出，送建设单位审查无误后，由双方共同办理结算签认手续。工程结算手续办理完毕，除施工单位承担保修工作（一般保修期为一年）以外，甲乙双方的经济关系和法律责任予以解除。

⑦ 办理工程决算。整个项目完工验收后，并且办理了工程结算手续，要由建设单位编制工程决算，上报有关部门。

⑧ 签署竣工验收鉴定书。竣工验收鉴定书是表示建设项目已经竣工，并交付使用的重要文件，是全部固定资产交付使用和建设项目正式动用的依据，也是承包商对建设项目消除法律责任的证件。竣工验收鉴定书一般包括工程名称、地点、验收委员会成员、工程总说明、工程据以修建的设计文件、竣工工程是否与设计相符合、全部工程质量鉴定、总的预算造价和实际造价、结论，验收委员会对工程动用时的意见和要求等主要内容。至此，项目的全部建设过程全部结束。

整个建设项目进行竣工验收后，业主应及时办理固定资产交付使用手续。在进行竣工验收时，已验收过的单项工程可以不再办理验收手续，但应将单项工程交工验收证书作为最终验收的附件而加以说明。

第二节　竣工工程决算

一、建设项目竣工决算的概念及作用

1. 建设项目竣工决算

工程决算是由建设单位编制的反映建设项目实际造价和投资效果的文件。工程竣工决算的内容包括竣工决算报表、竣工决算报告说明书、工程竣工图和工程造价比较分析四个部分。大中型建设项目的竣工决算报表一般包括建设项目竣工财务决算审批表、竣工工程概况表、竣工财务决算表、建设项目交付使用财产总表及明细表、建设项目建成交付使用后的投资效益表等。小型建设项目竣工决算报表一般包括建设项目竣工财务决算审批表、竣工财务决算总表和交付使用财产明细表等。

竣工决算价格由各单项工程的工程决算价格与已实际发生的工程建设其他费用等汇总而成。建设工程竣工决算编制的一般程序可参见图 6-1。

竣工决算是办理交付使用财产价值的依据，交付使用资产又称为新增资产，按照资产性质可划分为固定资产、流动资产、无形资产、递延资产和其他资产五大类。对于新增固定资

产，应以单项工程为核算对象，包括单项工程的实际造价与待摊投资的分摊费用，前者按照已发生的实际价格列入，待摊费用中建设单位管理费一般按照建筑工程、安装工程及需安装设备的价值按比例分摊，征地费与勘察设计费一般只按建筑工程费用分摊。其他几类资产一般按照实际入账价值或实际支出费用等进行核算。

图 6-1 建设工程竣工决算编制的一般程序

2. 建设项目竣工决算的作用

建设项目竣工决算的作用主要表现在以下方面。

① 建设项目竣工决算是综合、全面地反映竣工项目建设成果及财务情况的总结性文件，它采用货币指标、实物数量、建设工期和各种技术经济指标综合、全面地反映建设项目自开始建设到竣工为止的全部建设成果和财物状况。

② 建设项目竣工决算是办理交付使用资产的依据，也是竣工验收报告的重要组成部分。建设单位与使用单位在办理交付资产的验收交接手续时，通过竣工决算反映了交付使用资产的全部价值，包括固定资产、流动资产、无形资产和递延资产的价值。同时，它还详细提供了交付使用资产的名称、规格、数量、型号和价值等明细资料，使用单位确定各项新增资产价值并登记入账的依据。

③ 建设项目竣工决算是分析和检查设计概算的执行情况，考核投资效果的依据。竣工决算反映了竣工项目计划、实际的建设规模、建设工期以及设计和实际的生产能力，反映了概算总投资和实际的建设成本，同时还反映了所达到的主要技术经济指标。通过对这些指标计划数、概算数与实际数进行对比分析，不仅可以全面掌握建设项目计划和概算执行情况，而且可以考核建设项目投资效果，为今后制订基建计划、降低建设成本、提高投资效果提供必要的资料。

二、竣工工程决算的前期准备工作

1. 技术资料的整理

技术资料包括竣工图、工程质量自检记录、隐蔽工程验收记录、中间验收记录以及各种检测、试压记录等。这些技术资料由施工单位整理成册，送交建设单位作为档案资料保存备查。

2. 有关签证资料的整理

① 材料变化情况。建筑安装工程在施工过程中发生的主材代用签证，按主材类别、规格、型号，逐一整理，以便计算其主材价差。

② 设计变化情况。建筑安装工程在施工过程中对原设计的修改变更，主要是根据设计院出具的设计变更修改核定单为依据，按建筑安装工程各专业分类整理出其增减工程量，并以此编制调整预算。

③ 施工现场不属于预算定额范围内的签证记工，按经建设单位驻场代表签发的记工单为依据，逐一整理并计算出其签证记工的总工日，并以此编制调整预算。

3. 设备和主要材料的清理核对

建筑安装工程竣工验收后，建设单位和施工单位的物资管理部门应对建筑工程设备和主要材料进行清理核对工作，为及时办理工程决算创造条件。

若安装工程的设备和主要材料按工程承包合同规定由建设单位负责提供时，则建设单位和施工单位的物资部门应进行清理和核对，包括设备名称、型号规格、数量，主要材料按类别及名称、规格型号、数量核对，当双方核对无误后，再由建设单位有关部门根据审定后的预算所列价格，分别计算出其设备和主要材料的总金额，经施工单位有关部门确认后，此款应在工程资金结算时予以抵扣，但设备和主要材料的预算价格与实际采购价格发生的差异（价差）应由建设单位承担，并不再办理该项结算。

三、竣工工程总造价

当工程竣工资料整理就绪，调整预算、设备及主材价差已经由建设单位确认签证后，即可进行竣工工程造价的编制。

竣工工程造价的计算公式为：

竣工工程总造价＝已审定预算＋调整预算＋设备及主材价差

竣工工程造价经建设单位审查确认后，方可进行竣工工程的资金决算，以便完成其财务手续，并编制工程资金决算表。

1. 设备及材料的价差调整

（1）材料价差计算　材料价差是指预算定额中未计价主材价差。材料价差的计算公式为：

材料价差＝材料实际采购价格－预算价格

① 安装工程预算定额中的未计价主材，一般在编制预算时，均按地区材料预算价格计算。因此，预算价格与实际采购价格（经建设单位确认）发生的差异为主材价差。预算及调整预算的消耗量分别按其主材的类别、品种、规格型号进行整理，并按上述公式计算。

② 安装工程中的特殊主材，在编制预算时，往往地区材料预算价格中没有此种材料的价格，一般采取暂估价格列入预算。因此，暂估价格与实际采购价格（经建设单位确认）会发生差异，其主材价差的调整仍按上述公式计算。

（2）设备价格调整

① 凡属由建设单位提供的设备，在工程决算时，若实际采购价格与列入预算内的暂估价格发生差异时，无论按暂估价格还是制造厂的出厂价格计入预算，均不作调整，其设备差值由建设单位承担。

但在工程决算时，由建设单位提供的设备，按规定施工单位应收取设备的现场保管费（指设备出库点交给施工单位后，至安装完成试车达到验收标准，未经建设单位验收期间的现场保管），其费率按地区工程造价主管部门的规定执行。若当地工程造价主管部门规定不收取此项费用时，则不应再计算其设备保管费。

② 由建设单位委托施工单位负责代购该安装工程所需的设备，而实际采购价格（经建设单位确认）与预算中所列价格有出入时，均应调整其设备价值，并由建设单位承担此项费用。其设备差值计算的方法与主材价差计算相同。

2. 调整预算的编制

① 以设计变更修改核定单整理出的增减工程量为依据，按照预算编制的程序和方法，编制建筑安装工程调整预算。

② 以建设单位驻场代表签证的记工单整理出的总工日为依据，按照预算的编制程序和

方法，编制其签证记工的调整预算。

四、竣工决算的编制

1. 竣工决算的编制依据

竣工决算的编制依据主要有以下几个方面。

① 可行性研究报告、投资估算书、初步设计或扩大初步设计、修正总概算及其批复文件。

② 设计变更记录、施工记录或施工签证单及其他施工发生的费用记录。

③ 经批准的施工图预算或标底造价、承包合同、工程结算等有关资料。

④ 历年基建计划、历年财务决算及批复文件。

⑤ 设备、材料调价文件和调价记录。

⑥ 其他有关资料。

2. 竣工决算的编制要求

为了严格执行建设项目竣工验收制度，正确核定新增固定资产价值，考核分析投资效果，建立健全经济责任制，所有新建、扩建和改建等建设项目竣工后，都应及时、完整、正确地编制好竣工决算。建设单位要做好以下工作。

① 按照规定组织竣工验收，保证竣工决算的及时性。及时组织竣工验收，是对建设工程的全面考核，所有的建设项目（或单项工程）按照批准的设计文件所规定的内容建成后，具备了投产和使用条件的，都要及时组织验收。对于竣工验收中发现的问题，应及时查明原因，采取措施加以解决，以保证建设项目按时交付使用和及时编制竣工决算。

② 积累、整理竣工项目资料，保证竣工决算的完整性。积累、整理竣工项目资料是编制竣工决算的基础工作，它关系到竣工决算的完整性和质量的好坏。因此，在建设过程中，建设单位必须随时收集项目建设的各种资料，并在竣工验收前，对各种资料进行系统整理，分类立卷，为编制竣工决算提供完整的数据资料，为投产后加强固定资产管理提供依据。在工程竣工时，建设单位应将各种基础资料与竣工决算一起移交给生产单位或使用单位。

③ 清理、核对各项账目，保证竣工决算的正确性。工程竣工后，建设单位要认真核实各项交付使用资产的建设成本；做好各项账务、物资以及债权的清理结余工作，应偿还的及时偿还，该收回的应及时收回，对各种结余的材料、设备、施工机械工具等，要逐项清点核实，妥善保管，按照国家有关规定进行处理，不得任意侵占；对竣工后的结余资金，要按规定上交财政部门或上级主管部门。在做完上述工作，核实了各项数字的基础上，正确编制从年初起到竣工月份止的竣工年度财务决算，以便根据历年的财务决算和竣工年度财务决算进行整理汇总，编制建设项目决算。

按照规定，竣工决算应在竣工项目办理验收交付手续后一个月内编好，并上报主管部门，有关财务成本部分还应送经各部门办行审查签证。主管部门和财政部门对报送的竣工决算审批后，建设单位即可办理决算调整和结束有关工作。

3. 竣工决算的编制步骤

① 收集、整理和分析有关依据资料。编制竣工决算文件之前，系统地整理所有的技术资料、工料结算的经济文件、施工图纸和各种变更与签证资料，并分析它们的准确性。完整、齐全的资料是准确、迅速编制竣工决算的必要条件。

② 清理各项财务、债务和结余物资。收集、整理和分析有关资料时，要特别注意建设

工程从筹建到竣工投产或使用的全部费用的各项账务、债权和债务的清理，做到工程完毕账目清晰，既要核对账目，又要查点库有实物的数量，做到账与物相等，账与账相符；对结余的各种材料、工器具和设备，要逐项清点核实，妥善管理，并按规定及时处理，收回资金；对各种往来款项要及时进行全面清理，为编制竣工决算提供准确的数据和结果。

③ 填写竣工决算报表。建设工程决算表格中的内容，根据编制依据中的有关资料进行统计或计算各个项目和数量，并将其结果填到相应表格的栏目内，完成所有报表的填写。

④ 编制建设工程竣工决算说明。按照建设工程竣工决算说明的内容要求，根据编制依据材料填写在报表中的结果，编写文字说明。

⑤ 做好工程造价对比分析。

⑥ 清理、装订好竣工图。

⑦ 报主管部门审查上述编写的文字说明和填写的表格经核对无误后装订成册，即为建设工程竣工决算文件。将其上报主管部门审查，并把其中财务成本部分送交开户银行签证。竣工决算在上报主管部门的同时，抄送有关设计单位。大、中型建设项目的竣工决算还应抄送财政部、建设银行总行和省、市、自治区的财政局和建设银行分行各一份。建设工程竣工决算的文件由建设单位负责组织人员编写，在竣工建设项目办理验收使用一个月之内完成。

思 考 题

1. 工程竣工验收的内容有哪些？
2. 竣工验收的程序有哪些？
3. 什么是竣工决算？竣工决算有什么作用？
4. 竣工决算的编制步骤？

第七章 ▶▶ 工程招标投标

招标投标制是国际上广泛采用的建筑工程承发包方式。工程建设实行招标投标制的目的是为了适应市场经济条件的需要，促使建设单位和施工单位在建设市场中进行公平交易，平等竞争，以确保工程质量，控制工程工期和工程造价，提高投资效益。

第一节 概　述

2012 年 2 月 1 日生效的《中华人民共和国招标投标法实施条例》（以下简称《招标投标法》）是我国整个招标投标领域的基本法。随着我国招投标法律、法规和规章的不断完善和细化，招标程序也在不断规范，《建筑工程设计招标投标管理办法》及《工程建设项目招标范围和规模标准规定》的发布，对工程建设项目招标范围和规模有了更规范和明确的规定。另外，招标的覆盖面已从单一的土建安装延伸到环境工程、道桥工程、装潢工程、建筑设备和工程监理等。

一、招投标的概念

招投标是一种通过竞争，由发包单位从投标者中优选承包单位的方式。发包单位招揽承包单位去参与承包竞争的活动叫招标，愿意承包该工程的施工单位根据招标要求去参与承包竞争的活动叫投标。工程的发包方就是招标单位（即业主），承包方就是投标单位。

建设工程实行招标承包制，是建筑业和基本建设管理体制改革的一项重要内容，对于促进承发包双方加强经营管理，缩短建设工期，确保工程质量，降低工程造价，提高投资效益具有重要作用。

建设工程的招标和投标，是法人之间的经济活动，受国家法律的保护和监督。

二、建筑工程招标应具备的条件

根据有关法规规定，建筑工程招标应具备以下条件。

① 具有法人资格或是依法成立的其他组织。
② 有与招标工程相适应的经济、技术管理人员。
③ 有组织编制招标文件的能力。
④ 有审查投标单位资质的能力。
⑤ 有组织开标、投标、定标能力。

不具备条件②～⑤的，须委托具有相当资质的咨询、监理等单位代理招标。

三、建设项目招标应具备的条件

① 概算已经批准。

② 建设项目已正式列入国家、部门或地方的年度固定资产投资计划。

③ 建设用地的征用工作已经完成。

④ 有能够满足施工需要的施工图纸及技术资料。

⑤ 建设资金和主要建筑材料、设备的来源已经落实。

⑥ 已经建设项目所在地规划部门批准，施工现场的"三通一平"已经完成或一并列入施工招标范围。

第二节 定额计价招标投标

一、招标投标的一般程序

招标投标工作可以分为招标、投标、定标、签约四大步骤。一般程序如图 7-1 所示。

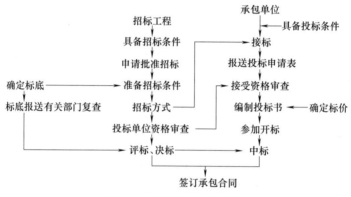

图 7-1 招标投标工作程序

二、工程招标

建筑工程招标是指建设单位对拟建的工程发布公告，通过法定的程序和方式吸引建设项目的承包单位竞争并从中选择条件优越者来完成工程建设任务的法律行为。

1. 建设工程招标的分类

按照工程承发包范围划分。

① 建设项目总承包招标。建设项目总承包招标又叫建设项目全过程招标，在国外称为"交钥匙"的承包方式。它是指从项目建议书开始，包括可行性研究报告、勘察设计、设备材料询价与采购、工程施工、生产准备、投料试车，直到竣工投产、交付使用全面实行招标。

② 勘察设计招标。

③ 材料和设备供应招标。

④ 工程施工招标。

2. 招标方式

招标方式一般有以下四种。

① 公开招标。在公开发行的主要报刊上，或通过广播、电视、网络等媒体发布招标公告，以通知欲投标企业参加投标。这种招标方式使得获悉招标信息的单位都有参加招标工程的投标报名的机会。

这种方式可以为一切有能力的企业提供一个平等的竞争机会，建设单位则有更大的选择范围，可在众多的投标单位中选择报价合理、工期较短、信誉较好的企业。有利于提高工程质量，缩短工期和降低成本。

② 邀请招标。邀请招标就是招标单位对一部分有能力承包招标工程和有信誉的企业发出投标邀请信，邀请他们对招标工程进行投标。这种招标方式，只有被邀请的企业才有资格参加投标，所以它是一种"有限竞争"的投标。

③ 协商议标。所谓协商议标是指建设单位或当地招标机构由于某种原因，不能采用上述两种招标方式时，邀请几家有能力承包招标工程的企业就招标工程的工程造价、承包条件进行直接协商，一旦达成协议，就把工程发包给某一施工企业承包。

④ 谈判招标或指定招标。就是建设单位或当地招标机构直接指定一个施工企业就招标工程提出报价，经双方协议一致后，将此项招标工程发包承包。这种指定招标一般是在工程情况特殊或不能采用其他招标方式时才采用。这种方式的优点是节约时间，可能很快达成协议展开工作，缺点是无法获得竞争。

3. 招标的准备工作

① 招标通告。招标通告或招标邀请信由建设单位或当地招标机构发出，具体的办法由当地主管部门规定。招标通告应包括建设单位名称，建设工程名称，建设工程地址，工程规模和工程的结构特点；工程的承包方式（如全包、包工不包料等）；工程质量要求；工期要求；参加投标报名的地点和起止日期；报名时应提交的企业资料和企业资格证明文件；投标人应具备的条件；招标单位地址，联系人姓名和电话、电报；招标文件发送的地址、日期、以及发送的手续等。

② 对投标人的资格审查。对投标单位进行资格审查，主要是为了保护招标单位的利益。这样做可以防止没有承包工程能力或信誉不好的施工企业承包工程任务；也可以预防那些经营管理不善，可能面临倒闭的施工企业承包招标工程。

4. 招标文件的编制

建设单位在进行招标前，要把拟建工程的情况和与工程有关的经济技术条件写成书面材料，以供投标人阅读了解，这些书面材料统称招标文件。

招标文件是工程施工招标工作的核心，它不但是编制标底和投标报价的重要依据，更是影响到以后确定中标单位、签订工程合同、拨款、材料与设备的供应和差价处理以及竣工结算等施工全过程的工作能否顺利进行。因此，招标文件应该尽量详尽和完善。

招标文件应包括的主要内容如下。

① 招标工程综合说明。

a. 工程名称、性质、地址、建设单位名称、电话、邮政编码、法人代表姓名、联系人姓名、监理单位名称、资金来源及批准投资单位、文号（指国家投资）、建设工程许可证号及开户银行账号等。

b. 工程概况包括招标工程范围及其中的单项工程、单位工程名称、建筑面积、长度、结构类型、附属管线工程、庭院及绿化工程等的说明；设计要求、工程地质情况的说明，对工程质量、装修标准以及采用新技术、新材料的要求。

c. 施工场地所处地理位置、环境、交通条件、拆迁及"三通一平"情况、施工用地范围、面积、可提供临时用地情况。

d. 要求的工期，开、竣工期限以及延期罚款的规定。

② 招标的方式及对分包单位的要求。

③ 主要材料（钢材、水泥、木材及特殊材料等）与设备的供应方式，材料差价处理办法。其中由招标单位供应现货的，应写明品种、规格和供货时间等。

④ 工程款项支付方式及预付款的百分比。

⑤ 特殊工程和特殊材料的要求和说明。

⑥ 工程现场地质勘察和水文、气象资料。

⑦ 投标须知。

⑧ 招标单位认为必须向投标企业明确的问题。

⑨ 招标文件的附件，一般包括招标工程范围内的设计图纸、设计资料和设计说明书；招标工程范围内的单项、单位工程、分部分项工程量清单；招标单位自行采购的材料、设备清单；委托施工单位采购的材料、设备、家具清单及其暂定单价。

5. 标底的编制

（1）标底的作用 工程标底是建设单位或其委托的其他单位根据设计图纸和有关规定计算出来的并经招标办公室审定的发包造价。它的作用主要有以下几点。

① 它是建设单位确定工程总造价的依据。工程标底的总金额，必须控制在工程的投资计划以内，以免工程造价突破工程投资。

② 它是衡量投标单位的工程报价高低的标准尺度。建设单位编制了比较准确的工程标底后，就可以用来审核每个投标单位工程报价的高低，以及判断它们的合理程度。

③ 建设单位编制的工程标底，要经过上级主管部门或当地招标管理部门的审核，这种审核不仅可以提高标底的准确性，而且可以有效地控制基本建设投资。

工程标底可以由建设单位自己编制，也可以委托给可信赖的技术咨询公司或设计单位编制。但是工程标底从编制开始直到该工程投标工作全部结束，都必须严格保守秘密，如有泄漏，将危及招标单位的经济利益，造成招标工作失败。

（2）编制标底的依据

① 经上级主管部门（或有关方面）审批的初步设计和概算投资等文件。

② 全部设计图纸和有关设计说明。这些资料指明了工程结构、内容、尺寸和设备名称、规格、数量，是计算工程量的重要依据。

③ 与设计图纸相配套的各种标准或通用图集。

④ 当地现行的安装工程预（概）算定额及与其相配套的材料预算价格和市场材料、设备价格，在规定施工期内工程价格浮动指标。

⑤ 当地现行的各项收费标准及其他有关规定。

⑥ 根据工程技术复杂程度、施工现场条件和提前工期等项要求而必须采取的技术措施。

⑦ 施工组织设计资料。

（3）标底文件包括的内容

① 招标工程综合说明。包括招标工程名称、建筑总面积、招标工程的设计概算或修正概算总金额、工程施工质量要求、定额工期、计划工期天数、计划开、竣工时间等。

② 招标工程一览表。包括单项工程名称、建筑面积、结构类型、建筑物层数、室外管

线工程及庭院绿化工程等。

③ 标底价格包括人工费、材料费、机械使用费、企业管理费、利润、规费、税金。反应工程总造价、单方造价，钢材、水泥、木材总用量及其单方用量。

④ 招标工程总造价中所含各项费用的说明。包括包干系数或不可预见费用和工程特殊技术措施费等的说明。

（4）标底的编制方法　标底的编制方法基本上同预算或概算的编制方法，所不同的是它比工程概预算有较大的灵活性和弹性，并且比概预算要求更为具体和确切。主要体现在以下几个方面。

① 不同的承包方式，要考虑不同的包干系数。

② 根据现场的具体情况和工程的复杂程度，要考虑必要的工程措施费。

③ 考虑材料、设备的各种差价及其计算条件，并提供材料、设备的价格及数量清单。

由于要综合考虑建筑市场和材料、设备市场的价格条件，一项工程的标底可能有高有低。标底过高或过低，都不利于顺利完成招标工程的建设任务。当标底过高时，虽然比较容易将工程发包出去，但往往使工程造价增高，甚至突破计划投资或工程总概算，这样势必产生重新调整计划等一系列报批手续。如果标底过低，则往往不能将工程发包出去，延误工程的建设时间。

标底编制除了以施工图预算为基础编制的标底外，还有以扩初概算为基础的标底，以平方米造价包干为基础的标底等。

（5）标底的审查　根据我国现行的规定，编制的工程标底要报经当地建设主管部门和建设银行审查。审查的主要任务有以下几个方面。

① 标底总费用是否超过该招标工程的总投资。

② 编制标底的依据是否符合国家和当地的现行规定。

③ 标底的总费用是否合理，有无过高或过低的情况。

6. 开标

开标是招标单位根据招标文件中规定的开标时间和地点，召集所有参加本工程投标的施工单位的代表参加的一种会议——开标会。

开标大多数都采用公开开标，个别情况也有采用秘密开标的。采用什么样的开标形式，必须在招标文件中明确说明，如果没有特别说明，投标单位可以认为招标单位将采用公开开标。所谓公开开标，就是招标单位在开标会上当众拆启投标单位提交的投标文件，并当众宣读各投标单位的工程报价（总价和单项工程价）。

开标时，投标单位应委派代表参加开标会，其目的是了解其他投标人对工程的报价，以便掌握本单位的报价所处的地位，从而研究为争取中标所应采取的对策。

开标后，投标人就无权要求修改投标文件的内容了，特别是报价。如果招标单位在开标会上允许投标者修改和变动时，则又另当别论。

7. 审标

亦称"评标"，它是招标单位在开标以后，对所有投标人提交的合格的投标文件进行审查评定。审标是招标单位在工程招标工作中的一个重要环节，它是选择和确定中标单位的基础，也就是说，从众多的投标单位中选择哪几个投标单位作为承包工程的初步对象，取决于审标的结果。

（1）审标的主要任务

① 审查投标报价是否合理。审核的方法可以用标底为基础进行对照，也可以用各投标人的报价互相进行对比，还可以用对某些分项工程的单价进行具体核算。用上述三种方法结合进行，就可以发现各投标人的报价是否合理，有哪些不合理的项目，从而对报价提出讲价的意见，而且计算出各个报价与标底相差的百分比。

② 审查投标文件提出的施工方案，保证工期，施工安全等措施是否切实可靠。

③ 审查投标单位提出的各项承包条件和要求是否合理。

④ 提出可以选为谈判单位的名单。

(2) 工程报价的评价方法　投标单位在投标文件中往往提出一个较低水平的报价，以获得中标机会，但总价格不致降低甚至会更高，其所用的手段之一就是在正式报价额以外，提出了一些隐含的费用项目，例如在报价说明书中提出"由于某种原因某项工程的费用不包括在总报价内"等。因此，不能单纯用报价价格来审核工程的造价高低，因而需要用一个统一的标准来进行比较，这个统一的标准可以称为"评定价格"。

所谓"评定价格"，就是投标文件中的报价加上投标文件所隐含的而又需要支付的各项费用之和，因此报价最低不等于"评定价格"最低。作为建设单位，他所希望的是"评定价格"最低，且接近标底。

投标单位的选定，不仅要根据"评定价格"最低（或最合理），而且还要根据投标单位提出的施工方案和提出的承包条件与要求来综合考虑。

8. 谈判

为了最后定标（也称决标），招标单位在审标的基础上分别找选定的谈判单位进行承包条件的谈判，谈判的目的是对投标单位提出的承包工程条件进行协商，以及对招标文件或投标文件中的有关问题进行澄清和确认，使之能为双方共同接受。谈判中的另一个问题是工程价格的谈判，根据投标单位提出的工程报价，经过投标单位和招标单位双方讨价还价，最后确定工程价格。经过双方商定的、并记入合同协议书中的工程报价，称为"工程合同价格"，工程合同价格是双方进行工程结算的基础。

9. 定标

招标单位对投标单位所报送的投标文件进行全面审查、评比、分析，最后选定中标单位的过程叫做定标（或决标）。

招标单位在定标时，应该遵循以下原则。

① 工程价格合理。也就是说，工程造价不能太高，也不能太低，应该同标底价格接近。

② 工期必须合理。

③ 施工技术方案必须可靠，能够保证工程质量，保证合同工期，保证施工安全。

④ 施工企业必须具有符合工程要求的技术等级。

三、投标与报价

1. 投标报价的依据

投标单位的报价是根据本企业的管理水平、装备能力、技术力量、劳动效率、技术措施及本企业的定额（即本施工企业的实际定额数据），计算出由本企业完成该工程的预计人工费、材料费、机械使用费，再加上施工企业管理费，就可得出施工企业实际预测的工程成本。根据投标中竞争的情况，进行盈亏分析，确定利润和考虑适当的风险费、规费和税金，最后提出报价书。

因此，同一个地区的同一个工程，各施工企业的投标报价是不同的。投标报价可以反映一个施工企业的水平，如果一个企业的组织、经营和管理水平高，则工程成本低，报价就富有竞争力。

投标报价的主要依据有以下几个方面。

① 招标文件（包括对技术、质量和工期的要求）。

② 施工图纸和说明书。

③ 现行建筑安装工程预算定额，单位估价表及取费标准。

④ 材料预算价格和材料预算差价。

⑤ 施工组织设计或施工方案。

⑥ 现场施工条件。

⑦ 影响报价的企业内部因素和市场信息等。

2. 报价的基本原则

（1）根据承包方式做到"细算粗报" 如果是一次性报价，即固定总价（在国际承包中称"交钥匙价格"），就要考虑到材料和人工费调整的因素以及风险系数；如承包"单价"，则工程量只需大致估算；如果总价不是一次包死而是"调价结算"，则风险系数可以少考虑甚至不考虑。

报价的项目粗细大致是介于概算与施工图预算之间。但是在编制过程中要做到对内细，对外粗，即细算粗报，进行综合归纳。

（2）充分利用现场勘察资料 特别要对运输和交通条件、地质、地形、气候、劳动力资源、水电、材料供应、临时道路、利用永久性工程的可能性、甲方提供的临时房屋资料等，在计算报价前必须详细掌握，并尽可能利用现有的有利条件。

（3）研究招标文件中双方经济责任 详细研究分析建设范围的招标文件，分清发包与承包单位双方的经济责任，对工期要求和质量标准及对照验收规范的要求应予重视和充分掌握，某些条件是投标单位不具备或不能达到的就不要盲目投标。

（4）以施工方案的经济比较为报价基本条件 不同的施工方案应有不同的报价。根据本施工企业的实际条件（设备、技术力量、职工人数等）和工程的状况，在技术经济分析的基础上来选择最优的、最经济的施工方案。

（5）报价的计算方法要简明，数据资料要有理有据 影响报价的因素很多，而且很复杂。即使是相同的图纸，由于建设地点和其他条件的不同，在招标中也会出现各不相同的情况。例如我们在编制施工图预算时，是根据计算基数乘以各种费率而得到的企业管理费、利润、规费和税金，我们计算工程成本时，就不可能得到准确报价。计算工程成本应该把实际可能发生的一切费用进行逐项计算。

3. 投标前的准备工作

投标工作有很强的时间性，它必须在规定的投标日期之前完成，因此各项准备工作都必须抓紧进行。所有准备工作都是为提出一个合理的、有竞争力的工程报价服务的。

（1）分析投标环境 要认真分析投标环境，特别是国际承包工程的投标。就国内投标而言，各个城市的招标法律或法规也不尽相同，所以对投标环境要做政治、法律及经济方面的分析，了解工程项目所在国家或地区的政治形势，了解当地与承包工程有关的法律和法规，了解当地的经济发展计划，交通运输情况，工业和技术水平，建设行业的情况以及金融情况等。此外，还应做市场商情的了解和物资询价。

（2）熟悉招标文件　　招标文件是工程报价的基础和主要依据。研究和熟悉招标文件主要是为了了解工程的规模、结构类型、质量标准、工期要求、现场条件以及建设单位可能提供的条件等，这些都是影响工程造价的重要因素，是编制施工组织设计的依据。

（3）分析建设单位和竞争对手的情况

① 建设单位的条件和心理分析。对建设单位条件的调查主要是搞清楚资金来源和支付的可靠性，通过调查判断决定是否投标。而对建设单位心理状况的分析主要是通过建设单位的资金来源，支付能力以及对该建设工程的急需程度做出恰当的分析判断。如果建设单位资金紧缺，一般是考虑最低标价中标；如果其资金富裕、支付条件好则一般要求工程技术先进，质量可靠，即使标价高一些也不会计较；如果建设单位对工程急需程度高，则投标时标价可以稍高，但在工期上要求尽量提前。除此之外，投标单位还应了解建设单位希望的分包商的情况以及对工程技术的要求水平。

② 对竞争对手的调查了解。要在投标中获胜，就要了解参加投标的公司的能力和过去几年内他们的工程承包业绩，还要了解这些公司的特点，即突出的优势和明显弱点。应以各种工料分析为基础，得出标价与投标单位多少的关系。一般投标单位越多，就越可能使标价降低。收集分析竞争对手得标率与改变标价的关系，对于制定投标策略也是必要的。各个投标单位的境遇不同，追逐利润的高低也会不同，有些企业急于得标以维持自己的生存局面，就不得不降低利润率，甚至不计利润投标；也有的企业境遇较好，并不急于得标，因而不肯降低它的利润率。

（4）拟定施工组织设计方案　　在正式估算工程报价以前，需要拟定出一个组织上科学、技术上先进、费用上经济的施工组织设计大纲。在工程估价过程中，"大纲"中确定的施工方法，采用的施工装备和技术措施，都会直接影响工程成本。在国内投标中，由于取费标准都有统一的定额和规定，因此要想降低工程成本，提高报价的竞争力，拟定科学合理的施工组织设计是非常关键的。

施工组织设计大纲一般包括以下主要内容。

① 根据招标文件中的工期要求，拟定出一个合理的总的施工进度控制计划表。

② 提出一个既能保证工期要求，又能保证工程质量和施工安全，而且使施工费用最经济的施工方案，同时确定施工所需的主要施工机械、设备的规格、型号和数量。

③ 提出施工所需的重要资源的分期分批供应计划。

（5）收集和整理与报价有关的费用资料　　与报价有关的费用资料包括有关定额；取费费率的规定文件；当地可供应材料、设备、零配件的价格资料，以及运输里程资料和运输单价资料等。

4. 投标的策略和技巧

（1）报价的策略　　投标报价策略随工程项目条件的不同而改变，同时又根据施工企业的经营管理水平和业务能力而异。

投标单位要根据工程条件和当时、当地各种具体情况来确定合理报价，以选择最优的施工方案为报价基础，要灵活地决策报价。报"高标"虽然会有理想的利润，但得标的概率低；"低标"虽得标概率多，但利润也会降低。多数是报"中标"，即根据施工企业的经营水平和中等的利润来报价。所以说，报价还需要根据实际条件灵活掌握。

在报价时往往由于缺乏充分的计算数据，而未能在报价中包括的费用，可分门别类逐一记录，如得标后可通过谈判，再在合同条款中加以解决。但是在招标文件和图纸中已十分明确的项目，则必须记录在报价中。

（2）报价决策 在国际投标竞争中，曾经流行一种辅助决策的获胜概率理论，它是利用投标报价计算的利润和可能获得的预期利润之间的差异，计算不同报价的得标概率，并根据调查其他竞争对手过去投标的历史情况计算自己报价低于竞争对手报价的概率。采用这种概率理论是建立在对竞争对手过去投标历史非常熟悉的基础上，而且假定竞争对手采取的投标策略维持过去的模式。投标者希望从承包工程得到利润的高低，除去经营管理因素外，很重要的是决定于他的投标报价的高低。因此，科学地处理好得标和得利多少的矛盾，是实现企业既定目标的关键。在实际分析中，有必要区分两种类型的利润，即直接利润和预期利润，用公式表示为：

直接利润：投标报价－实际工程成本＝利润率×实际工程成本

预期利润＝得标概率×直接利润

一个项目的预期利润不等于直接利润，但当企业对大量工程投标时，预期利润就相当于工程的平均利润，它从宏观和总体上体现了企业长期的稳定利润，因而用预期利润作为投标决策的标准更合理。

施工企业经常面临很多个对手进行投标，有的竞争对手往往是承包商不知道的，为了从概率模式上解决这样的问题，可以用两种方法来研究。

① 平均标价法。在承包商不知道对手是谁的情况下，最简单的办法是假设在这些对手中有一个平均值。在尽可能收集各对手的投标资料后，进行整理分析，得出一个能符合众多对手的"平均对手"。由此可以计算出平均对手的概率，并以低于"平均对手"的得标概率来计算，从而进行投标的策略优化选择。

② 最低标价法。这种方法是以竞争对手中最低投标作价者为对象，这样就将一群对手的问题转化为一个对手的问题，这就需要收集各种工程对象、工程类型、各个地区、各种时期等投标标价的资料，将最低标价与自己的预算成本进行比较，找出各种比例情况下最低标价出现的概率，然后再求出降低比例和自己获胜的概率，用前述方法，就能得出最佳的投标决策。

由于竞争对手的投标策略也是随着市场情况变化和所处状况而调整的，因此，机械地采用这种投标获胜概率理论很难反映出真实情况。尽管如此，概率模式在企业投标策略中的运用，确有为投标者提供科学依据的实效。

（3）作价技巧 投标策略一经确定，就要具体反映到作价上，但作价还有它自己的技巧。下面介绍几种在国内、国际工程中投标常用的报价技巧。

① 研究招标项目的特点。投标时，既要考虑自己公司的优势，也要分析招标项目的整体特点，按照工程的类别、施工条件等考虑报价策略。一般说来，下述情况报价应低一些。

• 施工条件好的工程，工作简单，工程量大而且一般公司都可以做的工程，如大量的土方工程，一般钢筋混凝土工程等。

• 附近有工程而本项目可利用该工程的设备劳务，或有条件短期内突击完成的。

• 投标对手多，竞争力强时。

• 非急需工程和支付条件好，如现汇支付的工程。

• 本公司目前急于打入某一市场、某一地区或虽已在某地区经营多年，但即将面临没有工程的情况，机械设备等工地转移时。

下述情况报价可高一些。

- 施工条件差的，如场地狭窄，地处闹市的工程。
- 专业要求高的技术密集型工程，而本公司又有这方面专长时。
- 特殊工程，如港口码头工程，地下开挖工程等。
- 工程要求急。
- 投标对手少。
- 支付条件不理想。

② 计日工作单的报价。多数招标文件中，要求投标人列出计日工作的工日单价和不同机械的台班单价。这种单价并不计入投标总报价中，而是计算工程实施过程中的零星用工的。填报这种计日工作单价时，可在工程单价计算书中工日基价和机械台班基价及各项应分摊费用的基础上，再适当增加一定比例的额外管理费用。如果实际发生计日付酬的零星工程，实报实销，就可因此获得利润。

③ 用降价系数调整最后总价。在填写工程量报价单的每一分项工程单价时，增加一定的降价系数，而在最后撰写投标书中，根据最后决策提出某一降价指标。采用这种报价方法的好处是可以在递交投标文件的最后时刻之前，根据最后的情报信息和决心确定自己最终的竞争价格，而用不着全部修改报价单；在最后审查已编好的投标文件时，如发现某些个别失误或计算错误，可以调整降价系数来进行弥补，而不必全部重新计算和修改；由于最终的降价是由少数人在最后时刻决定的，故可以避免真实报价向外泄漏。

5. 报价的过程

（1）进行调查研究，拟定施工方案　熟悉图纸和招标文件的内容，对施工现场、市场和企业内部情况进行调整，拟定最佳施工方案。内容有以下几个方面。

① 施工现场调查。施工现场环境、可供施工用的现场情况、地下水位、排水措施、当地生活福利情况，可供用作为临时房屋的情况等。

② 人工费计算。结合本公司实际工效、工资制度（计时、计件、分包）、发放奖金及其他辅助金制度，按分部分项工程确定用工量及计算工资数。

③ 确定材料价格。根据招标文件中规定的材料供应方式及价格，其中包括议价材料的量及价格，再从缺口材料的品种和数量统计中计算出加权平均综合单价、成品和半成品价格。计算时应考虑运输方法和运输费。

④ 机械设备及台班耗用量计算。计算模板、脚手架、施工机械的耗用量、周转量和费用，尽可能考虑流水作业，以提高周转率和发挥主要机械的生产效率。

（2）计算或核实工程量　对招标文件中提供的实物工程量，必须重新计算或核实，找出差错和漏项。

如果采用建筑平方米造价包干或建筑安装工程以米、平方米、千米或立方米为单位的造价包干时，则可根据本企业积累的单位产品主要工料消耗指标，结合工程实际条件加以补充、调整。

（3）分部分项工程单价分析　在确定人工、材料、机械单价的基础上，对各个分部分项工程的单价进行分析，即编制投标工程的单位估价表。

（4）施工管理费的计算　投标报价是根据本企业管理和技术水平计算出的实际成本。因此，必须根据本企业的实际情况，精确预测实际发生的一切管理费用。如果发现所预测的管理费率高于定额规定时，应采取有效措施降低，以提高报价的竞争力。采取的措施一般有减少非生产人员，精兵简政，提高工作效率；减少固定工人比例，增加合同工的比例；降低经常性办公费开支。

（5）利润、规费和税金　利润应根据竞争情况和具体工程对象来适当提高或降低，并且尚需考虑风险费率及不可预见费用等。规费和税金分别按国家或省、市、地区规定标准取用。

6. 投标文件的编制

投标文件是投标单位提送给招标单位供其审标和决标的书面文件，中标单位的投标文件是双方签订工程承包合同的基础。投标文件内容的完善和严谨程度，可以反映出一个施工企业的经营管理水平和技术水平。投标文件包括有如下的主要内容。

① 投标说明书。投标说明书亦称报价信，它是投标单位向招标单位说明承包招标工程的要求和条件的书面文件。一般包括对招标文件和要求的确认；承包工程的范围和内容以及要求的工程总报价；招标单位要求工期的保证，开工的条件；招标文件的意见，包括要求建设单位提供的配合条件；工程款结算办法和奖惩办法的意见和要求；报价中未被包括项目的说明；本投标书的有效期等。

② 核实后的工程量和单价表。

③ 保证工程质量和安全施工的主要技术措施，以及保证工程质量达到的等级。

④ 施工组织设计大纲和工程进度控制计划。

⑤ 选用的主要施工机械、设备等材料。

第三节　工程量清单计价的投标报价

一、工程量清单模式下的投标报价

工程投标报价的程序一般是取得招标信息；准备资料报名参加；提交资格预审资料；研究招标文件；准备与投标有关的所有资料；实地考察工程场地，并对招标人进行考察；确定投标策略；核算工程量清单；编制施工组织设计及施工方案；计算施工方案工程量；采用多种方法进行询价；计算工程综合单价；确定工程成本价；报价分析决策确定最终的报价；编制投标文件；投送投标文件；参加开标会议。图 7-2 为清单模式下的招投标流程。

二、清单下投标报价的前期工作

投标报价的前期工作主要是指投标报价的准备期，主要包括取得招标信息、提交资格预审资料、研究招标文件、准备投标资料、确定投标策略等。这一时期是后面准备报价的必要工作阶段，往往有好多投标人对前期工作不重视，得到招标文件就开始编制投标文件，在编制过程中会出现这样或那样的问题，造成无法挽回的损失。

1. 得到招标信息并参加资格审查

投标人得到有关招标信息后，应及时表明自己的意愿报名参加，并向招标人提交资格审查资料。投标人必须重视资格审查，它是招标人对投标企业产生的第一印象。

2. 投标中收集的有关信息分析

投标时投标人在建筑市场中的交易行为，具有较大的冒险性。一般情况下国内一流的投标人中标概率只是 10%～20%，而且中标后要想实现利润也面临着种种风险因素，这就要求投标人必须获得尽量多的招标信息，并尽量详细地掌握与项目实施有关的信息。随着市场

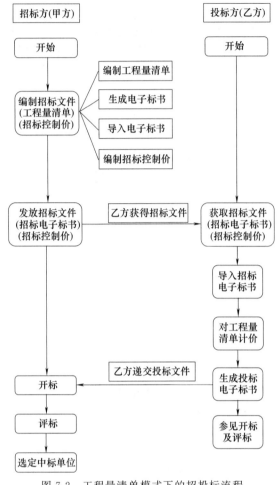

图 7-2 工程量清单模式下的招投标流程

竞争的日益激烈，如何对取得的信息进行分析，关系到投标人的生存和发展。信息竞争将成为投标人竞争的焦点。因此投标人的信息分析应从以下几方面进行。

① 招标人投资的可靠性，工程投资资金是否已到位，必要时应取得对发包人资金可靠性的调查；建设项目是否已经批准。

② 招标人是否有与工程规模相适应的经济技术管理人员，有无工程管理的能力、合同管理经验和履约的状况如何；委托的监理是否符合资质等级的要求，以及建立的经验、能力和信誉。

③ 招标人或委托的监理是否有明显的授标倾向。

④ 投标项目的技术特点，如工程规模、类别是否适合投标人；气候条件、水文地质和自然资源等是否为投标人技术专长的项目；工期是否过于紧迫；预计应采取何种重大技术措施。

⑤ 投标项目的经济特点，如工程款支付方式；投标保函、履约保函或预付款的比例；允许调价的因素、规费及税金信息；金融和保险的有关情况。

⑥ 投标竞争形势分析。包括根据投标项目的性质，预测投标竞争形势；预计参与投标的竞争对手的优势分析和其投标的动向；竞争对手的积极性。

⑦ 投标条件及迫切性。如可利用的资源和其他有利条件；投标人当前的经营状况、财务状况和投标的积极性。

⑧ 投标企业对投标项目的优势分析。如是否需要较少的开办费用；是否具有技术专长及价格优势；类似工程承包经验及信誉；资金、劳务、物资供应、管理等方面的优势；项目的社会效益；与招标人的关系是否良好；投标资源是否充足；有否理想的合作伙伴联合投标，有否良好的分包人。

⑨ 投标项目风险分析。包括民情风俗、社会秩序、地方法规、政治局势；社会发展形势及稳定性、物价趋势；与工程实施有关的自然风险；招标人的履约风险；延误工期罚款的额度大小；投标本身可能造成的风险。

根据以上各项目信息分析结果，做出包括经济效益预测在内的可行性研究报告，供投标决策者据以进行科学、合理的投标决策。

3. 认真研究招标文件

①研究招标文件条款。在研究招标文件时，必须对招标文件的每句话、每个字都认真研究，投标时要对招标文件的全部内容响应，如误解招标文件的内容，会造成不必要的损失。

必须掌握招标范围，经常会出现图纸、技术规范和工程量清单三者之间的范围、做法和数量之间互相矛盾的现象。

招标人提供的工程量清单是工程净量，不包括任何损耗及施工方案、施工工艺造成的工程增量，所以要认真研究工程量清单包括的工程内容及采取的施工方案，有时清单项目工程内容是明确的，有时并不十分明确，要结合图纸、施工规范及施工方案来确定。除此之外，对招标文件规定的工期、投标书的格式、签署方式、密封方法、投标的截止日期要熟悉，并形成备忘录，避免失误而造成不必要的损失。

② 研究评标办法。评标办法是招标文件的组成部分，投标人中标与否一般是按评标办法的要求来进行评定的。我国一般采用两种评标办法，即综合评议法和最低报价法，综合评议法又有定性综合评议法和定量综合评议法两种，最低报价法就是合理低价中标。

定量综合评议法采用综合评分的方法选择中标人，是根据投标报价、主要材料、工期、质量、施工方案、信誉、荣誉、已完或在建工程项目的质量、项目经理的素质等项目综合评议投标人，选择综合评分最高的投标人中标。定性综合评议法是在无法把报价、工期、质量等级诸多因素定量化打分的情况下，评标人根据经验来判断各投标方案的优劣。采用综合评议法时，投标人的投标策略就是如何做到报价最高，综合评分最高，这就需要在提高报价的同时，提高工程质量，要有先进科学的施工方案、施工工艺水平做保证，以缩短工期为代价。但是这种办法对投标人来说，必须要有丰富的投标报价经验，并能对全局很好地分析才能做到综合评分最高。如果一味地追求报价，而使综合得分降低就失去了意义，是不可取的。

最低报价法也叫合理低价中标法，是根据最低价格选择中标人，是在保证质量、工期的前提下，以最低合理低价中标。这里主要是指"合理"低价，是指投标人报价不能低于自身的个别成本。对于投标人就要做到如何报价最低，利润相对最高，不注意这一点，有可能会造成中标工程越多亏损越多的现象。

③ 研究合同条款。合同主要条款是招标文件的组成部分，双方的最终法律制约作用就在合同上，履约价格的体现方式和结算的依据主要是依靠合同。因此投标人要对合同特别重视。合同主要分通用条款和专用条款。研究合同首先应该知道合同的构成及主要条款，主要从以下几方面进行分析。

a. 价格，这是投标人成败的关键，主要看工程量清单综合单价的调整，能不能调整、如何调。

b. 分析工期及违约责任，根据编制的施工方案或施工组织设计分析能不能按期完工，如不能按期完工会有什么违约责任，工程有没有可能会发生变更，对地质资料的充分了解等。

c. 分析付款方式，这是投标人能不能保质保量按期完工的条件。有好多工程由于招标人不按期付款而造成了停工的现象，给双方造成损失。

其次，投标人要对各个因素进行综合分析，并根据权利义务进行对比分析，只有这样才能很好地预测风险，并采取相应的对策。

④ 工程量清单。工程量清单是招标文件的重要组成部分，是招标人提供的投标人用以报价的工程量，也是最终结算及支付的依据之一。所以必须对工程量清单中的工程量在施工过程及最终结算时是否会变更等情况进行分析，并分析工程量清单包括的具体内容。只有这样，投标人才能准确把握每一清单项目的内容范围，并做出正确的报价。不然会造成分析不

到位，由于误解或错解而造成报价不全导致损失。尤其是采用合理低价中标的招标形式时，报价显得更加重要。

4. 准备投标资料及确定投标策略

投标报价之前，必须准备与报价有关的所有资料，这些资料的质量高低直接影响到投标报价成败。投标前需要准备的资料主要有招标文件；设计文件；施工规范；有关的法律、法规；企业内部定额、有参考价值的消耗量定额；企业人工、材料、机械价格系统资料；可以询价的网站及其他信息来源；与报价有关的财务报表及企业积累的数据资源；拟建工程所在地的地质资料及周围环境情况；投标对手的情况及对手常用的投标策略；招标人的情况及资金情况等。所有这些都是确定投标策略的依据，只有全面地掌握第一手资料，才能快速准确地确定投标策略。

投标人在报价之前需要准备的资料可分为两类，一类是公用的，投标人可以在平时日常积累，如规范、法律、法规、企业内部定额及价格系统等；另一类是特有资料，只能针对投标工程，这些必须是在得到招标文件后才能收集整理，如设计文件、地址、环境、竞争对手的资料等。确定投标策略的资料主要是特有资料，因此投标人对这部分资料要格外重视。投标人要在投标中显示出强劲的竞争力就必须采用策略，显示优势。主要从以下几方面考虑。

① 掌握全面的设计文件。招标人提供给投标人的工程量清单是按设计图纸及规范规则进行编制的，可能未进行图纸会审，在施工过程中可能会出现这样或那样的问题，即发生设计变更，所以投标人在投标前要对施工图纸结合工程实际情况进行分析，了解清单项目在施工过程中发生变化的可能性，对于工程量没有变化的项目报价要适中，工程量增加的项目报价可以适当偏高，工程量减少的项目报价适当偏低等，从而降低风险，获得较大的利润。

② 实地勘察施工现场。投标人应该在编制施工方案之前对施工现场进行勘察，对现场和周围环境，以及与此工程有关的可用资料进行了解和勘察。实地勘察施工现场主要从以下几方面进行，现场的形状和性质；水文和气候条件；工程施工和竣工以及修补任何缺陷所需的工作和材料的范围和性质；进入现场的手段，以及投标人需要的住宿条件等。

③ 调查与拟建工程有关的环境。投标人不仅要勘察施工现场，在报价前还要详尽了解项目所在地的环境，包括政治形势、经济形势、法律法规和风俗习惯、自然条件、生产和生活条件等。对政治形势的调查，应着重工程所在地和投资方所在地的政治稳定性；对经济形势的调查，应着重了解工程所在地和投资方所在地的经济发展情况，工程所在地金融方面的换汇限制、官方和市场汇率、主要银行及其存款和信贷利率、管理制度等；对自然环境的调查，应着重工程所在地的水文地质情况、交通运输条件、是否多发自然灾害、气候状况如何等；对法律法规和风俗习惯的调查，应注重工程所在地政府对施工的安全、环保、时间限制等各项管理规定，宗教信仰和节假日等；对生活和生产条件的调查，应着重施工现场周围情况，如道路、供电、给排水、通信是否便利，工程所在地的劳务和材料资源是否丰富，生活物资的供应是否充足等。

④ 调查招标人与竞争对手。对招标人的调查应着重以下几个方面，资金来源是否可靠，避免承担过多的资金风险；项目开工手续是否齐全，提防有些发包人以招标为名，让投标人免费为其估价；是否有明显的授标倾向，招标是否仅仅是迫于政府的压力而不得不采取的形式。

对竞争对手的调查应着重考虑以下两个方面。首先，了解参加投标的竞争对手有几个，其中有威胁性的都是哪些，特别是工程所在地的竞争对手，可能会有评标优惠；其次，根据上述分析，筛选出主要竞争对手，分析其以往同类工程投标方法，惯用的投标策略，开标会上提出的问题等，投标人必须知己知彼才能制定切实可行的投标报价策略，提高中标的可能性。

三、清单模式下投标报价的编制

投标报价的编制工作是投标人进行投标的实质性工作，由投标人组织的专门机构来完成，主要包括审核工程量清单、编织施工组织设计、材料询价、计算工程单价、标价分析决策及编制投标文件等。

1. 审核工程量清单并计算施工工程量

一般情况，投标人必须按招标人提供的工程量清单按综合单价的形式进行报价。但投标人在按招标人提供的工程量清单报价时，必须把施工方案及施工工艺造成的工程增量以价格的内容包括在综合单价内。有经验的投标人在计算施工工程量时就对工程量清单进行审核，这样可以知道招标人提供的工程量的准确度，为投标人不平衡报价及结算索赔做好伏笔。

在实行工程量清单模式计价后，建设工程项目分为三部分进行计价，分部分项工程项目计价、措施项目计价及其他项目计价。招标人提供的工程量清单是分部分项工程项目清单中的工程量，但措施项目中的工程量及施工方案工程量招标人不提供，必须由投标人在投标报价时按设计文件及施工组织设计、施工方案进行二次计算。因此，这部分用价格的形式分摊到报价内的量必须要认真计算，全面考虑。由于清单下报价最低优先，投标人由于没有考虑而造成低价中标亏损，招标人会不予承担。

2. 编制施工组织设计及施工方案

施工组织设计及施工方案是招标人评标时考虑的主要因素之一，也是投标人确定施工工程量的主要依据。它的科学性与合理性直接影响到报价及评标，是报价过程中一项主要的工作，是技术性比较强、专业要求比较高的工作。主要包括项目概况、项目组织机构、项目保证措施、前期准备方案、施工现场平面布置、总进度计划和分部分项工程进度计划、分部分项的施工工艺及施工技术组织措施、主要施工机械配置、劳动力配套、主要材料保证措施、施工质量保证措施、安全文明措施、保证工期措施等。

施工组织设计主要应考虑施工方法、施工机械设备及劳动力的配置、施工进度、质量保证措施、安全文明措施及工期保证措施等，因此，施工组织设计不仅关系到工期，而且对工程成本和报价也有密切关系。好的施工组织设计，应能紧紧抓住工程特点，采用先进科学的施工方法，降低成本，尽可能减少临时设施和资金的占用。如果同时能向招标人提出合理化建议，在不影响使用功能的前提下为招标人节约工程造价，会大大提高投标人的低价合理性，增加中标的可能性。还要在施工组织设计中进行风险管理规划，以防范风险。

3. 建立完善的询价系统

实行工程量清单计价模式后，投标人自由组价，所有与价格有关的全部放开，政府不再进行任何干预。可用什么方式询价是投标人面临的新问题。投标人在日常的工作中必须建立价格体系，积累部分人工、材料、机械台班的价格。除此之外，在编制投标报价时需进行多方面询价，询价的内容主要包括材料市场价、人工当地的综合单价、机械设备租赁价、分部分项工程分包价等。

① 材料市场价。材料和设备在工程造价中往往占总造价的 60% 左右，对报价影响很大，因而在报价阶段要认真了解材料和设备市场价。一项工程中所有的材料在有限的时间内进行

询价是不可能的，必须对材料进行分类，分为主要材料和次要材料。主要材料是指对工程造价影响比较大、使用数量多的材料，应进行多方面询价和对比分析，选择合理的价格。由于材料价格随着时间的推移变化很大，不能只看当时的材料价格，必须做到对不同渠道的价格进行有机的综合，并能分析今后材料价格变化趋势，用综合方法预测价格变化，把风险变为具体数值加到价格上。可以说投标报价引起的损失有一大部分就是预测风险失误造成的。对于次要材料，投标人应建立材料价格库，按库内的材料价格分析市场行情及对未来进行预测，用系统的形势进行整体调整，不需临时询价。

② 人工综合单价。人工是建设行业一项能创造利润，反映企业管理水平的指标。人工综合单价的高低，直接影响到投标人个别成本的真实性和竞争性。人工应是企业内部人员水平及工资标准的综合。这表面上没有必要询价，但必须用社会的平均水平和当地的人工工资标准来判断企业内部管理水平，并确定一个适中的价格，既要保证风险最低，又要具有一定的竞争力。

③ 机械设备租赁价。机械设备是以折旧摊销方式进行报价的，报价的多少主要体现在机械设备的利用率及机械设备的完好率。机械设备使用除与工程数量有关外，还与施工工期及施工方案有关。进行机械设备租赁价的询价分析，可以判断是购买机械还是租赁机械，确保投标资金的利用率最高。

④ 分包询价。总承包的投标人一般都用自身的管理优势总包大中型工程，包括工程的设计、施工及试车等。投标人中标后通常会把专业性比较强的分部分项工程分包给分包人去完成。分包价款的高低影响投标人的报价，而且与投标人的施工方案及技术措施有直接的关系。因此必须在投标报价前对施工方案及施工工艺进行分析，确定分包范围，初步确定分包价格。

4. 投标报价的计算

根据工程量计价范围的要求，实行工程量清单计价必须采用综合单价法计价，并对综合单价包括的范围进行了明确规定。因此造价人员在计价时必须按《建设工程工程量清单计价规范》进行计价。工程计价的方法很多，对于实行工程量清单投标模式的工程计价，较多采用综合单价法计价。

投标报价按照企业定额或政府消耗量定额标准及预算价格确定人工费、材料费、机械费，并以此为基础确定管理费、利润，并由此计算出分部分项综合单价。根据现场因素及工程量清单规定、措施项目费以实物量或以分部分项工程费为基数按费率的方法确定。其他项目费按工程量清单规定的人工、材料、机械台班的预算价为依据确定。规费按政府的有关规定执行。税金按国法的规定执行。分部分项工程费、措施项目费、其他项目费、规费、税金等汇总合计得到初步的投标报价。根据分析、判断、调整得到投标报价。

5. 投标报价的分析与决策

投标决策是投标人经营决策的组成部分，指导投标全过程。影响投标决策的因素十分复杂，加之投标决策与投标人的经济效益紧密相关，所以必须做到及时、迅速、果断。投标决策从投标的全过程分为项目分析决策、投标报价策略、投标报价分析及报价决策。

① 项目分析决策。投标人要决定是否参加某项目的投标，首先要考虑当前经营状况和长远经营目标，其次要明确参加投标的目的，然后分析中标可能性的影响。投标人在收到招标人的投标邀请时，一般不采取拒绝投标的态度。但是投标人同时收到多个投标邀请，而投标报价的资源有限，若不分轻重缓急地把投标资源平均分配，则每一个中标的概率都很低。

这时投标应针对每一个项目特点进行分析，合理分配投标资源。投标人必须积累大量的经验资料，通过归纳总结和动态分析，才能判断不同工程的最小最优投标资源投入量。通过最小最优投标资源投入量分析，可以取舍投标项目。对于需要投入大量资源，而中标概率较低的项目，应果断放弃，以避免资源浪费。

② 投标报价策略。投标时，投标人根据经营状况和经营目标，既要考虑自身的优势和劣势，也要考虑竞争的激烈程度，还要分析投标项目的整体特点，按照工程类别、施工条件等确定报价策略。

a. 生存性报价策略。首先如果投标报价是为了克服生存危机而争取中标时，可以不考虑其他因素。由于社会、政治、经济环境的变化和投标人自身经营管理不善，都可能造成投标人的生存危机。这种危机首先表现在投标项目减少；其次，政府调整基建投资方向，使投标人擅长的工程项目减少，这种危机常常影响的是营业范围单一的专业工程投标人；第三，如果投标人经营管理不善，会存在投标邀请越来越少的危机，这时投标人应以生存为重，采取不盈利投标的态度，重点是维持生存渡过难关。

b. 竞争性报价策略。投标报价以竞争为手段，以开拓市场、低盈利为目标，在精确计算成本的基础上，充分估计竞争对手的报价目标，利用有竞争力的报价达到中标的目的。投标人处在以下几种情况时应采取竞争性报价策略。经营状况不景气，近期接受的投标邀请较少；竞争对手实力较强；试图进入新的地区发展；开拓新的工程施工类型；投标项目风险小、施工工艺简单、工程量大、社会效益好的项目；附近有本企业正在施工的其他项目。

c. 盈利性报价策略。这种策略是投标报价充分发挥自身优势，以实现最佳盈利为目标，对效益较小的项目热情不高，对盈利大的项目充满自信。

③ 投标报价分析。

初步报价提出后，应当对这个报价进行多方面分析。分析的目的是探讨这个报价的合理性、竞争性、盈利及风险，从而做出最终报价。分析的方法可以从静态和动态两方面进行。

a. 报价的静态分析。先假定初步报价是合理的，分析报价的各组成及合理性。分析步骤如下。

- 分析造价计算书中各部分费用，并计算其比例指标。
- 从宏观方面分析报价的合理性。
- 探讨工期与报价的关系。
- 分析单位面积价格和用工数量、材料数量的合理性。
- 对明显不合理的报价构成部分进行微观方面的分析检查。
- 将初步报价方案、低报价方案、基础最优报价方案整理成对比分析资料，提交内部的报价决策人或决策小组讨论。

b. 报价的动态分析。通过某些假定因素的变化，测算报价的变化幅度，特别是这些变化对报价的影响。对风险较大的工作内容，采用扩大单价，增加风险费用的方法来减少风险。

④ 报价决策。

a. 报价决策的依据。作为决策的主要资料应当是投标人自己的造价人员计算及分析指标。招标人的标底价格或者竞争对手报价等，只能作为一般参考。投标人的报价应基本合理，不应导致亏损。以自己的报价进行科学的分析，然后做出恰当的投标报价决策，至少不会盲目地落入市场竞争的陷阱。

b. 在利润和风险之间做出决策。由于投标情况复杂，计价中碰到的情况并不相同，很难实现预测。一般说来，报价决策并不是干预造价工程师的具体计算，而是应当由决策人与造价工程师一起，对影响报价的因素进行恰当的分析，并做出果断的决策。

c. 根据工程量清单决策。实际上，招标人在招标文件中提供的工程量清单，是按施工前进行的图纸会审和规范编制的，投标人中标后随工程的进展常常会发生设计变更。这样因设计变更会相应地发生工程造价的变更。因此，有经验的投标人在确认招标人的工程量清单有错项、漏项、施工过程中定会发生变更及招标文件隐藏着巨大的风险时，可以利用招标人的错误进行不平衡报价等技巧，为中标后索赔留下伏笔。

d. 低价中标的决策。低价中标是实行清单计价后的重要因素，但低价必须讲"合理"二字，并不是越低越好，不能低于投标人的个别成本，不能由于低价中标而造成亏损。决策者必须是在保证质量、工期的前提下，保证预期的利润及考虑一定风险的基础上确定最低成本价。低价虽然重要，但不是报价唯一因素，除了低价之外，决策者可以采用策略或投标技巧战胜对手。投标人可以提出让招标人降低投资的合理化建议或对招标人有利的一些优惠条件来补充报高价的不足。

6. 投标技巧

投标技巧是指在投标报价中采用的投标手段，招标人可以接受，中标后能获得更多的利润。投标人在工程投标时，主要应该在先进合理的技术方案和较低的投标价格上下工夫，以争取中标，但是还有其他一些手段对中标有辅助的作用，主要表现在以下几个方面，不平衡报价法；多方案报价法；突然降价法；先亏后盈法；开标升级法；许诺优惠条件；争取评标奖励等。

思 考 题

1. 什么是工程招标投标？

2. 招标投标的一般程序是什么？

3. 招标文件的主要内容有哪些？

4. 招标方式有哪几种？

5. 报价的基本原则和程序是什么？

6. 投标文件包含哪几项内容？

7. 清单计价投标报价的程序是什么？

8. 清单模式下的投标报价编制的主要内容有哪些？

附 录 ▶▶

附录一 污水处理厂综合指标

附表 1-1 污水处理厂综合指标 单位：m^3/d

指 标 编 号			4B1-1-1	4B1-1-2	4B1-1-3	4B1-1-4	4B1-1-5
			一级污水处理综合指标				
序号	项目	单位	水量20×10⁴m³/d以上	水量(10~20)×10⁴m³/d	水量(5~10)×10⁴m³/d	水量(2~5)×10⁴m³/d	水量(1~2)×10⁴m³/d
1	人工	工日	2~2.4	2.4~2.8	2.8~3.4	3.4~4	4~4.5
2	人工费小计	元	29.1~34.9	34.9~40.7	40.7~49.5	49.5~58.2	58.2~65.5
3	水泥	kg	90~95	95~105	105~115	115~130	130~160
4	锯材	m³	0.013~0.015	0.015~0.018	0.018~0.022	0.022~0.025	0.025~0.030
5	钢材	kg	12~14	14~16	16~18	18~20	20~25
6	砂	m³	0.25~0.28	0.028~0.3	0.3~0.35	0.035~0.42	0.42~0.52
7	碎石	m³	0.4~0.45	0.45~0.5	0.5~0.6	0.6~0.72	0.72~0.85
8	铸铁管	kg	2~3	3~4	4~5	5~6	6~7
9	钢管及配件	kg	1~2	1~2	2~3	2~3	3~4
10	钢筋混凝土管	kg	5~7	6~8	7~10	9~11	10~12
11	闸阀	kg	1~2	2~3	2~3	3~4	3~4
12	其他材料费	元	51~47	52~44	53~55	60~60	69~48
13	材料费小计	元	185~211	211~236	237~277	277~317	318~355
14	机械使用费	元	26~32	31~37	36~43	43~50	49~60
15	指标基价	元	240~277	277~314	314~370	370~425	425~481
16	其他工程费	元	19~22	22~25	25~30	30~34	34~39
17	综合费用	元	83~93	93~109	109~128	128~147	147~167
一	建筑安装工程费	元	343~396	396~448	448~528	528~607	607~686
二	设备购置费	元	177~204	204~231	231~272	272~313	313~353
三	工程建设其他费用	元	71~82	82~93	93~110	110~126	126~143
四	预备费	元	59~68	68~77	77~91	91~105	105~118
五	总造价指标	元	650~750	750~850	850~1000	1000~1150	1150~1300
用地及设备功率指标							
1	用地	m²	0.3~0.5	0.4~0.6	0.5~0.8	0.6~1.0	0.6~1.4
2	设备功率	W	4~6	5~8	8~10	10~15	15~20
指 标 编 号			4B1-1-6	4B1-1-7	4B1-1-8	4B1-1-9	4B1-1-10
			二级污水处理综合指标(一)				
序号	项目	单位	水量20×10⁴m³/d以上	水量(10~20)×10⁴m³/d	水量(5~10)×10⁴m³/d	水量(2~5)×10⁴m³/d	水量(1~2)×10⁴m³/d
1	人工	工日	2.5~3	3.5~4	4~4.5	4.5~5	5~6
2	人工费小计	元	36.4~43.7	50.9~58.2	58.2~65.5	65.5~72.8	72.8~87.3

续表

指标编号			4B1-1-6	4B1-1-7	4B1-1-8	4B1-1-9	4B1-1-10
			二级污水处理综合指标(一)				
序号	项目	单位	水量20× 10^4 m³/d以上	水量(10~20)× 10^4 m³/d	水量(5~10)× 10^4 m³/d	水量(2~5)× 10^4 m³/d	水量(1~2)× 10^4 m³/d
3	水泥	kg	95~115	115~140	135~160	150~180	180~240
4	锯材	m³	0.013~0.015	0.015~0.018	0.018~0.022	0.022~0.025	0.025~0.030
5	钢材	kg	16~19	18~22	20~24	24~28	28~32
6	砂	m³	0.22~0.25	0.25~0.29	0.29~0.33	0.33~0.38	0.38~0.48
7	碎石	m³	0.35~0.4	0.4~0.48	0.48~0.54	0.54~0.62	0.62~0.8
8	铸铁管	kg	6.5~8	7~8.5	7.5~9	8~11	10~13
9	钢管及配件	kg	2~3	3~4	4~6	6~8	8~10
10	钢筋混凝土管	kg	10~14	13~15	14~18	16~20	20~25
11	闸阀	kg	2~3	2~3	3~4	3~4	4~5
12	其他材料费	元	90~95	99~99	106~114	123~152	154~164
13	材料费小计	元	261~306	296~343	339~400	395~482	481~552
14	机械使用费	元	54~57	60~61	65~70	75~92	93~100
15	指标基价	元	351~407	407~462	462~536	536~647	647~739
16	其他工程费	元	28~33	33~37	37~43	43~52	52~60
17	综合费用	元	122~141	141~160	160~186	186~224	224~256
一	建筑安装工程费	元	501~580	580~659	659~765	765~923	923~1055
二	设备购置费	元	258~299	299~340	340~394	394~476	476~544
三	工程建设其他费用	元	104~121	121~137	137~159	159~192	192~220
四	预备费	元	86~100	100~114	114~132	132~159	159~182
五	总造价指标	元	950~1100	1100~1250	1250~1450	1450~1750	1750~2000
用地及设备功率指标							
1	用地	m²	0.5~0.8	0.6~0.9	0.8~1.2	1.0~1.5	1.0~2.0
2	设备功率	W	12~17	15~20	18~25	20~30	25~35
指标编号			4B1-1-11	4B1-1-12	4B1-1-13	4B1-1-14	4B1-1-15
			二级污水处理综合指标(二)				
序号	项目	单位	水量20× 10^4 m³/d以上	水量(10~20)× 10^4 m³/d	水量(5~10)× 10^4 m³/d	水量(2~5)× 10^4 m³/d	水量(1~2)× 10^4 m³/d
1	人工	工日	3~4	4~5	5~6	6~7.5	7.5~9
2	人工费小计	元	43.7~58.2	58.2~72.8	72.8~87.3	87.3~109.1	109.1~131.0
3	水泥	kg	110~140	140~170	170~200	200~260	260~310
4	锯材	m³	0.018~0.022	0.021~0.024	0.023~0.026	0.025~0.028	0.027~0.032
5	钢材	kg	24~28	28~36	36~42	42~52	52~62
6	砂	m³	0.24~0.29	0.29~0.35	0.35~0.42	0.42~0.52	0.52~0.62
7	碎石	m³	0.35~0.47	0.47~0.58	0.58~0.68	0.68~0.86	0.86~1.0
8	铸铁管	kg	7~9	8~10	9~11	10~12	11~14
9	钢管及配件	kg	3~4	4~5	5~7	6~9	9~11
10	钢筋混凝土管	kg	9~10	10~11	11~12	12~13	13~14
11	闸阀	kg	3~4	4~5	5~6	6~7	7~8
12	其他材料费	元	133~136	139~121	124~133	139~157	160~181
13	材料费小计	元	358~415	413~461	460~531	528~641	640~752
14	机械使用费	元	79~82	83~76	77~84	87~641	640~752
15	指标基价	元	481~554	554~610	610~702	702~850	850~998
16	其他工程费	元	39~45	45~49	49~57	57~68	68~80

续表

指 标 编 号			4B1-1-11	4B1-1-12	4B1-1-13	4B1-1-14	4B1-1-15
序号	项目	单位	二级污水处理综合指标（二）				
			水量 20× $10^4 m^3/d$ 以上	水量（10～20）× $10^4 m^3/d$	水量（5～10）× $10^4 m^3/d$	水量（2～5）× $10^4 m^3/d$	水量（1～2）× $10^4 m^3/d$
17	综合费用	元	167～192	192～211	211～243	243～295	295～346
一	建筑安装工程费	元	686～791	791～870	870～1002	1002～1213	1213～1424
二	设备购置费	元	353～408	408～448	448～519	519～625	625～734
三	工程建设其他费用	元	143～165	165～181	181～209	209～253	253～297
四	预备费	元	118～136	136～150	150～173	173～209	209～245
五	总造价指标	元	1300～1500	1500～1650	1650～1900	1900～2300	2300～2700
用地及设备功率指标							
1	用地	m^2	0.6～1.0	0.8～1.2	1.0～2.5	2.5～4.0	4.0～6.0
2	设备功率	W	15～20	18～22	20～30	25～40	38～50

注：1. 一级处理工艺流程大体为提升（泵房）、沉砂、沉淀剂污泥浓缩、干化处理或脱水处理等。

2. 二级处理（一）工艺流程大体为提升（泵房）、沉砂、初次沉淀、曝气、二次沉淀及污泥浓缩、干化处理等。

3. 二级处理（二）工艺流程大体为提升（泵房）、沉砂、初次沉淀、曝气、二次沉淀、消毒及污泥提升、浓缩、消化、脱水剂沼气利用等。

4. 污水处理厂综合指标也适用于采用氧化沟、AB法、AO法等处理工艺的污水厂；综合指标上限适用于处理比较困难、地质条件较差、工艺标准及结构标准较高、自动程度较高等情况。

附表 1-2　雨、污水泵房综合指标　　　　　　　　　　　　　　单位：L/s

指 标 编 号			4B1-2-1	4B1-2-2	4B1-2-3	4B1-2-4
序号	项目	单位	雨水泵站综合指标			
			流量 20000L/s 以上	流量 10000～20000L/s	流量 5000～10000L/s	流量 1000～5000L/s
1	人工	工日	3～3.6	3.6～4.2	4.2～5.2	5.2～6.3
2	人工费小计	元	43.7～52.4	52.4～61.1	61.1～75.7	75.7～91.7
3	水泥	kg	130～160	160～190	190～240	240～280
4	锯材	m^3	0.04～0.06	0.06～0.07	0.07～0.08	0.08～0.10
5	钢材	kg	32～40	40～48	48～58	58～70
6	砂	m^3	0.34～0.40	0.40～0.50	0.50～0.60	0.60～0.70
7	碎石	m^3	0.58～0.68	0.68～0.82	0.82～1.00	1.00～1.20
8	铸铁管	kg	6～8	8～10	10～13	13～16
9	钢管及配件	kg	4～5	5～7	7～9	8～10
10	钢筋混凝土管	kg	10～14	12～16	16～20	20～24
11	闸阀	kg	4～5	5～7	7～9	9～11
12	其他材料费	元	98～120	120～166	166～218	221～282
13	材料费小计	元	415～531	531～669	669～831	829～1020
14	机械使用费	元	62～76	77～104	104～135	137～173
15	指标基价	元	521～660	660～833	833～1042	1042～1285
16	其他工程费	元	42～53	53～67	67～84	84～103
17	综合费用	元	181～229	229～289	289～361	361～445
一	建筑安装工程费	元	743～942	942～1189	1189～1487	1487～1834
二	设备购置费	元	456～577	577～729	729～911	911～1124
三	工程建设其他费用	元	165～209	209～264	264～329	329～406
四	预备费	元	136～173	173～218	218～273	273～336
五	总造价指标	元	1500～1900	1900～2400	2400～3000	3000～3700
用地及设备功率指标						
1	用地	m^2	0.4～0.6	0.5～0.7	0.6～0.8	0.8～1.1
2	设备功率	W	70～90	80～100	90～110	110～140

续表

指标编号			4B1-2-5	4B1-2-6	4B1-2-7	4B1-2-8	4B1-2-9
序号	项目	单位	污水泵站综合指标				
			流量 2000L/s以上	流量 1000～2000L/s	流量 600～1000L/s	流量 300～600L/s	流量 100～300L/s
1	人工	工日	7～9	9～11	11～14	14～17	17～20
2	人工费小计	元	101.9～131.0	131.0～160.1	160.1～203.7	203.7～247.4	247.4～291.0
3	水泥	kg	360～510	510～650	650～820	820～950	950～1200
4	锯材	m³	0.09～0.13	0.13～0.17	0.17～0.22	0.22～0.27	0.27～0.35
5	钢材	kg	90～115	115～150	150～200	200～260	260～330
6	砂	m³	0.75～1.00	1.00～1.40	1.40～1.80	1.80～2.20	2.20～2.80
7	碎石	m³	1.3～1.8	1.8～2.3	2.3～2.8	2.8～3.4	3.4～4.3
8	铸铁管	kg	20～25	25～32	32～38	38～46	46～55
9	钢管及配件	kg	12～15	15～20	20～26	26～33	33～40
10	钢筋混凝土管	kg	24～28	28～34	34～42	42～33	33～40
11	闸阀	kg	4～7	6～8	7～9	8～10	9～12
12	其他材料费	元	491～738	738～962	967～1169	1174～1759	1964～2248
13	材料费小计	元	1278～1802	1800～2339	2336～2936	2934～3952	3949～5018
14	机械使用费	元	287～428	430～557	559～679	682～1009	1012～1288
15	指标基价	元	1667～2361	2361～3056	3056～3819	3819～5208	5208～6597
16	其他工程费	元	134～190	190～246	246～307	307～419	419～531
17	综合费用	元	578～819	819～1059	1059～1324	1324～1806	1806～2287
一	建筑安装工程费	元	2379～3370	3370～4361	4361～5451	5451～7433	7433～9415
二	设备购置费	元	1458～2065	2065～2673	2673～3341	3341～4556	4556～5771
三	工程建设其他费用	元	527～747	747～966	966～1208	1208～1647	1647～2087
四	预备费	元	436～618	618～800	800～1000	1000～1364	1364～1727
五	总造价指标	元	4800～6800	6800～8800	8800～11000	11000～15000	15000～19000
	用地及设备功率指标						
1	用地	m²	1.5～3.0	2.0～4.0	2.5～5.0	3.0～6.0	4.0～7.0
2	设备功率	W	150～250	200～300	250～400	350～500	500～650

注：1. 排水泵站综合指标包括泵房、进出水口、变配电间、管理建筑以及总体布置。

2. 对于简易临时性泵房，指标应适当降低；雨污水合流泵站可参考雨水泵站指标。

附录二 《建设工程工程量清单计价规范》（GB 50500—2013）（摘录）

1 总 则

1.0.1 为规范建设工程造价计价行为，统一建设工程计价文件的编制原则和计价方法，根据《中华人民共和国建筑法》《中华人民共和国合同法》《中华人民共和国招标投标法》等法律法规，制定本规范。

1.0.2 本规范适用于建设工程发承包及实施阶段的计价活动。

1.0.3 建设工程发承包及实施阶段的工程造价应由分部分项工程费、措施项目费、其他项目费、规费和税金组成。

1.0.4 招标工程量清单、招标控制价、投标报价、工程计量、合同价款调整、合同价款结算与支付以及工程造价鉴定等工程造价文件的编制与核对，应由具有专业资格的工程造价人员承担。

1.0.5 承担工程造价文件的编制与核对的工程造价人员及其所在单位，应对工程造价文件的质量负责。

1.0.6 建设工程发承包及实施阶段的计价活动应遵循客观、公正、公平的原则。

1.0.7 建设工程发承包及实施阶段的计价活动，除应符合本规范外，尚应符合国家现行有关标准的规定。

2 术 语

2.0.1 工程量清单

载明建设工程分部分项工程项目、措施项目、其他项目的名称和相应数量以及规费、税金项目等内容的明细清单。

2.0.2 招标工程量清单

招标人依据国家标准、招标文件、设计文件以及施工现场实际情况编制的，随招标文件发布供投标报价的工程量清单，包括其说明和表格。

2.0.3 已标价工程量清单

构成合同文件组成部分的投标文件中已标明价格，经算术性错误修正（如有）且承包人已确认的工程量清单，包括其说明和表格。

2.0.4 分部分项工程

分部工程是单项或单位工程的组成部分，是按结构部位、路段长度及施工特点或施工任务将单项或单位工程划分为若干分部的工程；分项工程是分部工程的组成部分，是按不同施工方法、材料、工序及路段长度等将分部工程划分为若干个分项或项目的工程。

2.0.5 措施项目

为完成工程项目施工，发生于该工程施工准备和施工过程中的技术、生活、安全、环境保护等方面的项目。

2.0.6 项目编码

分部分项工程和措施项目清单名称的阿拉伯数字标识。

2.0.7 项目特征

构成分部分项工程项目、措施项目自身价值的本质特征。

2.0.8 综合单价

完成一个规定清单项目所需的人工费、材料和工程设备费、施工机具使用费和企业管理费、利润以及一定范围内的风险费用。

2.0.9 风险费用

隐含于已标价工程量清单综合单价中，用于化解发承包双方在工程合同中约定内容和范围内的市场价格波动风险的费用。

2.0.10 工程成本

承包人为实施合同工程并达到质量标准，在确保安全施工的前提下，必须消耗或使用的人工、材料、工程设备、施工机械台班及其管理等方面发生的费用和按规定缴纳的规费和税金。

2.0.11 单价合同

发承包双方约定以工程量清单及其综合单价进行合同价款计算、调整和确认的建设工程施工合同。

2.0.12　总价合同

发承包双方约定以施工图及其预算和有关条件进行合同价款计算、调整和确认的建设工程施工合同。

2.0.13　成本加酬金合同

承包双方约定以施工工程成本再加合同约定酬金进行合同价款计算、调计算、调整和确认的建设工程施工合同。

2.0.14　工程造价信息

工程造价管理机构根据调查和测算发布的建设工程人工、材料、工程设备、施工机械台班的价格信息，以及各类工程的造价指数、指标。

2.0.15　工程造价

指数反映一定时期的工程造价相对于某一固定时期的工程造价变化程度的比值或比率。包括按单位或单项工程划分的造价指数，按工程造价构成要素划分的人工、材料、机械等价格指数。

2.0.16　工程变更

合同工程实施过程中由发包人提出或由承包人提出经发包人批准的合同工程任何一项工作的增、减、取消或施工工艺、顺序、时间的改变；设计图纸的修改；施工条件的改变；招标工程量清单的错、漏从而引起合同条件的改变或工程量的增减变化。

2.0.17　工程量偏差

承包人按照合同工程的图纸（含经发包人批准由承包人提供的图纸）实施，按照现行国家计量规范规定的工程量计算规则计算得到的完成合同工程项目应予计量的工程量与相应的招标工程量清单项目列出的工程量之间出现的量差。

2.0.18　暂列金额

招标人在工程量清单中暂定并包括在合同价款中的一笔款项。用于工程合同签订时尚未确定或者不可预见的所需材料、工程设备、服务的采购，施工中可能发生的工程变更、合同约定调整因素出现时的合同价款调整以及发生的索赔、现场签证确认等的费用。

2.0.19　暂估价

招标人在工程量清单中提供的用于支付必然发生但暂时不能确定价格的材料、工程设备的单价以及专业工程的金额。

2.0.20　计日工

在施工过程中，承包人完成发包人提出的工程合同范围以外的零星项目或工作，按合同中约定的单价计价的一种方式。

2.0.21　总承包服务费

总承包人为配合协调发包人进行的专业工程发包，对发包人自行采购的材料、工程设备等进行保管以及施工现场管理、竣工资料汇总整理等服务所需的费用。

2.0.22　安全文明施工费

在合同履行过程中，承包人按照国家法律、法规、标准等规定，为保证安全施工、文明施工，保护现场内外环境和搭拆临时设施等所采用的措施而发生的费用。

2.0.23　索赔

在工程合同履行过程中，合同当事人一方因非己方的原因而遭受损失，按合同约定或法律法规规定承担责任，从而向对方提出补偿的要求。

2.0.24　现场签证

发包人现场代表（或其授权的监理人、工程造价咨询人）与承包人现场代表就施工过程中涉及的责任事件所作的签认证明。

2.0.25　提前竣工（赶工）费

承包人应发包人的要求而采取加快工程进度措施，使合同工程工期缩短，由此产生的应由发包人支付的费用。

2.0.26　误期赔偿费

承包人未按照合同工程的计划进度施工，导致实际工期超过合同工期（包括经发包人批准的延长工期），承包人应向发包人赔偿损失的费用。

2.0.27　不可抗力

发承包双方在工程合同签订时不能预见的，对其发生的后果不能避免，并且不能克服的自然灾害和社会性突发事件。

2.0.28　工程设备

指构成或计划构成永久工程一部分的机电设备、金属结构设备、仪器装置及其他类似的设备和装置。

2.0.29　缺陷责任期

指承包人对已交付使用的合同工程承担合同约定的缺陷修复责任的期限。

2.0.30　质量保证金

发承包双方在工程合同中约定，从应付合同价款中预留，用以保证承包人在缺陷责任期内履行缺陷修复义务的金额。

2.0.31　费用

承包人为履行合同所发生或将要发生的所有合理开支，包括管理费和应分摊的其他费用，但不包括利润。

2.0.32　利润

承包人完成合同工程获得的盈利。

2.0.33　企业定额

施工企业根据本企业的施工技术、机械装备和管理水平而编制的人工、材料和施工机械台班等消耗标准。

2.0.34　规费

根据国家法律、法规规定，由省级政府或省级有关权力部门规定施工企业必须缴纳的，应计入建筑安装工程造价的费用。

2.0.35　税金

国家税法规定的应计入建筑安装工程造价内的营业税、城市维护建设税、教育费附加和地方教育附加。

2.0.36　发包人

具有工程发包主体资格和支付工程价款能力的当事人以及取得该当事人资格的合法继承人，本规范有时又称招标人。

2.0.37　承包人

被发包人接受的具有工程施工承包主体资格的当事人以及取得该当事人资格的合法继承人，本规范有时又称投标人。

2.0.38 工程造价咨询人

取得工程造价咨询资质等级证书，接受委托从事建设工程造价咨询活动的当事人以及取得该当事人资格的合法继承人。

2.0.39 造价工程师

取得造价工程师注册证书，在一个单位注册、从事建设工程造价活动的专业人员。

2.0.40 造价员

取得全国建设工程造价员资格证书，在一个单位注册、从事建设工程造价活动的专业人员。

2.0.41 单价项目

工程量清单中以单价计价的项目，即根据合同工程图纸（含设计变更）和相关工程现行国家计量规范规定的工程量计算规则进行计量，与已标价工程量清单相应综合单价进行价款计算的项目。

2.0.42 总价项目

工程量清单中以总价计价的项目，即此类项目在相关工程现行国家计量规范中无工程量计算规则，以总价（或计算基础乘费率）＊计算的项目。

2.0.43 工程计量

发承包双方根据合同约定，对承包人完成合同工程的数量进行的计算和确认。

2.0.44 工程结算

发承包双方根据合同约定，对合同工程在实施中、终止时、已完工后进行的合同价款计算、调整和确认。包括期中结算、终止结算、竣工结算。

2.0.45 招标控制价

招标人根据国家或省级、行业建设主管部门颁发的有关计价依据和办法，以及拟定的招标文件和招标工程量清单，结合工程具体情况编制的招标工程的最高投标限价。

2.0.46 投标价

投标人投标时响应招标文件要求所报出的对已标价工程量清单汇总后标明的总价。

2.0.47 签约合同价（合同价款）

发承包双方在工程合同中约定的工程造价，即包括了分部分项工程费、措施项目费、其他项目费、规费和税金的合同总金额。

2.0.48 预付款

在开工前，发包人按照合同约定，预先支付给承包人用于购买合同工程施工所需的材料、工程设备，以及组织施工机械和人员进场等的款项。

2.0.49 进度款

在合同工程施工过程中，发包人按照合同约定对付款周期内承包人完成的合同价款给予支付的款项，也是合同价款期中结算支付。

2.0.50 合同价款调整

在合同价款调整因素出现后，发承包双方根据合同约定，对合同价款进行变动的提出、计算和确认。

2.0.51 竣工结算价

发承包双方依据国家有关法律、法规和标准规定，按照合同约定确定的，包括在履行合同过程中按合同约定进行的合同价款调整，是承包人按合同约定完成了全部承包工作后，发包人应付给承包人的合同总金额。

2.0.52 工程造价鉴定

工程造价咨询人接受人民法院、仲裁机关委托，对施工合同纠纷案件中的工程造价争议，运用专门知识进行鉴别、判断和评定，并提供鉴定意见的活动。也称为工程造价司法鉴定。

3 一般规定

3.1 计价方式

3.1.1 使用国有资金投资的建设工程发承包，必须采用工程量清单计价。

3.1.2 非国有资金投资的建设工程，宜采用工程量清单计价。

3.1.3 不采用工程量清单计价的建设工程，应执行本规范除工程量清单等专门性规定外的其他规定。

3.1.4 工程量清单应采用综合单价计价。

3.1.5 措施项目中的安全文明施工费必须按国家或省级、行业建设主管部门的规定计算，不得作为竞争性费用。

3.1.6 规费和税金必须按国家或省级、行业建设主管部门的规定计算，不得作为竞争性费用。

3.2 发包人提供材料和工程设备

3.2.1 发包人提供的材料和工程设备（以下简称甲供材料）应在招标文件中按照本规范附录 L.1 的规定填写《发包人提供材料和工程设备一览表》，写明甲供材料的名称、规格、数量、单价、交货方式、交货地点等。

承包人投标时，甲供材料单价应计入相应项目的综合单价中，签约后，发包人应按合同约定扣除甲供材料款，不予支付。

3.2.2 承包人应根据合同工程进度计划的安排，向发包人提交甲供材料交货的日期计划。发包人应按计划提供。

3.2.3 发包人提供的甲供材料如规格、数量或质量不符合合同要求，或由于发包人原因发生交货日期延误、交货地点及交货方式变更等情况的，发包人应承担由此增加的费用和（或）工期延误，并应向承包人支付合理利润。

3.2.4 发承包双方对甲供材料的数量发生争议不能达成一致的，应按照相关工程的计价定额同类项目规定的材料消耗量计算。

3.2.5 若发包人要求承包人采购已在招标文件中确定为甲供材料的，材料价格应由发承包双方根据市场调查确定，并应另行签订补充协议。

3.3 承包人提供材料和工程设备

3.3.1 除合同约定的发包人提供的甲供材料外，合同工程所需的材料和工程设备应由承包人提供，承包人提供的材料和工程设备均应由承包人负责采购、运输和保管。

3.3.2 承包人应按合同约定将采购材料和工程设备的供货人及品种、规格、数量和供货时间等提交发包人确认，并负责提供材料和工程设备的质量证明文件，满足合同约定的质量标准。

3.3.3 对承包人提供的材料和工程设备经检测不符合合同约定的质量标准，发包人应立即要求承包人更换，由此增加的费用和（或）工期延误应由承包人承担。对发包人要求检测承包人已具有合格证明的材料、工程设备，但经检测证明该项材料、工程设备符合合同约定的质量标准，发包人应承担由此增加的费用和（或）工期延误，并向承包人支付合理利润。

3.4 计价风险

3.4.1 建设工程发承包，必须在招标文件、合同中明确计价中的风险内容及其范围，不得采用无限风险、所有风险或类似语句规定计价中的风险内容及范围。

3.4.2 由于下列因素出现，影响合同价款调整的，应由发包人承担：

1 国家法律、法规、规章和政策发生变化；

2 省级或行业建设主管部门发布的人工费调整，但承包人对人工费或人工单价的报价高于发布的除外；

3 由政府定价或政府指导价管理的原材料等价格进行了调整。因承包人原因导致工期延误的，应按本规范第 9.2.2 条、第 9.8.3 条的规定执行。

3.4.3 由于市场物价波动影响合同价款的，应由发承包双方合理分摊，按本规范附录 L.2 或 L.3 填写《承包人提供主要材料和工程设备一览表》作为合同附件；当合同中没有约定，发承包双方发生争议时，应按本规范第 9.8.1～9.8.3 条的规定调整合同价款。

3.4.4 由于承包人使用机械设备、施工技术以及组织管理水平等自身原因造成施工费用增加的，应由承包人全部承担。

3.4.5 当不可抗力发生，影响合同价款时，应按本规范第 9.10 节的规定执行。

4 工程量清单编制

4.1 一般规定

4.1.1 招标工程量清单应由具有编制能力的招标人或受其委托、具有相应资质的工程造价咨询人编制。

4.1.2 招标工程量清单必须作为招标文件的组成部分，其准确性和完整性应由招标人负责。

4.1.3 招标工程量清单是工程量清单计价的基础，应作为编制招标控制价、投标报价、计算或调整工量、索赔等的依据之一。

4.1.4 招标工程量清单应以单位（项）工程为单位编制，应由分部分项工程项目清单、措施项目清单、其他项目清单、规费和税金项目清单组成。

4.1.5 编制招标工程量清单应依据：

1 本规范和相关工程的国家计量规范；

2 国家或省级、行业建设主管部门颁发的计价定额和办法；

3 建设工程设计文件及相关资料；

4 与建设工程有关的标准、规范、技术资料；

5 拟定的招标文件；

6 施工现场情况、地勘水文资料、工程特点及常规施工方案；

7 其他相关资料。

4.2 分部分项工程项目

4.2.1 分部分项工程项目清单必须载明项目编码、项目名称、项目特征、计量单位和工程量。

4.2.2 分部分项工程项目清单必须根据相关工程现行国家计量规范规定的项目编码、项目名称、项目特征、计量单位和工程量计算规则进行编制。

4.3 措施项目

4.3.1 措施项目清单必须根据相关工程现行国家计量规范的规定编制。

4.3.2 措施项目清单应根据拟建工程的实际情况列项。

4.4 其他项目

4.4.1 其他项目清单应按照下列内容列项：

1 暂列金额；

2 暂估价，包括材料暂估单价、工程设备暂估单价、专业工程暂估价；

3 计日工；

4 总承包服务费。

4.4.2 暂列金额应根据工程特点按有关计价规定估算。

4.4.3 暂估价中的材料、工程设备暂估单价应根据工程造价信息或参照市场价格估算，列出明细表；专业工程暂估价应分不同专业，按有关计价规定估算，列出明细表。

4.4.4 计日工应列出项目名称、计量单位和暂估数量。

4.4.5 总承包服务费应列出服务项目及其内容等。

4.4.6 出现本规范第4.4.1条未列的项目，应根据工程实际情况补充。

4.5 规费

4.5.1 规费项目清单应按照下列内容列项：

1 社会保险费：包括养老保险费、失业保险费、医疗保险费、工伤保险费、生育保险费；

2 住房公积金；

3 工程排污费。

4.5.2 出现本规范第4.5.1条未列的项目，应根据省级政府或省级有关部门的规定列项。

4.6 税金

4.6.1 税金项目清单应包括下列内容：

1 营业税；

2 城市维护建设税；

3 教育费附加；

4 地方教育附加。

4.6.2 出现本规范第4.6.1条未列的项目，应根据税务部门的规定列项。

5 工 程 计 量

5.1 一般规定

5.1.1 工程量必须按照相关工程现行国家计量规范规定的工程量计算规则计算。

5.1.2 工程计量可选择按月或按工程形象进度分段计量，具体计量周期应在合同中约定。

5.1.3 因承包人原因造成的超出合同工程范围施工或返工的工程量，发包人不予计量。

5.1.4 成本加酬金合同应按本规范第5.2节的规定计量。

5.2 单价合同的计量

5.2.1 工程量必须以承包人完成合同工程应予计量的工程量确定。

5.2.2 施工中进行工程计量，当发现招标工程量清单中出现缺项、工程量偏差，或因工程变更引起工程量增减时，应按承包人在履行合同义务中完成的工程量计算。

5.2.3 承包人应当按照合同约定的计量周期和时间向发包人提交当期已完工程量报告。发包人应在收到报告后7天内核实，并将核实计量结果通知承包人。发包人未在约定时间内进行核实的，承包人提交的计量报告中所列的工程量应视为承包人实际完成的工程量。

5.2.4 发包人认为需要进行现场计量核实时，应在计量前24小时通知承包人，承包人应为计量提供便利条件并派人参加。当双方均同意核实结果时，双方应在上述记录上签字确认。承包人收到通知后不派人参加计量，视为认可发包人的计量核实结果。发包人不按照约定时间通知承包人，致使承包人未能派人参加计量，计量核实结果无效。

5.2.5 当承包人认为发包人核实后的计量结果有误时，应在收到计量结果通知后的7天内向发包人提出书面意见，并应附上其认为正确的计量结果和详细的计算资料。发包人收到书面意见后，应在7天内对承包人的计量结果进行复核后通知承包人。承包人对复核计量结果仍有异议的，按照合同约定的争议解决办法处理。

5.2.6 承包人完成已标价工程量清单中每个项目的工程量并经发包人核实无误后，发承包双方应对每个项目的历次计量报表进行汇总，以核实最终结算工程量，并应在汇总表上签字确认。

5.3 总价合同的计量

5.3.1 采用工程量清单方式招标形成的总价合同，其工程量应按照本规范第5.2节的规定计算。

5.3.2 采用经审定批准的施工图纸及其预算方式发包形成的总价合同，除按照工程变更规定的工程量增减外，总价合同各项目的工程量应为承包人用于结算的最终工程量。

5.3.3 总价合同约定的项目计量应以合同工程经审定批准的施工图纸为依据，发承包双方应在合同中约定工程计量的形象目标或时间节点进行计量。

5.3.4 承包人应在合同约定的每个计量周期内对已完成的工程进行计量，并向发包人提交达到工程形象目标完成的工程量和有关计量资料的报告。

5.3.5 发包人应在收到报告后7天内对承包人提交的上述资料进行复核，以确定实际完成的工程量和工程形象目标。对其有异议的，应通知承包人进行共同复核。

附录三 《市政工程计量规范》（GB 50857—2013）（摘录）

1 总　　则

1.0.1 为规范工程造价计量行为，统一市政工程量清单的编制、项目设置和计量规则，制定本规范。

1.0.2 本规范适用于市政工程施工发承包计价活动中的工程量清单编制和工程量计算。

1.0.3 市政工程量，应按本规范进行工程量计算。

1.0.4 工程量清单和工程量计算等造价文件的编制与核对应由具有资格的工程造价专业人员承担。

1.0.5 市政工程计量活动，除应遵守本规范外，尚应符合国家现行有关标准的规定。

2 术　语

2.0.1 分部分项工程

分部工程是单位工程的组成部分，系按结构部位、路段长度及施工特点或施工任务将单位工程划分为若干分部的工程；分项工程是分部工程的组成部分，系按不同施工方法、材料、工序及路段长度等将分部工程划分为若干个分项或项目的工程。

2.0.2 措施项目

为完成工程项目施工，发生于该工程施工准备和施工过程中的技术、生活、安全、环境保护等方面的项目。

2.0.3 项目编码

分部分项工程和措施项目工程量清单项目名称的阿拉伯数字标识。

2.0.4 项目特征

构成分部分项工程量清单项目、措施项目自身价值的本质特征。

2.0.5 市政工程

指城市道路、桥梁、隧道、给排水、污水处理、垃圾处理、路灯等城市公用事业工程。

3 一般规定

3.0.1 工程量清单应由具有编制能力的招标人或受其委托具有相应资质的工程造价咨询人或招标代理人编制。

3.0.2 采用工程量清单方式招标，工程量清单必须作为招标文件的组成部分，其准确性和完整性由招标人负责。

3.0.3 工程量清单是工程量清单计价的基础，应作为编制招标控制价、投标报价、计算工程量、支付工程款、调整合同价款、办理竣工结算以及工程索赔等的依据之一。

3.0.4 编制工程量清单应依据：

1. 本规范；

2. 国家或省级、行业建设主管部门颁发的计价依据和办法；

3. 建设工程设计文件；

4. 与建设工程项目有关的标准、规范、技术资料；

5. 招标文件及其补充通知、答疑纪要；

6. 施工现场情况、工程特点及常规施工方案；

7. 其他相关资料。

3.0.5 工程量计算除依据本规范各项规定外，尚应依据以下文件：

1. 经审定的施工设计图纸及其说明；

2. 经审定的施工组织设计或施工技术措施方案；

3. 经审定的其他有关技术经济文件。

3.0.6 本规范对现浇混凝土工程项目"工作内容"中包括模板工程的内容，同时又在措施项目中单列了现浇混凝土模板工程项目。对此，由招标人根据工程实际情况选用，若招标人在措施项目清单中未编列现浇混凝土模板项目清单，即表示现浇混凝土模板项目不单列，现浇混凝土工程项目的综合单价中应包括模板工程费用。

3.0.7 预制混凝土构件按成品构件编制项目，购置费应计入综合单价中。若采用现场预制，包括预制构件制作的所有费用，编制招标控制价时，可按各省、自治区、直辖市或行业建设主管部门发布的计价定额和造价信息组价。

3.0.8 本规范与《通用安装工程计量规范》相关项目的划分界限如下。

1. 本规范市政工程路灯工程与电气设备安装工程的界定：厂区、住宅小区的道路路灯安装工程、庭院艺术喷泉等电气设备安装工程按通用安装工程"电气设备安装工程"相应项目执行；涉及市政道路、庭院等电气安装工程的项目，按市政工程中"路灯工程"的相应项目执行。

2. 本规范市政工程管网工程与工业管道的界定：给水管道以厂区入口水表井为界；排水管道以厂区围墙外第一个污水井为界；蒸汽和煤气以厂区入口第一个计量表（阀门）为界。

3. 本规范市政工程管网工程与给水、采暖、燃气工程的界定：给水、采暖、燃气管道以计量表井为界；无计量表井者，以与市政碰头点为界；室外排水管道与市政管道碰头井为界；厂区、住宅小区的庭院喷灌及喷泉水设备安装按本规范相应项目执行；市政庭院喷灌及喷泉水设备安装按国家标准《市政工程计量规范》管网工程的相应项目执行。

3.0.9 若采用爆破法施工的石方工程，按照国家标准《爆破工程计量规范》的相应项目执行。

4 分部分项工程

4.0.1 分部分项工程量清单应包括项目编码、项目名称、项目特征、计量单位和工程量。

4.0.2 分部分项工程量清单应根据附录规定的项目编码、项目名称、项目特征、计量单位和工程量计算规则进行编制。

4.0.3 分部分项工程量清单的项目编码，应采用前十二位阿拉伯数字表示，一至九位应按附录的规定设置，十至十二位应根据拟建工程的工程量清单项目名称设置，同一招标工程的项目编码不得有重码。

4.0.4 分部分项工程量清单的项目名称应按附录的项目名称结合拟建工程的实际确定。

4.0.5 分部分项工程量清单项目特征应按附录中规定的项目特征，结合拟建工程项目的实际予以描述。

4.0.6 分部分项工程量清单中所列工程量应按附录中规定的工程量计算规则计算。

4.0.7 分部分项工程量清单的计量单位应按附录中规定的计量单位确定。

4.0.8 本规范附录中有两个或两个以上计量单位的，应结合拟建工程项目的实际情况，选择其中一个确定。

4.0.9 工程计量时每一项目汇总的有效位数应遵守下列规定：

1. 以"t"为单位，应保留小数点后三位数字，第四位小数四舍五入；

2. 以"m、m²、m³、kg"为单位，应保留小数点后两位数字，第三位小数四舍五入；

3. 以"个、件、根、组、系统"为单位，应取整数。

4.0.10 编制工程量清单出现附录中未包括的项目，编制人应作补充，并报省级或行业工程造价管理机构备案，省级或行业工程造价管理机构应汇总报住房和城乡建设部标准定额研究所。

　　补充项目的编码由本规范的代码 04 与 B 和三位阿拉伯数字组成，并应从 04B001 起顺序编制，同一招标工程的项目不得重码。工程量清单中需附有补充项目的名称、项目特征、计量单位、工程量计算规则、工程内容。

5　措 施 项 目

　　5.0.1　措施项目中列出了项目编码、项目名称、项目特征、计量单位、工程量计算规则的项目，编制工程量清单时，应按照本规范 4 的规定执行。

　　5.0.2　措施项目仅列出项目编码、项目名称，未列出项目特征、计量单位和工程量计算规则的项目，编制工程量清单时，应按本规范附录措施项目规定的项目编码、项目名称确定。

　　5.0.3　措施项目应根据拟建工程的实际情况列项，若出现本规范未列的项目，可根据工程实际情况补充。编码规则按本规范第 4.0.10 条执行。

附 A　土石方工程

　　A.1　土方工程。工程量清单项目设置、项目特征描述的内容、计量单位及工程量计算规则，应按表 A.1 的规定执行。

表 A.1　土方工程（编号：040101）

项目编码	项目名称	项目特征	计量单位	工程量计算规则	工作内容
040101001	挖一般土方	1. 土壤类别 2. 挖土深度 3. 弃土运距	m³	按设计图示尺寸以体积计算	1. 排地表水 2. 土方开挖 3. 围护（挡土板）、支撑 4. 基底钎探 5. 场内、外运输
040101002	挖沟槽土方			原地面线以下按构筑物最大水平投影面积乘以挖土深度（原地面平均标高至坑底高度）以体积计算	
040101003	挖基坑土方				
0401010054	盖挖土方	1. 土壤类别 2. 挖土深度 3. 支撑设置 4. 弃土运距		按设计图示围护结构内围面积乘以设计高度（设计顶板底至垫层底的高度）以体积计算	1. 施工面排水 2. 土方开挖 3. 基底钎探 4. 场内、外运输
040101005	挖淤泥	1. 挖掘深度 2. 弃淤泥、流砂距离		按设计图示位置、界限以体积计算	1. 开挖 2. 场内、外运输
040101006	挖流砂				

　　注：1. 挖土应按自然地面测量标高至设计地坪标高的平均厚度确定。竖向土方、山坡砌土开挖深度应按基础垫层底表面标高至交付施工现场地标高确定，无交付施工场地标高时，应按自然地面标高确定。

　　2. 沟槽、基坑、一般土方的划分为：底宽≤7m，底长>3 倍底宽为沟槽；底长≤3 倍底宽，底面积≤150m² 为基坑；超出上述范围则为一般土方。

　　3. 挖土方如需截桩头时，应按桩基工程中相关项目编码列项。

　　4. 弃、取土运距可以不描述，但应注明由投标人根据施工现场实际情况自行考虑，决定报价。

　　5. 土壤的分类应按表 A.1-1 确定。如土壤类别不能准确划分时，招标人可注明为综合，由投标人根据地勘报告决定报价。

　　6. 土方体积应按挖掘前的天然密实体积计算。如需天然密实体积折算时，应按表 A.1-2 系数计算。

　　7. 挖沟槽、基坑、一般土方因工作面和放坡增加的工程量（管沟工作面增加的工程量），是否并入各土方工程量中，按各省、自治区、直辖市或行业建设主管部门的规定实施，如并入各土方工程量中，办理工程结算时，按经发包人认可的施工组织设计规定计算，编制工程量清单时，可按表 A.1-3、表 A.1-4 规定计算。

　　8. 挖方出现流砂、淤泥时，应根据实际情况由发包人与承包人双方现场签证确定工程量。

表 A.1-1　土壤分类表

土壤分类	土 壤 名 称	开 挖 方 法
一、二类土	粉土、砂土（粉砂、细砂、中砂、粗砂、砾砂）、粉质黏土、弱中盐渍土、软土（淤泥质土、泥炭、泥炭质土）、软塑红黏土、冲填土	用锹、少许用镐、条锄开挖。机械能全部直接铲挖满载者

土壤分类	土 壤 名 称	开 挖 方 法
三类土	黏土、碎石土(圆砾、角砾)混合土、可塑红黏土、硬塑红黏土、强盐渍土、素填土、压实填土	主要用镐、条锄,少许用锹开挖。机械需部分刨松方能铲挖满载者或可直接铲挖但不能满载者
四类土	碎石土(卵石、碎石、漂石、块石)、坚硬红黏土、超盐渍土、杂填土	全部用镐、条锄挖掘,少许用撬棍挖掘。机械须普遍刨松方能铲挖满载者

注:本表土的名称及其含义按国家标准《岩土工程勘察规范》(GB 50021—2001)(2009 年版)和《地下铁道、轻轨交通岩石工程勘察规范》(GB 50307—1999)定义。

表 A.1-2　土方体积折算系数表②

天然密实度体积	虚方①体积	夯实后体积	松填体积
0.77	1.00	0.67	0.83
1.00	1.30	0.87	1.08
1.15	1.50	1.00	1.25
0.92	1.20	0.80	1.00

① 虚方指未经碾压、堆积时间≤1 年的土壤。
② 本表按《全国统一市政工程预算定额》(GYD-301—1999)整理。

表 A.1-3　放坡系数表

土类别	放坡起点/m	人工挖土	机械挖土	
			在坑内作业	在坑上作业
一、二类土	1.20	1∶0.50	1∶0.33	1∶0.75
三类土	1.50	1∶0.33	1∶0.25	1∶0.67
四类土	2.00	1∶0.25	1∶0.10	1∶0.33

注:1. 沟槽、基坑中土类别不同时,分别按其放坡起点、放坡系数、依不同土类别厚度加权平均计算。
2. 计算放坡时,在交接处的重复工程量不予扣除,原槽、坑作基础垫层时,放坡自垫层上表面开始计算。
3. 挖沟槽、基坑需支挡土板时,其宽度按图示沟槽、基坑底宽,单面加 10cm,双面加 20cm 计算。支挡土板后,不得再计算放坡。
4. 本表按《全国统一市政工程预算定额》(GYD-301—1999)整理。

表 A.1-4　管沟施工每侧所需工作面宽度计算表①

管道结构宽②/mm	混凝土管道基础 90°	混凝土管道基础>90°	金属管道	构筑物	
				无防潮层	有防潮层
500 以内	40	40	30	40	60
1000 以内	50	50	40		
2500 以内	60	50	40		

① 本表按《全国统一市政工程预算定额》(GYD-301—1999)整理。
② 管道结构宽:无管座按管道外径计算,有管座按管道基础外缘计算,构筑物按基础外缘计算。

　　A.2　石方工程。工程量清单项目设置、项目特征描述的内容、计量单位及工程量计算规则,应按表 A.2 的规定执行。

表 A.2　石方工程(编号:040102)

项目编码	项目名称	项目特征	计量单位	工程量计算规则	工作内容
040102001	挖一般石方			按设计图示尺寸以体积计算	
040102002	挖沟槽石方	1. 岩石类别 2. 开凿深度 3. 弃碴运距	m³	1. 房屋建筑按设计图示尺寸沟槽底面积乘以挖石深度以体积计算 2. 市政工程原地面线以下按构筑物最大水平投影面积乘以挖石深度(原地面平均标高至槽底高度)以体积计算	1. 排地表水 2. 凿石 3. 运输
040102003	挖基坑石方			按设计图示尺寸基坑底面积乘以挖石深度以体积计算	

续表

项目编码	项目名称	项目特征	计量单位	工程量计算规则	工作内容
040102004	盖挖石方	1. 岩石类别 2. 开挖深度 3. 弃碴运距	m³	按设计图示围护结构内围面积乘以设计高度(设计顶板底至垫层底的高度)以体积计算	1. 施工面排水 2. 凿石 3. 运输
040102005	基底摊座	1. 岩石类别 2. 开挖深度 3. 弃碴运距	m²	按设计图示尺寸以展开面积计算	1. 施工面排水 2. 凿石 3. 运输

注：1. 设计要求采用减震孔方式减弱爆破震动波时，应按本表中预裂爆破项目编码列项。

2. 在特殊情况下的局部围岩支护、周围房屋与设施的安全加固、设置安全屏障、爆破震动测试等。实际发生时，应注明由投标人根据施工现场具体项目的爆破设计方案，由发包人与承包人双方认证，计入建筑安装费用。

3. 如发生附近机械设备转移与防护费、人员疏散安置费，按实计算费用。

4. 设计规定需光面爆破的坡面、需摊座的基底可描述，反之则不予描述。

5. 挖石应按自然地面测量标高至设计地坪标高的平均厚度确定。基础石方开挖深度应按基础垫层底表面标高至交付施工现场地标高确定，无交付施工场地标高时，应按自然地面标高确定。

6. 厚度＞±300mm的竖向布置挖石或山坡凿石应按本表中挖一般石方项目编码列项。

7. 沟槽、基坑、一般石方的划分为：底宽≤7m，底长＞3倍底宽为沟槽；底长＞3倍底宽，底面积≤150m²为基坑；超出上述范围则为一般石方。

8. 弃碴运距可以不描述，但应注明由投标人根据施工现场实际情况自行考虑，决定报价。

9. 岩石的分类应按表A.2-1确定。

10. 石方体积应按挖掘前的天然密实体积计算。如需按天然密实体积折算时，应按表A.2-2系数计算。

表 A.2-1 岩石分类表

岩石分类		代表性岩石	开挖方法
极软岩		1. 全风化的各种岩石； 2. 各种半成岩	部分用手凿工具、部分用爆破法开挖
软质岩	软岩	1. 强风化的坚硬岩或较岩； 2. 中等风化～强风化的较软岩； 3. 未风化～微风化的页岩、泥岩、泥质砂岩等	用风镐和爆破法开挖
	较软岩	1. 中等风化～强风化的坚硬岩或较硬岩； 2. 未风化～微风化的凝灰岩、千枚岩、泥灰岩、砂质泥岩等	用爆破法开挖
硬质岩	较硬岩	1. 微风化的坚硬岩； 2. 未风化～微风化的大理岩、板岩、石灰岩、白云岩、钙质砂岩等	用爆破法开挖
	坚硬岩	未风化～微风化的花岗岩、闪长岩、辉绿岩、玄武岩、安山岩、片麻岩、石英岩、石英砂岩、硅质砾岩、硅质石灰岩等	用爆破法开挖

注：本表依据国家标准《工程岩体分级标准》(GB/T 50218—2014)和《岩土工程勘察规范》(GB 50021—2001)(2009年版)整理。

表 A.2-2 石方体积折算系数表

石方类别	天然密实度体积	虚方体积	松填体积	码方
石方	1.0	1.54	1.31	—
块石	1.0	1.75	1.43	1.67
砂夹石	1.0	1.07	0.94	—

注：本表按原建设部颁发《爆破工程消耗量定额》(GYD-102—2008)整理。

A.3 回填。工程量清单项目设置、项目特征描述的内容、计量单位及工程量计算规则，应按表A.3的规定执行。

A.4 其他相关问题应按下列规定处理。

隧道石方开挖按附录D隧道工程中相关项目编码列项。

表 A.3　回填（编号：040103）

项目编码	项目名称	项目特征	计量单位	工程量计算规则	工作内容
040103001	回填方	1. 密实度要求 2. 填方材料品种 3. 填方粒径要求 4. 填方来源、运距	m³	按设计图示尺寸以体积计算。 1. 场地回填：回填面积乘平均回填厚度 2. 基础回填：挖方体积减去自然地坪以下埋设的基础体积（包括基础垫层及其他构筑物）	1. 填方材料运输 2. 回填 3. 分层碾压、夯实

注：1. 填方密实度要求，在无特殊要求情况下，项目特征可描述为满足设计和规范的要求。

2. 填方材料品种可以不描述，但应注明由投标人根据设计要求验方后方可填入，并符合相关工程的质量规范要求。

3. 填方粒径要求，在无特殊要求情况下，项目特征可以不描述。

4. 填方运距可以不描述，但应注明由投标人根据施工现场实际情况自行考虑，决定报价。

5. 填方来源描述为缺土购置或外运填方，购买土方的价值，计入填方的综合单价，工程量按清单工程减利用填方体积（负数）计算。

附 B　水处理工程

B.1　水处理构筑物。工程量清单项目设置、项目特征描述的内容、计量单位及工程量计算规则，应按表 B.1 的规定执行。

表 B.1　水处理构筑物（编码：040601）

项目编码	项目名称	项目特征	计量单位	工程量计算规则	工作内容
040601001	现浇混凝土沉井井壁及隔墙	1. 混凝土强度等级 2. 防水、抗渗要求 3. 断面尺寸	m³	按设计图示尺寸以体积计算	1. 垫木铺设 2. 模板制作、安装、拆除 3. 混凝土拌和、运输、浇筑 4. 养护 5. 预留孔封口
040601002	沉井下沉	1. 断面尺寸 2. 深度 3. 减阻材料种类		按自然面标高至设计垫层底标高间的高度乘以沉井外壁最大断面面积以体积计算	1. 垫木（层）拆除 2. 挖土 3. 沉井下沉 4. 填充减阻材料 5. 余方弃置
040601003	沉井混凝土底板	1. 混凝土强度等级 2. 防水、抗渗要求		按设计图示尺寸以体积计算	1. 模板制作、安装、拆除 2. 混凝土拌和、运输、浇筑 3. 养护
040601004	沉井内地下混凝土结构	1. 所在部位 2. 混凝土强度等级 3. 防水、抗渗要求			
040601005	沉井混凝土顶板				
040601006	现浇混凝土池底				
040601007	现浇混凝土池壁（隔墙）	1. 混凝土强度等级 2. 防水、抗渗要求			
040601008	现浇混凝土池柱				
040601009	现浇混凝土池梁				
040601010	现浇混凝土池盖板				
040601011	现浇混凝土板	1. 名称 2. 混凝土强度等级 3. 防水、抗渗要求			

续表

项目编码	项目名称	项目特征	计量单位	工程量计算规则	工作内容
040601012	池槽	1. 混凝土强度等级 2. 防水、抗渗要求 3. 池槽断面尺寸 4. 盖板材质	m	按设计图示尺寸以长度计算	1. 模板制作、安装、拆除 2. 混凝土拌和、运输、浇筑 3. 养护 4. 盖板安装 5. 其他材料铺设
040601013	砌筑导流壁、筒	1. 砌体材料、规格 2. 断面尺寸 3. 砌筑、勾缝、抹面砂浆强度等级	m³	按设计图示尺寸以体积计算	1. 砌筑 2. 抹面 3. 勾缝
040601014	混凝土导流壁、筒	1. 混凝土强度等级 2. 防水、抗渗要求 3. 断面尺寸			1. 模板制作、安装、拆除 2. 混凝土拌和、运输、浇筑 3. 养护
040601015	混凝土楼梯	1. 结构形式 2. 底板厚度 3. 混凝土强度等级	1. m² 2. m³	1. 以平方米计量，按设计图示尺寸以水平投影面积计算 2. 以立方米计量，按设计图示尺寸以体积计算	1. 模板制作、安装、拆除 2. 混凝土拌和、运输、浇筑或预制 3. 养护 4. 楼梯安装
040601016	金属扶梯、栏杆	1. 材质 2. 规格 3. 防腐刷油材质、做法	1. t 2. m	1. 以吨计量，按设计图示尺寸以质量计算 2. 以米计量，按设计图示尺寸以长度计算	1. 扶梯制作、安装 2. 除锈、防腐、刷油
040601017	其他现浇混凝土构件	1. 构件名称 2. 混凝土强度等级		按设计图示尺寸以体积计算	1. 模板制作、安装、拆除 2. 混凝土拌和、运输、浇筑 3. 养护
040601018	预制混凝土板	1. 混凝土强度等级 2. 防水、抗渗要求 3. 预制方式	m³		1. 构件安装 2. 砂浆制作、运输 3. 接头灌浆、养护
040601019	预制混凝土槽				
040601020	预制混凝土支墩				
040601021	其他预制混凝土构件	1. 构件名称 2. 混凝土强度等级 3. 防水、抗渗要求 4. 预制方式			
040601022	滤板	1. 滤板材质 2. 滤板规格 3. 滤板厚度 4. 滤板部位	m²	按设计图示尺寸以面积计算	1. 制作 2. 安装
040601023	折板	1. 折板材料 2. 折板形式 3. 折板部位			
040601024	壁板	1. 壁板材料 2. 壁板部位			
040601025	滤料铺设	1. 滤料品种 2. 滤料规格	m³	按设计图示尺寸以体积计算	铺设
040601026	尼龙网板	1. 材料品种 2. 材料规格	m²	按设计图示尺寸以面积计算	1. 制作 2. 安装
040601027	刚性防水	1. 工艺要求 2. 材料品种、规格			1. 配料 2. 铺筑
040601028	柔性防水				涂、贴、粘、刷防水材料

项目编码	项目名称	项目特征	计量单位	工程量计算规则	工作内容
040601029	沉降缝	1. 材料品种 2. 沉降缝规格 3. 沉降缝部位	m	按设计图示以长度计算	铺、嵌沉降缝
040601030	井、池渗漏试验	构筑物名称	m³	按设计图示贮水尺寸以体积计算	渗漏试验

注：1. 沉井混凝土地梁工程量，应并入底板内计算。

2. 各类垫层应按本标准附 C 桥涵工程相关编码列项。

B.2　水处理设备。工程量清单项目设置、项目特征描述的内容、计量单位及工程量计算规则，应按表 B.2 的规定执行。

表 B.2　水处理设备（编号：040602）

项目编码	项目名称	项目特征	计量单位	工程量计算规则	工作内容
040602001	格栅	1. 材质 2. 防腐材料 3. 规格	1. t 2. 套	1. 以吨计量，按设计图示尺寸以质量计算 2. 以套计量，按设计图示数量计算	1. 制作 2. 防腐 3. 安装
040602002	格栅除污机	1. 类型 2. 材质 3. 规格、型号 4. 参数	台	按设计图示数量计算	1. 安装 2. 无负荷试运转
040602003	滤网清污机				
040602004	压榨机				
040602005	刮砂机				
040602006	吸砂机				
040602007	刮泥机				
040602008	吸泥机				
040602009	刮吸泥机				
040602010	撇渣机				
040602011	砂（泥）水分离器				
040602012	曝气机				
040602013	曝气器		个		
040602014	布气管	1. 材质 2. 直径	m	按设计图示以长度计算	1. 钻孔 2. 安装
040602015	滗水器	1. 类型 2. 材质 3. 规格、型号 4. 参数	套	按设计图示数量计算	1. 安装 2. 无负荷试运转
040602016	生物转盘				
040602017	搅拌机		台		
040602018	推进器				
040602019	加药设备	1. 类型 2. 材质 3. 规格、型号 4. 参数	套		
040602020	加氯机				
040602021	氯吸收装置				
040602022	水射器	1. 材质 2. 公称直径	个		
040602023	管式混合器				
040602024	冲洗装置	1. 类型 2. 材质 3. 规格、型号 4. 参数	套		
040602025	带式压滤机		台		
040602026	污泥脱水机				
040602027	污泥浓缩机				
040602028	污泥浓缩脱水一体机				
040602029	污泥输送机				
040602030	污泥切割机				

续表

项目编码	项目名称	项目特征	计量单位	工程量计算规则	工作内容
040602031	闸门	1. 类型 2. 材质 3. 形式 4. 规格、型号	1. 座 2. t	1. 以座计量,按设计图示数量计算 2. 以吨计量,按设计图示尺寸以质量计算	1. 安装 2. 操纵装置安装 3. 调试
040602032	旋转门				
040602033	堰门				
040602034	拍门				
040602035	启闭机	1. 类型 2. 材质 3. 形式 4. 规格、型号	台	按设计图示数量计算	1. 安装 2. 操纵装置安装 3. 调试
040602036	升杆式铸铁泥阀	公称直径	座		安装
040602037	平底盖闸				
040602038	集水槽	1. 材质 2. 厚度 3. 形式 4. 防腐材料	m²	按设计图示尺寸以面积计算	1. 制作 2. 安装
040602039	堰板				
040602040	斜板	1. 材料品种 2. 厚度			安装
040602041	斜管	1. 斜管材料品种 2. 斜管规格	m	按设计图示以长度计算	
040602042	紫外线消毒设备	1. 类型 2. 材质 3. 规格、型号 4. 参数	套	按设计图示数量计算	1. 安装 2. 无负荷试运转
040602043	臭氧消毒设备				
040602044	除臭设备				
040602045	膜处理设备				
040602046	在线水质检测设备				

注:1. 水处理工程中建筑物应按《房屋建筑和装饰工程计量规范》中相关项目编码列项;园林绿化项目应按《园林绿化工程计量规范》中相关项目编码列项。

2. 本章清单项目工作内容中均未包括土(石)方开挖、回填夯实等内容,发生时应按附A土石方工程中相关项目编码列项。

3. 本章设备安装工程只列了水处理工程专用设备的项目,各类仪表、泵、阀门等标准、定型设备应按《通用安装工程计量规范》中相关项目编码列项。

附 C 垃圾处理工程

C.1 垃圾卫生填埋。工程量清单项目设置、项目特征描述的内容、计量单位及工程量计算规则,应按表 C.1 的规定执行。

表 C.1 垃圾卫生填埋(编号:040701)

项目编码	项目名称	项目特征	计量单位	工程量计算规则	工作内容
040701001	场地平整	1. 部位 2. 坡度 3. 压实度	m²	按设计图示尺寸以面积计算	1. 找坡、平整 2. 压实
040701002	垃圾坝	1. 结构类型 2. 土石种类、密实度 3. 砌筑形式、砂浆强度等级 4. 混凝土强度等级 5. 断面尺寸	m³	按设计图示尺寸以体积计算	1. 模板制作、安装、拆除 2. 地基处理 3. 摊铺、夯实、碾压、整形、修坡 4. 砌筑、填缝、铺浆 5. 浇筑混凝土 6. 沉降缝 7. 养护

续表

项目编码	项目名称	项目特征	计量单位	工程量计算规则	工作内容
040701003	边坡喷细石混凝土	1. 部位 2. 混凝土强度 3. 厚度	m²	按设计图示尺寸以面积计算	1. 基层清理 2. 细石混凝土制备、运输 3. 喷射细石混凝土 4. 养护
040701004	压实黏土防渗层	1. 厚度 2. 压实度 3. 渗透系数			1. 填筑、平整 2. 压实
040701005	高密度聚乙烯（HDPD）膜	1. 铺设位置 2. 厚度、防渗系数 3. 材料规格、强度、单位重量 4. 连（搭）接方式			1. 裁剪 2. 铺设 3. 连（搭）接
040701006	钠基膨润土防水毯（GCL）				
040701007	土工布（网）				
040701008	袋装土保护层	1. 厚度 2. 材料品种、规格 3. 铺设位置			1. 运输 2. 土装袋 3. 铺设或铺筑 4. 袋装土放置
040701009	帷幕灌浆垂直防渗	1. 地质参数 2. 钻孔孔径、深度、间距 3. 水泥浆配比	m	按设计图示尺寸以长度计算	1. 钻孔 2. 清孔 3. 压力注浆
040701010	碎（卵）石导流层	1. 材料品种 2. 材料规格 3. 导流层厚度或断面尺寸	m³	按设计图示尺寸以体积计算	1. 运输 2. 铺筑
040701011	高密度聚乙烯（HDPD）穿孔管铺设	1. 规格、型号 2. 直径、壁厚 3. 穿孔尺寸、间距 4. 铺设位置	m	按设计图示尺寸以长度计算	1. 铺设 2. 连接 3. 管件安装
040701012	无孔管铺设	1. 材质、规格 2. 直径、壁厚 3. 连接方式 4. 铺设位置			
040701013	盲沟	1. 材质、规格 2. 垫层、粒料规格 3. 断面尺寸 4. 外层包裹材料性能指标			1. 垫层、粒料铺筑 2. 管材铺设、连接 3. 粒料填充 4. 外层材料包裹
040701014	导气石笼	1. 石笼直径 2. 石料粒径 3. 导气管材质、规格 4. 反滤层材料 5. 外层包裹材料性能指标	1. m 2. 座	1. 以米计量，按设计图示尺寸以长度计算 2. 以座计量，按设计图示数量计算	1. 外层材料包裹 2. 导气管铺设 3. 石料填充
040701015	浮动覆盖膜	1. 材质、规格 2. 锚固方式	m²	按设计图示尺寸以面积计算	1. 浮动膜安装 2. 布置重力压管 3. 四周锚固
040701016	燃烧火炬装置	1. 基座形式、材质、规格、强度等级 2. 燃烧系统类型、参数	套	按设计图示数量计算	1. 浇筑混凝土 2. 安装 3. 调试
040701017	监测井	1. 地质参数 2. 钻孔孔径、深度 3. 监测井材料、直径、壁厚、连接方式 4. 滤料材质	口		1. 钻孔 2. 井筒安装 3. 填充滤料

续表

项目编码	项目名称	项目特征	计量单位	工程量计算规则	工作内容
040701018	堆体整形处理	1. 压实度 2. 边坡坡度	m²	按设计图示尺寸以面积计算	1. 挖、填及找坡 2. 边坡整形 3. 压实
040701019	覆盖植被层	1. 材料种类 2. 厚度 3. 渗透系数			1. 材料铺筑 2. 压实
040701020	防风网	1. 材质、规格 2. 材料性能指标			安装
040701021	垃圾压缩设备	1. 类型、材质 2. 规格、型号 3. 参数	套	按设计图示数量计算	1. 安装 2. 调试

注：填埋场渗沥液处理系统应按附录 B 水处理工程中相关项目编码列项。

C.2　垃圾焚烧。工程量清单项目设置、项目特征描述的内容、计量单位及工程量计算规则，应按表 C.2 的规定执行。

表 C.2　垃圾焚烧（编号：040702）

项目编码	项目名称	项目特征	计量单位	工程量计算规则	工作内容
040702001	汽车衡	1. 规格、型号 2. 精度	台	按设计图示数量计算	
040702002	自动感应洗车装置	1. 类型 2. 规格、型号 3. 参数	套		
040702003	破碎机		台		
040702004	垃圾卸料门	1. 尺寸 2. 材质 3. 自动开关装置	m²	按设计图示尺寸以面积计算	1. 安装 2. 调试
040702005	垃圾抓斗起重机	1. 规格、型号、精度 2. 跨度、高度 3. 自动称重、控制系统要求	套	按设计图示数量计算	
040702006	焚烧炉体	1. 类型 2. 规格、型号 3. 处理能力 4. 参数			

C.3　其他相关问题，应按下列规定处理。

1. 垃圾处理工程中建筑物应按《房屋建筑和装饰工程计量规范》中相关项目编码列项；园林绿化项目应按《园林绿化工程计量规范》中相关项目编码列项。

2. 本章清单项目工作内容中均未包括土（石）方开挖、回填夯实等，应按附 A 土石方工程中相关项目编码列项。

3. 本章设备安装工程只列了垃圾处理工程专用设备的项目，其余如除尘装置、除渣设备、烟气净化设备、飞灰固化设备、发电设备及各类风机、仪表、泵、阀门等标准、定型设备等应按安装工程计量规范中相关项目编码列项。

附 D　措 施 项 目

D.1　一般措施项目。工程量清单项目设置、计量单位、工作内容及包含范围应按表

D.1 的规定执行。

表 D.1　一般措施项目（041101）

项目编码	项目名称	工作内容及包含范围
041101001	安全文明施工①	1. 环境保护包含范围：现场施工机械设备降低噪声、防扰民措施费用；水泥和其他易飞扬细颗粒建筑材料密闭存放或采取覆盖措施等费用；工程防扬尘洒水费用；土石方、建渣外运车辆冲洗、防洒漏等费用；现场污染源的控制、生活垃圾清理外运、场地排水排污措施的费用；其他环境保护措施费用 2. 文明施工包含范围："五牌一图"的费用；现场围挡的墙面美化（包括内外粉刷、刷白、标语等）、压顶装饰费用；现场厕所便槽刷白、贴面砖，水泥砂浆地面或地砖费用，建筑物内临时便溺设施费用；其他施工现场临时设施的装饰装修、美化措施费用；现场生活卫生设施费用；符合卫生要求的饮水设备、淋浴、消毒等设施费用；生活用洁净燃料费用；防煤气中毒、防蚊虫叮咬等措施费用；施工现场操作场地的硬化费用；现场绿化费用、治安综合治理费用；现场配备医药保健器材、物品费用和急救人员培训费用；用于现场工人的防暑降温费、电风扇、空调等设备及用电费用；其他文明施工措施费用 3. 安全施工包含范围：安全资料、特殊作业专项方案的编制，安全施工标志的购置及安全宣传的费用；"三宝"（安全帽、安全带、安全网）、"四口"（楼梯口、电梯井口、通道口、预留洞口），"五临边"（阳台围边、楼板围边、屋面围边、槽坑围边、卸料平台两侧），水平防护架、垂直防护架、外架封闭等防护的费用；施工安全用电的费用，包括配电箱三级配电、两级保护装置要求、外电防护措施；起重机、塔吊等起重设备（含井架、门架）及外用电梯的安全防护措施（含警示标志）费用及卸料平台的临边防护、层间安全门、防护棚等设施费用；建筑工地起重机械的检验检测费用；施工机具防护棚及其围栏的安全保护设施费用；施工安全防护通道的费用；工人的安全防护用品、用具购置费用；消防设施与消防器材的配置费用；电气保护、安全照明设施费；其他安全防护措施费用 4. 临时设施包含范围：施工现场采用彩色、定型钢板，砖、混凝土砌块等围挡的安砌、维修、拆除费或摊销费；施工现场临时建筑物、构筑物的搭设、维修、拆除或摊销的费用；如临时宿舍、办公室、食堂、厨房、厕所、诊疗所、临时文化福利用房、临时仓库、加工厂、搅拌台、临时简易水塔、水池等。施工现场临时设施的搭设、维修、拆除或摊销的费用。如临时供水管道、临时供电管线、小型临时设施等；施工现场规定范围内临时简易道路铺设，临时排水沟、排水设施安砌、维修、拆除的费用；其他临时设施费搭设、维修、拆除或摊销的费用
041101002	夜间施工	1. 夜间固定照明灯具和临时可移动照明灯具的设置、拆除 2. 夜间施工时，施工现场交通标志、安全标牌、警示灯等的设置、移动、拆除 3. 包括夜间照明设备摊销及照明用电、施工人员夜班补助、夜间施工劳动效率降低等费用
041101003	二次搬运	包括由于施工场地条件限制而发生的材料、成品、半成品一次运输不能到达堆积地点，必须进行二次或多次搬运的费用
041101004	冬雨季施工	1. 冬雨季施工时增加的临时设施（防寒保温、防雨设施）的搭设、拆除 2. 冬雨季施工时，对砌体、混凝土等采用的特殊加温、保温和养护措施 3. 冬雨季施工时，施工现场的防滑处理、对影响施工的雨雪的清除 4. 包括冬雨季施工时增加的临时设施的摊销、施工人员的劳动保护用品、冬雨季施工劳动效率降低等费用
041101005	大型机械设备进出场及安拆	1. 大型机械设备进出场包括施工机械整体或分体自停放地运至施工现场，或由一个施工地点运至另一个施工地点，所发生的施工机械进出场运输及转移费用，由机械设备的装卸、运输及辅助材料费等构成 2. 大型机械设备安拆费包括施工机械在施工现场进行安装、拆卸所需的人工费、材料费、机械费、试运转费和安装所需的辅助设施的费用
041101006	施工排水②	包括排水沟槽开挖、砌筑、维修，排水管道的铺设、维修，排水的费用以及专人值守的费用等
041101007	施工降水③	包括成井、井管安装、排水管道安拆及摊销、降水设备的安拆及维护的费用，抽水的费用以及专人值守的费用等
041101008	地上、地下设施、建筑物的临时保护设施	在工程施工过程中，对已建成的地上、地下设施和建筑物进行的遮盖、封闭、隔离等必要保护措施所发生的人工和材料费用

项目编码	项目名称	工作内容及包含范围
041101009	已完工程及设备保护	对已完工程及设备采取的覆盖、包裹、封闭、隔离等必要保护措施所发生的人工和材料费用
041101010	打桩场地硬化及泥浆池、泥浆沟	包括打桩范围的场地硬化、泥浆池、泥浆沟的土方挖运、砌筑、抹灰
041101011	地下管线交叉处理	在实际施工中因与其他管道(线)高程发生交叉,而采取管道(线)加固、砌筑检查井等措施所增加的费用
041101012	行车、行人干扰增加费	道路工程施工期间为维持公共交通,因不能全幅施工或受其他因素干扰而采取的路面交替施工、增加管理人员等措施所增加的费用
041101013	隧道工程施工监测、监控	根据规范要求,对隧道工程施工过程中有毒(害)气体、深基坑土体水平位移、孔隙水压力等项目采取监测、监控措施所增加的费用

① 安全文明施工费是指工程施工期间按照国家现行的环境保护、建筑施工安全、施工现场环境与卫生标准和有关规定,购置和更新施工安全防护用具及设施、改善安全生产条件和作业环境所需要的费用。
② 施工排水费是指为保证工程在正常条件下施工,所采取的排水措施所发生的费用。
③ 施工降水费是指为保证工程在正常条件下施工,所采取的降低地下水位的措施所发生的费用。

D.2 脚手架工程。工程量清单项目设置、项目特征描述的内容、计量单位及工程量计算规则,应按表 D.2 的规定执行。

表 D.2 脚手架工程(编码:041102)

项目编码	项目名称	项目特征	计量单位	工程量计算规则	工作内容
041102001	墙面脚手架	墙高	m²	按墙面水平边线长度乘以墙面砌筑高度计算	1. 清理场地 2. 搭设、拆除脚手架、安全网 3. 材料场内外运输
041102002	柱面脚手架	1. 柱高 2. 柱结构外围周长		按柱结构外围周长乘以柱砌筑高度计算	
041102003	仓面脚手	1. 搭设方式 2. 搭设高度		按仓面水平面积计算	
041102004	沉井脚手架	沉井高度		按井壁中心线周长乘以井高计算	
041102005	井字架	井深	座	按设计图示数量计算	1. 清理场地 2. 搭、拆井字架 3. 材料场内外运输

注:各类井的井深按井底基础以上至井盖顶的高度计算。

D.3 混凝土模板及支架(撑)。工程量清单项目设置、项目特征描述的内容、计量单位及工程量计算规则,应按表 D.3 的规定执行。

表 D.3 混凝土模板及支架(撑)(编码:041103)

项目编码	项目名称	项目特征	计量单位	工程量计算规则	工作内容
041103001	垫层模板	构件类型	m²	按混凝土与模板接触面的面积计算	1. 模板制作、安装、拆除、整理、堆放 2. 模板粘接物及模内杂物清理、刷隔离剂 3. 模板场内外运输及维修
041103002	基础模板				
041103003	承台模板				
041103004	墩(台)帽模板	1. 构件类型 2. 支模高度			
041103005	墩(台)身模板				
041103006	支撑梁及横梁模板				
041103007	墩(台)盖梁模板	1. 构件类型 2. 支模高度	m²	按混凝土与模板接触面的面积计算	1. 模板制作、安装、拆除、整理、堆放 2. 模板粘接物及模内杂物清理、刷隔离剂 3. 模板场内外运输及维修
041103008	拱桥拱座模板				
041103009	拱桥拱肋模板				
041103010	拱上构件模板				
041103011	箱梁模板				
041103012	柱模板				

项目编码	项目名称	项目特征	计量单位	工程量计算规则	工作内容
041103013	梁模板	1. 构件类型 2. 支模高度	m²	按混凝土与模板接触面的面积计算	1. 模板制作、安装、拆除、整理、堆放 2. 模板粘接物及模内杂物清理、刷隔离剂 3. 模板场内外运输及维修
041103014	板模板				
041103015	板梁模板				
041103016	板拱模板				
041103017	挡墙模板				
041103018	压顶模板	构件类型			
041103019	防撞护栏模板				
041103020	楼梯模板				
041103021	小型构件模板				
041103022	箱涵滑(底)板模板	1. 构件类型 2. 支模高度			
041103023	箱涵侧墙模板				
041103024	箱涵顶板模板				
041103025	拱部衬砌模板	1. 构件类型 2. 衬砌厚度 3. 拱跨径			
041103026	边墙衬砌模板				
041103027	竖井衬砌模板	1. 构件类型 2. 壁厚			
041103028	沉井井壁(隔墙)模板	1. 构件类型 2. 支模高度	m²	按混凝土与模板接触面的面积计算	1. 模板制作、安装、拆除、整理、堆放 2. 模板粘接物及模内杂物清理、刷隔离剂 3. 模板场内外运输及维修
041103029	沉井顶板模板				
041103030	沉井底板模板	构件类型			
041103031	管(渠)道平基模板				
041103032	管(渠)道管座模板				
041103033	井顶(盖)板模板				
041103034	池底模板				
041103035	池壁(隔墙)模板	1. 构件类型 2. 支模高度			
041103036	池盖模板				
041103037	其他现浇构件模板	构件类型			
041103038	设备螺栓套	螺栓套孔深度	个	按设计图示数量计算	
041103039	水上桩基础支架、平台	1. 位置 2. 材质 3. 桩类型	m²	按支架、平台搭设的面积计算	1. 支架、平台基础处理 2. 支架、平台的搭设、使用及拆除 3. 材料场内外运输
041103040	桥梁支架	1. 部位 2. 材质 3. 支架类型	1. m³ 2. m	1. 以立方米计量,按支架搭设的空间体积计算 2. 以米计量,按支架搭设的长度计算	1. 支架地基处理 2. 支架的搭设、使用及拆除 3. 支架预压 4. 材料场内外运输
041103041	混凝土喷射平台	1. 材质 2. 平台高度	1. m² 2. 座	1. 以平方米计量,按设计图示平台水平投影面积计算 2. 以座计量,按设计图示数量计算	1. 清理场地 2. 搭、拆平台 3. 材料场内外运输

注：1. 编制工程量清单时，若设计图纸中有关于桩基础支架平台、桥涵支架和混凝土喷射平台专项设计方案的，应按措施项目清单中有关规定描述其项目特征，并根据工程量计算规则计算工程量；若无相关设计方案，可选用以下原则处理。

　　a. 其工程数量可为暂估量，在办理结算时，按批准的施工组织设计方案计算；

　　b. 以"项"作为计量单位，由投标人根据施工组织设计方案自行报价。

2. 此混凝土模板及支撑（架）项目，只适用于以平方米计量，按模板与混凝土构件的接触面积计算，以"立方米"计量，模板及支撑（支架）不再单列，按混凝土及钢筋混凝土实体项目执行，综合单价中应包含模板及支架。

D.4 围堰。工程量清单项目设置、项目特征描述的内容、计量单位及工程量计算规则，应按表 D.4 的规定执行。

表 D.4　围堰（编码：041104）

项目编码	项目名称	项目特征	计量单位	工程量计算规则	工作内容
041104001	围堰	1. 围堰类型 2. 围堰顶宽及底宽 3. 围堰高度 4. 填心材料	1. m³ 2. m	1. 以立方米计量，按设计图示围堰体积计算 2. 以米计量，按设计图示围堰中心线长度计算	1. 清理基底 2. 打、拔工具桩 3. 堆筑、填心、夯实 4. 拆除清理 5. 材料场内外运输
041104002	筑岛	1. 筑岛类型 2. 筑岛高度 3. 填心材料	m³	按设计图示筑岛体积计算	1. 清理基底 2. 堆筑、填心、夯实 3. 拆除清理

注：编制工程量清单时，若设计图纸中有关于围堰、筑岛专项设计方案的，应按措施项目清单中有关规定描述其项目特征，并根据工程量计算规则计算工程量；若无相关设计方案，可选用以下原则处理。

a. 其工程数量可为暂估量，在办理结算时，按批准的施工组织设计方案计算；

b. 以"项"作为计量单位，由投标人根据施工组织设计方案自行报价。

D.5 便道及便桥。工程量清单项目设置，应按表 D.5 的规定执行。

表 D.5　便道及便桥（编码：041105）

项目编码	项目名称	项目特征	计量单位	工程量计算规则	工作内容
041105001	便道	1. 结构类型 2. 材料种类 3. 宽度	m²	按设计图示尺寸以面积计算	1. 平整场地 2. 材料运输、铺设 3. 拆除、清理
041105002	便桥	1. 结构类型 2. 材料种类 3. 跨径 4. 宽度	座	按设计图示数量计算	1. 清理基底 2. 材料运输、便桥搭设 3. 拆除、清理

注：编制工程量清单时，若设计图纸中有关于便道、便桥专项设计方案的，应按措施项目清单中有关规定描述其项目特征，并根据工程量计算规则计算工程量；若无相关设计方案，可选用以下原则处理。

a. 其工程数量可为暂估量，在办理结算时，按批准的施工组织设计方案计算；

b. 以"项"作为计量单位，由投标人根据施工组织设计方案自行报价。

D.6 洞内临时设施。工程量清单项目设置、项目特征描述的内容、计量单位及工程量计算规则，应按表 D.6 的规定执行。

表 D.6　洞内临时设施（编码：041106）

项目编码	项目名称	项目特征	计量单位	工程量计算规则	工作内容
041106001	洞内通风设施	1. 单孔隧道长度 2. 隧道断面尺寸 3. 使用时间 4. 设备要求	m	按设计图示隧道长度以延长米计算	1. 管道铺设 2. 线路架设 3. 设备安装 4. 保养维护 5. 拆除、清理 6. 材料场内外运输
041106002	洞内供水设施				
041106003	洞内供电及照明设施				
041106004	洞内通信设施				
041106005	洞内外轨道铺设	1. 单孔隧道长度 2. 隧道断面尺寸 3. 使用时间 4. 轨道要求		按设计图示轨道铺设长度以延长米计算	1. 轨道及基础铺设 2. 保养维护 3. 拆除、清理 4. 材料场内外运输

注：设计注明轨道铺设长度的，按设计图示尺寸计算；设计未注明时可按设计图示隧道长度以延长米计算，并注明洞外轨道铺设长度由投标人根据施工组织设计自定。

参 考 文 献

［1］ 中华人民共和国住房和城乡建设部、财政部.（建标［2013］44号）《建筑安装工程费用项目组成》的通知.

［2］ 中华人民共和国住房和城乡建设部. GB 50500—2013《建设工程工程量清单计价规范》［S］. 北京：中国计划出版社，2013.

［3］ 中华人民共和国住房和城乡建设部. GB 50857—2013《市政工程工程量计算规范》［M］. 北京：中国计划出版社，2013.

［4］ 杜贵成. 市政工程工程量清单计价编制与实例［M］. 北京：机械工业出版社，2016.

［5］ 史静宇. 市政工程概预算与工程量清单计价［M］. 哈尔滨：哈尔滨工业大学出版社，2011.

［6］ 贾锐鱼. 环境工程概预算［M］. 北京：化学工业出版社，2010.

［7］ 彭以舟. 市政工程计价［M］. 北京：北京大学出版社，2013.

［8］ 高宗峰. 市政工程工程量清单计价细节解释与实例详解［M］. 武汉：华中科技大学出版社，2014.

［9］ 杨伟. 新版市政工程工程量清单计价及实例［M］. 北京：化学工业出版社，2013.

［10］ 曾昭宏. 市政工程识图与工程量清单计价［M］. 哈尔滨：哈尔滨工业大学出版社，2012.

［11］ 丁云飞. 安装工程预算与工程量清单计价［M］. 北京：化学工业出版社，2005.